现代农业技术概论

（上册）

李乃祥　丁得亮　主编

于战平　王松文　柴慈江　陶秉春　副主编

南开大学出版社

天　津

内容简介

本书以大农业为背景，全面、系统地介绍了现代农业技术，包括上册的现代农业种植技术、现代农业养殖技术和下册的现代农产品加工技术、现代农业经营管理技术、现代农业生物技术和现代农业信息技术等内容，几乎涉及农业的所有领域和各个阶段，能够为读者搭建一个完整的农业技术知识框架体系。

本书内容丰富、编排合理、立意新颖、特色突出，高度概括了农业生产的一般规律，深入浅出地介绍了农业领域的新技术和新方法，尤其是向读者展现了农业生物技术和农业信息技术的概貌。

本书每章后都配有习题，适合作为农业院校非农、近农专业学生学习农业技术知识的通用教材，也可供有关技术人员学习和了解现代农业技术时参阅。

序

我国是世界第一农业大国，人口众多，但农业资源有限，现代科学技术的应用对于农业的可持续发展意义重大。正如邓小平同志所说："农业最终要靠科技解决问题。"当前，生物、信息等高新技术在农业领域的应用进展迅速，最新的技术与最古老产业的结合，必将带来一场新的革命，其实施则要依靠大批新型的农业技术人才。

高等农业院校作为培养农业技术人才的基地，不仅要注重对"农科"学生的现代科学技术教育，更为重要的是要加强对非农、近农专业学生的农业背景知识教育，为专业知识与农业的结合做好铺垫。基于以上考虑，我们编写了这本介绍现代农业技术的教材，用于计算机、信息、管理、食品、机电、水文等非农、近农专业的公共课教学，以满足农林院校非农、近农专业构建专业特色教学所需。

本书分上、下两册，上册包括"绪论"、"现代农业种植技术"和"现代农业养殖技术"，下册介绍"现代农产品加工技术"、"现代农业经营管理技术"和"现代农业高新技术"，内容几乎涉及农业的所有领域和各个不同阶段，旨在为读者构建一个完整的农业技术知识框架。

作为一本非农、近农专业的农业技术公共课教材，本书立意新颖，特色突出，主要体现在以下几个方面：

1. 较好地把握了概论性教材的特点，在通俗易懂的前提下，以适当深度对现代农业技术进行了深入浅出的介绍。

2. 较为全面地反映了农业领域的新技术，内容较为新颖。尤其是鉴于生物、信息等高新技术对农业的重要作用，专门用一篇对农业生物技术和农业信息技术进行了介绍。

3. 突出整体性与系统性，对各部分内容进行了合理规划与编排。例如，各篇中涉及生物、信息技术的内容均放在农业高新技术篇进行系统介绍。另外，同一篇中不同专业门类之间的共性技术内容也归结到一起予以介绍，这样，有效避免了篇与篇、章与章之间的交叉重复。

4. 强调概括性与代表性，对内容进行了精心提炼。着重一般规律、技术和方法的介绍，而不是面面俱到，从而大大压缩了篇幅和学时。

本书的参考授课时间为 80 学时（第一篇：20 学时；第二篇：20 学时；第三篇：10 学时；第四篇：10 学时；第五篇：20 学时）。

本书是天津农学院不同专业教师共同合作的结果，参加本书编写的有农学、园艺、水产、动科、食品、经管和计算机共七个系的十名教师。其中绪论和第一篇第一、二章由丁得亮执笔，第三、四章由柴慈江执笔，第二篇第一、二章由周淑云和段县平执笔，第三章由陶秉春执笔，第三篇由张平平和任小青执笔，第四篇由于战平执笔，第五篇第一章由王松文执笔，第二章由李乃祥执笔，全书由李乃祥统稿。

参加本书审定的有邢克智、孙守钧、马衍忠、刘庆山、靳润昭、孟庆田和刘金福教授，他们在繁忙的工作中抽出时间，详细审阅了书稿内容，并提出了宝贵的修改意见，在此表示衷心感谢。

本书的编写得到了天津农学院领导、教务处和有关各系的大力支持与帮助，张孝义老师为本书的出版作了大量的组织协调工作，南开大学出版社也对本书的出版给予了热情支持与指导，在此谨表谢意。此外，在本书的编写过程中，编者参阅了大量相关书籍和文献资料，也借此机会向有关作者表示感谢。

由于编者水平所限，加之本书涉及面广、成稿时间仓促，书中难免存在错误与疏漏，恳请有关专家和读者提出宝贵意见。

编 者

2004．7．15

目　录

绪 论

一、现代农业的概念和基本特性

（一）农业的概念、内涵及重要性

1．农业的概念

“农业”是人类历史与社会生活中十分重要的事物，农业的概念就是关于这一事物的描述。由于农业本身在历史进程中不断发展变化，所以农业的概念也随着时代的发展而不断有所变化。

《汉书·食货志》中给农业的定义性解释是“辟土植谷曰农”。“辟土”是指耕作土地，“植谷”是指种植五谷，即耕作和栽培为农业。英语 agriculture，来自拉丁语 agricultura，其中 agri 是田地（field）的意思，cultiva 是栽培耕作（cultivation）的意思。德语 landwirtschaft，即加劳力（labour force）于土地（field），和“辟土植谷”意义相近。

北魏（公元 386~534）贾思勰著的《齐民要术》是中国现存较早的重要农书。该书总结了中国黄河流域丰富的农业经验，主要论述了种植业和养殖业方面的实用技术。即种植业和畜牧业为农业。

中国当代权威性词典《辞海》（1983）中对“农业”一词的解释为：“利用植物和动物的生活机能，通过人工培育以取得农产品的社会生产部门。”

《中国农业科学技术史稿》（梁家勉等，1989）中关于“农业”的提法是：“农业就是以食物生产为主要目的的经济活动。”

邹德秀在《绿色的哲理》（1990）中则定义为：“农业是依靠植物、动物、微生物的机能，通过人的劳动去控制、强化农业生物的生长发育过程，来取得社会所需要产品的生产部门。单纯利用生物机能，不加入人工控制的，如采猎，不算农业。生物机能已经结束的加工业，如食品加工等，不能算作农业。”

高亮之在《农业系统学基础》（1993）中提出：“农业是人类对植物与动物进行种植、饲养或管理，并将其产品为人类自身利用的一种综合性产业。”

综上所述，农业是人类通过社会生产劳动，利用自然环境提供的条件，促进和控制生物体（包括植物、动物和微生物）的生命活动过程来取得人类社会所需要产品的综合性产业。

2．农业的内涵

（1）农业概念的三个层次

狭义的农业指农业生产业，即种植业和养殖业。中义的农业指农业产业，包括种植业、养殖业、农业工业、农产品加工工业、农产品及其加工品商业。广义的农业指大农业，即农业产业再加上为农业服务的其他部门，如农业行政管理、农业科研、农业教育、农村建设、农业金融等。

（2）农业的八个部门

① 农业生产业　是农业的主体部分，包括作物业、林木业、畜禽业、水产业、低等生物业等五个部门。其中作物业中还包括草业，即草的种植和天然草原管理；林木业中还包括天然林管理；水产业中还包括海洋渔业管理。

② 农业工业　包括三种与农业密切相关的工业，即农用工业、农后工业与农村工业。农用工业是指为农业生产服务的工业，如化肥、农药、农机、农膜等。农后工业是指食品工业、饲料工业、造纸工业、木材工业、橡胶工业、棉纺工业、烟草工业等。农村工业是指乡镇企业，包括以农产品为原料和非农产品作原料的乡村级工业。

③ 农业商业　包括食品市场（含粮食、油脂、蔬菜、水果、肉类、鱼、蛋、奶及多种多样的制成食品），生产资料市场（含化肥、农药、农业机械、塑料、建材及其饲料），轻工业原料市场（含棉花、蚕茧、羊毛、烟叶、麻类）以及农产品外贸市场。

④ 农业金融　资金是农业最重要的生产要素之一。农业资金主要有三个来源，一是政府财政支出，二是农户或农场的经营利润，三是农业金融。其中农业金融是农业资金的重要来源，它主要通过银行（农业银行）来运作。

⑤ 农业科技　包括农业科学研究（含农业基础研究、农业应用研究以及农业经济和农村社会研究等），农业科技开发与推广，包括农业科技产业等。

⑥ 农业教育　包括农业高等教育、农业中等教育和农业职业教育，以及短期农业技术培训等。

⑦ 农村建设　包括农村人口、农村交通、农村能源、农村建设、农村环境保护、农村文化卫生、农政建设等一系列内容。

⑧ 农业行政管理与政策　包括农业行政管理、农业体制、生产政策、分配政策、财政政策、信贷政策、税收政策、物价政策和劳动政策等。

3. 农业在国民经济中的重要性

（1）农业是人类食物生产的重要产业　俗话说“民以食为天”，而食物来自农业。

（2）农业是为国民经济其他产业提供原料的重要产业　农产品是纺织工业、食品工业和某些轻工业的重要原料，目前我国40%的工业原料、70%的轻工业原料来自农业。

（3）农村是工业产品的重要市场　我国 70%的人口在农村，农村是工业产品的重要市场。

（4）农产品及其加工品是重要的出口物质　我国许多名、特、优产品在世界上享有较高声誉，有较强的竞争力。目前农产品及其加工品出口创汇金额占国家创汇总额的60%以上，是国家创汇出口的骨干产业之一。

（5）农业是国家资金积累的重要来源　据有关统计资料显示，近年来在国家财政收入中，与农业部门贡献直接或间接有关的占45%以上。

（6）农业为社会提供适量的劳动力与就业机会

（7）合理的农业生产可美化和改善生活环境

（二）现代农业的概念和基本特征

现代农业是指用现代技术武装起来的农业。其基本特征是：

1. 生产程序机械化

一些高度发达的国家，拖拉机等动力机械及各种作业机械已形成体系。农田、园艺作物等从整地、种、管、收、运、贮、加工等全部机械化。畜牧业也全部机械化，如养鸡业中的给水给料、收蛋装箱、除粪排污等作业全部实行计算机自动控制。

2．生产技术高新化

如果说传统农业是经验加力气或者说半经验半科学方式的话，那么现代化农业生产则是在一整套高新技术体系指导下的全新的生产方式。高新技术将日益广泛地应用于农业生产的产前、产中和产后各个领域，实现生产技术的高新化。从田间选择到太空育种、从传统种养到试管组培、基因工程、克隆技术，现代农业一改传统农业常规，在生物品种改良、模式栽培技术、科学肥水管理、植保防病防虫、贮藏保鲜技术、精深加工增值等方面，科技先导作用显示出巨大的威力。核技术、微电子、遥感、信息等技术的使用，传统农业不敢幻想，现代农业则已变为现实，这些技术将在现化农业中发挥越来越重要的作用。

3．产供销加社会化

根据一个地区的自然条件和经济条件，运用现代化农业手段，进行集约化生产，形成专业化、商品化生产基地、规模经营，提高生产效益。要达到这一目标，就要使产供销加社会化。社会化生产使农业生产成为一个包括产、供、销、加紧密联系的经济实体。种子、化肥、农药、饲料、种畜、农机等农用生产资料由专业公司经销，农副产品收购、贮藏、加工等也有专门机构负责。这样经营有序、有产有销，确保了农业的健康发展。

4．农业主体知识化

农民是农业生产的主体，传统农业条件下，规模小，商品率低，农民凭经验加力气尚可勉强应付。现代化农业生产则不同，规模经营，商品率高，市场风险大，生产过程采用高新技术等，只有掌握科学技术和具有较高素质的农民才能胜任。

5．经营管理科学化

现代农业是有组织的规模化、市场化、国际化农业，生产经营的各个环节需要不断采用先进的管理思想、管理方式和管理手段，实现资源的优化配置，节约成本，获取最大的效益。

二、农业生产的本质和特点

（一）农业生产的本质

1．农业生产是人类利用生物有机体的生命活动，将外界环境中的物质和能量转化为各种动植物产品的活动

农业生产的对象是动植物和微生物。它们都是有生命的有机体，其生长、繁殖都依赖一定的环境条件并遵循一定的客观规律。人类通过社会劳动可以改变这些有机体生长、繁殖的环境条件，或者直接干预其生长和繁殖过程，从而获得人类自己生活、生产和发展所需要的食物和其他物质资料。随着科学技术的发展，人类对动植物生长发育规律的认识日益深入，改变动植物生长发育过程及其环境条件的手段日益加强，农业生产提供的动植物产品也越来越丰富。

2．农业生产是经济再生产过程与自然再生产过程的有机交织

农业生产的经济再生产，是指构成一定生产关系的人，使用一定的劳动工具，生产人类生活所需产品的过程。这一点农业生产部门与其他部门的生产具有共同的属性。这些农产品可以提供生产者自己消费，也可以作为生产资料进入下一个农业生产过程，还可以通过交换换取生产者所需要的其他消费资料和生产资料。经过交换的农产品可能有一部分进入消费过程，而另一部分则可以进入下一个农业生产过程，或进入其他生产领域。农业生产者利用自己生产的农产品，以及通过交换获得的其他生活和生产资料，不仅可以维持自身的生存，还可以不断进入下一个生产过程，保持农业生产周而复始地继续下去。

农业生产的自然再生产，是指通过作物利用太阳能，把无机物转化为有机物、把太阳能转化为化学能的一种物质循环和能量转化的过程。这一点农业生产部门与其他部门有着本质的区别。例如，种植业和林业的生产过程是绿色植物的生长、繁殖过程。在这一过程中，绿色植物从环境中获得二氧化碳、水和矿物质，通过光合作用将它们转化为有机物质供自身生长、繁殖。畜牧业和渔业的生产过程是动物的生长、繁殖过程。在这一过程中，动物以植物（或动物）产品为食物，通过消化合成作用转化为自身所需的物质，以维持自身的生长、繁殖。这一过程同时也将植物性产品转化为动物性产品。动植物的残体和排泄物进入土壤和水体后，经过微生物还原，再次成为植物生长发育的养料来源，重新进入生物再生产的循环过程。显然生物的自然再生产过程有自身的客观规律，它的发展严格遵循自然界生命运动的规律。

综上所述，农业生产是经济再生产过程与自然再生产过程的有机交织。正如马克思所说："经济的再生产过程，不管它的特殊的社会性质如何，在这个部门（农业）内，总是同一个自然的再生产过程交织在一起。"单纯的自然再生产过程是生物有机体与自然环境之间的物质、能量交换过程。如果没有人类的劳动与之相结合，它就是自然界自身的生态循环过程而不是农业生产。作为经济再生产过程，农业生产中人类有意识地干预自然再生产过程，通过劳动改变动植物生长发育的过程和条件，借以获得自己所需要的动植物产品。因此，这种对自然再生产过程的干预必须符合生物生长发育的自然规律，同时也要符合社会经济再生产的客观规律。

（二）农业生产的特点

1. 农业生产的波动性

农业生产以陆地为主，容易受自然环境的影响；再加上农业生产分散、生产周期长、农产品难以贮存，常造成市场过剩或不足，也引起农业生产的波动。农业生产的波动性有以下原因：

（1）周期性因素引起的波动

① 气候周期性变化引起的波动　竺可桢根据古代物候记录，分析中国5000年来气温变化，认为中国出现过4个暖期和4个寒期。4个暖期是：公元前3000年到公元前1000年，即仰韶文化与安阳殷墟时代；公元前770年到公元初即秦汉时代；公元600～1000年即隋唐时代；公元1200～1300年即元朝初期。4个寒期是：公元前1000年到公元前850年即周代初期；公元初到公元600年即秦汉、三国、隋朝时代；公元1000～1200年即南宋时代；公元1400～1700年即明末到清代初期。近500年内仍然有以下几十年为时间尺度的周期波动，例如1916～1945年是暖期，而1945～1970年是寒期，1961～1970年是中国气温在20世纪以来最低的10年。又如我国1920年、1924年、1934年的特大干旱使北方各省农作物遭受毁灭性损失，1931年、1956年、1991年、1998年的特大洪涝亦使农业蒙受巨大损失。

② 市场周期性变化引起的波动　市场周期性变化的原因包括四个方面：农业生产分散，单个生产者无法垄断市场，也无法控制价格；生产有一定的周期，确定生产计划后，要在一定时间后才能将产品投入市场；生产者一般根据当前的价格与成本制定生产计划；农产品一般难以贮存，当某些农产品供过于求时，市场价格下降，这时生产者决定减少生产量，但经过一定时间后，农产品上市量减少，又出现供不应求，市场价格又上升。

同样，在国外由于国际市场的激烈竞争，也会造成某种农产品在一个国家内剧烈地周期性波动。

（2）突发性因素引起的波动

① 农业生物因素的突变　如动植物品种对某种病原菌抗性的丧失，或某些病原菌产生突变，而使动植物不能抗御。

② 农业环境因素的突变　如异常的气候，常导致严重自然灾害。包括特别集中的暴雨、龙卷风，会导致难以弥补的损失。

③ 农业技术政策或措施的失误引起农业的波动　如丘岗地盲目开荒，导致植物和土壤严重破坏，从而引起农业减产。

④ 社会的变化与农业经济政策的失误引起农业的波动　如战争往往使交战国的农业遭受全面衰退；又如我国 1958 年“大跃进”，严重挫伤了农民的积极性，导致农业减产。

（3）趋势性变化引起的波动

这里主要是指农业环境趋势性的变化引起农业的波动。

① 地球的温室效应　大气中的 CO_2 能透过太阳短波辐射，又能阻挡地球长波辐射向空间散发，使地球天空如同温室的玻璃，吸收阳光而防止热量散失，因此，大气层中 CO_2 含量的增加会使地球温度逐步增高，这就是“温室效应”。据研究，近 120 年来地球气温已经增高 1℃。到 2030 年若大气中 CO_2 含量增加一倍，地球气温将增高 1.5℃～4.5℃，从而导致两极冰雪融化增加，海平面升高，干旱加剧，病虫害严重等，这将使全球粮食产量下降 3%～7%。

② 酸雨　酸雨主要是由于大气中的 CO_2 形成碳酸，SO_2 与氧化氮化合物增加，溶解在雨水中形成硫酸与硝酸，使雨水 pH 值在 5.6 以下。酸雨可增加土壤和水域中有毒金属（如铅、汞、铝等）的溶解度，从而杀死鱼类。酸雨还可使大片森林枯萎死亡。

③ 臭氧层空洞　从地面直到 70km 高的空间都存在臭氧（O_3），但主要集中在地面上空 25km 的平流层。臭氧集中的大气层称为臭氧层。臭氧层对紫外光有强烈的吸收作用。观测发现南极上空已有臭氧层空洞，它的出现主要为氟利昂气体排放所致。臭氧层出现空洞后，将使平流层结构与大气环流形势发生重大变化，从而改变气候。此外，导致地面紫外光增加，对多种微生物、软体动物和藻类有杀伤作用。

2．农业生产的地域性和综合性

（1）农业生产的地域性

① 地球自然气候条件的地域性，导致农业生产的地域性　由于地球围绕太阳旋转运行，使地球上不同部位所受到的光辐射、温度和水分各不相同，导致地球上出现极地、寒带、温带和热带等地理带，而在同一地理带中又由于海拔和各种资源的差异，因此导致不同地理位置自然气候条件有较大差异。而农业生产离不开环境，因此在不同地理带形成了极地捕捞业，温带的农业，亚热带的农业，热带雨林地区的农业，干旱、半干旱地区的农业，热带地区农业和高海拔地区农业等。

② 生物种类的地域性，导致农业生产的地域性　达尔文曾揭示出生物适者生存的原理，一定生物只适合在一定生态环境下生存，如极地的地衣、雪豹、企鹅；寒带的云杉、麋、玉兔；温带的红杉、侧板、鹿、熊；热带的橡胶、木棉；热带雨林区的高大林木与种类繁多的藤本植物和树栖动物等。农业生产主要为动植物生产，由于生物种类的地域性，导致了农业生产的地域性。

③ 各国社会经济发展水平差异，导致农业生产的地域性　当今社会有原始民族渔猎采集式农业、非洲抛荒性粗放性农业、东南亚的小块耕地上维持生计性农业、拉丁美洲的庄园制农业以及欧美各国现代化农业。这充分证明，不同地域因社会经济发展水平不同，有不同的

农业生产模式。

（2）农业生产的综合性

① 农业系统的基本结构决定其综合性　农业系统是由4个基本要素构成的：第一，农业生产要素，即农业所利用的生物，包括农作物、林木、畜禽、水产、菌藻等五大类。第二，农业环境要素，对农业影响最大的环境因素主要有：气候、土壤、地形、水文与生物等。第三，农业技术要素，包括农业种植技术、农业动物技术、农业微生物技术等。第四，农业经济社会要素，包括农业投入的经济社会因素、农业产出的经济社会因素、农业技术的经济社会因素、农业管理的经济社会因素等。这4个要素组成一个不可分割的整体。如农业生产与农业环境是不可分割的，而这两者的结合又必须依靠农业、经济社会要素与农业技术要素。

② 大农业由农业生产等8个部门综合组成　这8个部门之间紧密联系，构成一个完整的整体，如农业生产业的发展，需要以其他7个部门的协调发展为条件，其他部门的发展又以农业生产业为基础。

③ 农业生产业由农、林、牧、渔业综合组成　我国的传统农业在农、林、牧、渔的结合上是十分突出的，现代生态农业更是以农、林、牧、渔业组成。

④ 各农业行业由产前、产中、产后三个环节组成　如对于作物生产来讲，产前包括种子、化肥、农药、农机、农膜的准备，产中包括耕作、播种、灌溉排水、植物保护、收获等，产后包括干燥、储藏、保鲜、加工、包装、经销等活动。产前、产中、产后各环节是密切联系、相互促进的。

⑤ 农业技术体系的综合性　农业技术不是单一技术，而是综合性技术。如以作物生产技术为例，它包括作物育种技术、作物栽培技术和作物保护技术等。而作物育种技术又包括种质资源的收集、保存与鉴定，系统选育技术，杂交育种技术，杂种优势利用技术，用于育种的生物技术，品种鉴定技术，种子生产技术等。作物栽培技术包括整地、播种、种植密度、施肥、灌溉与排水、病虫草害防治、收获等。作物保护包括种植布局、选用抗性品种、病虫害预测预报、药剂防治、农业防治、生物防治等。而这些技术的应用也是相互联系的，必须综合考虑。

3. 农业自然资源的有限性

农业自然资源包括气候资源、水资源、土地资源和生物资源，是农业生产必需的基本资料和劳动对象。人工培养的植物、动物和农业微生物是自然一人工的产物，广义上说也是一种自然资源。一个国家资源的丰缺，自然肥度的厚薄，地理分布如何，宜农程度怎样，开发利用的难易等等，作为农业生产的自然基础，无疑对农业生产的发展有着巨大的影响。研究确定农业发展的目标、结构和途径以及其他人类行为，都必须在资源允许的范围以内。

从理论上推算，我国现有资源对人口的最大承受力为15~16亿人，而据预测，至2030年我国人口将达到16亿。由此可见，就资源总量而言，我国可称得上地大物博，资源丰富；但人均占有量却相当匮乏。人与自然资源的矛盾一直是困扰我国农业生产发展的一大难题，随着人口的继续增长，今后土地和水资源不足的问题，将会日趋严重，对农业生产的压力也会越来越大。

4. 农产品的特殊性

农业生产的绝大部分产品是鲜活产品（有机物质），保质贮存难，保鲜更难，有严格的保质贮存期限，超过一定的期限就会变质，失去其利用价值。但另一方面，社会对农产品的需求也逐年增加。更兼之受人类饮食习惯的影响，如我国南方以食米为主，北方以食麦为主，因此，对各种主要农产品的消费种类和数量都有着特定的要求，即农产品的供需弹性很小。尽管某些农产品生产的经济效益不高，但仍必须保证供需总量平衡，无法大幅度调减；而生产量超出需求量时，又会导致产品积压，生产资金周转困难，损及经营者的利益，挫伤经营者的积极性。

三、世界农业发展趋势

“农业是国民经济的基础”，“农业是立国之本”。这一点已成为世界各国的共识。由于世界经济发展的不平衡性，以及各国农业发展水平的差异，加之在人口、资源、环境等方面面临的不同情况，21 世纪世界农业发展仍呈现多元化格局。不同的国情将产生不同的现代化农业发展道路与模式。比如，以美国、澳大利亚、加拿大、俄罗斯等国为代表的经济、科技和资源实力型农业，在可持续发展方面，提倡“减少消耗型”，即减少购买性资源投入，如机械、燃油、化肥、农药等。以日本、荷兰、以色列等国为代表的科技先导型农业，由于人多地少，为弥补土地资源不足，注重生物技术、设施农业为主的集约化生产，在可持续发展方面，采取“保护环境型”，特别注重环境的有效保护和资源的合理利用。以中国、巴西、印度等发展中国家为代表的快速转变型农业，以非洲一些国家为代表的发展滞后型农业等等，都有一整套适合本国国情的现代化农业发展道路与模式。因地制宜，不拘一格，殊途同归。现代科学技术的突飞猛进，为农业发展方式、类型的日新月异提供了充足条件。人类社会的发展和对衣、食、住、行质量的更高要求，迫使农业发展方式、类型必须跟上时代脉搏。21 世纪，人类对农产品的要求是营养、卫生、安全、方便、回归自然，无污染、无公害、反季节性农产品将备受青睐。如何在有限资源上生产出满足人类日益增长的物质需求，同时在质量、形式及风格上又适合现代人的口味，是摆在农业科学家面前的具有挑战性的难题。

站在当代科技的制高点上，回眸历史，远瞻未来，可以预见，21 世纪世界农业技术将向以下七种类型发展：

1．立体高效型农业技术

人口增长，人均资源减少，这是 21 世纪及未来不可逆转的趋势。要想满足人口爆炸对粮食食品的高质量需求，就必须发展立体高效型农业。高层建筑占天不占地，立体高效型农业就是基于这种思路，利用时间差、空间差立体种养，从平面、时间、多层次利用单位资源，生产出高产优质的农产品。如稻—萍—鱼共养，玉米（甘蔗）—食用菌共生，多种作物间、混、套作等形式，可一地多收，高产高效。

2．超级型农业技术

应用高新技术，如生物工程培育动、植物杂交种，实现高产高效，这就是超级型农业。超级型农业除具有超高产、超优质特点外，还向超级发展，其方向一个是极大，如发展超级型畜禽，提供更多畜禽产品，利用高新技术手段，把大型动物的生长基因，引入体型较小的动物体内，从而培养出个体粗壮的大型动物。在相同的饲养条件和相同的饲养时间内，获得数量更多的畜禽产品。美国国会技术评价局认为，在今后一二十年内肯定能研究出一种有效方法，培育出如大象一般的牛，像鹅一般大的鸡。另一个方向就是极小，培育精、优、小巧的微型动植物品种。如墨西哥的微型牛身高 60～100cm，饲养 6 个月时体重 150～200kg，即可宰杀。目前畜牧专家正在研究和试验把猪、兔、羊育成小到可以放在菜盘子里的微型动物。

3．快速型农业技术

采用速生快繁技术，如利用组培法生产荔枝，12 个月左右即可结果。利用组培法进行脱毒苗工厂化生产，如草莓生产，用5株原苗，经过8个月，可以生产出30万株脱毒原种苗。又如用配合饲料养鸡，50d或更短，便可使鸡的体重达2kg。

4．设施型及无土型农业技术

人口增多，资源减少，要求生产方式必须集约利用时间、空间。尽管以美国、加拿大、澳大利亚等国为代表的人均资源相对富裕的国家，暂时可以以多取胜，然而，随着人口增长与社会经济发展，优势将逐渐减弱。而对于日本、荷兰、以色列等寸土寸金的国家来说，恐怕是别无选择。因此，设施型及无土型农业是21世纪发展的必然趋势。由于露天生产受气候、季节、无霜期长短等因素限制，要变季节生产为终年生产，变平面生产为立体生产，最好的形式就是露地农业转向设施工厂化农业，有土栽培转向无土栽培，从而使露地单季单层生产变为工厂式多季多层生产，以满足人类日益增长的粮食食品需求。

5．工艺型农业技术

“饮食欣赏”、“寓食于乐”，是现代人们的追求和时尚。中国厨师巧制的各种“工艺”食品，使餐桌变成了“动植物园”。工艺造型巧夺天工，栩栩如生，令外宾赞叹不已。如果说“寿桃”、“福果”之类的“化妆水果”只需略施小计即可掩人耳目、推陈出新的话，那么要一反常态生产出奇形怪状的动物、植物及其产品，可不是谁都会变的戏法，这需要动植物育种家绞尽脑汁运用现代生物工程技术及育种方法才能实现。比如：育成果皮致密、果汁不多、落地可以弹跳的番茄，方形西瓜，球状胡萝卜，方形树，鹌鹑鸡，猪肉狗，等等。

6．保健型农业技术

衣、食、住、行，保健为本。现在人们的健康意识与日俱增，21世纪无公害、保健型、营养型、食疗型食品将备受青睐。只要质高，不惜价昂，恐怕是随着人们高收入高消费发展的一个择食特点。有需则有产。专门开发有保健价值的动植物资源，大规模生产，以满足现代人的需要，这就是保健型农业产生与发展的根源。比如，培育出美味可口，又有疗效的动植物产品，诸如抗癌粮、防病瓜、长寿果、健脑鸡、保肝蛋、脱脂鱼等。我国20世纪80年代引进国外技术生产的低胆固醇蛋、高碘蛋、高锌蛋、高铁蛋等，均有一定的防病治疗功效，均为功能性食品。

7．观光型农业技术

将生产与游玩相结合，农业区内进行工艺美化，作物整齐一致，道路纵横交错，花卉、瓜果相互点缀，山青水绿，河湖可划船、赏莲、观鱼虾等。因此，开展农业观光旅游，创收创汇也是21世纪农业发展的一个新方向。

四、中国农业技术发展的历史、现状和对策

（一）中国农业技术发展简史

根据古人类学的研究，人类的历史大约可以追溯到300万年前，而农耕的历史大约只有1万年。在出现农耕以前数百万年的漫长岁月里，人类的祖先以采集和渔猎为生。在采集和渔猎过程中，人类逐渐学会了用人工的方法改善野生植物的生长环境或者模仿自然的生长过程以增加采集物的数量。以后人类又进一步学会了人工驯化野生动植物并加以饲养和种植，从而逐渐掌握了畜牧和农耕技术，农业由此产生和发展。

1．原始社会

开始有目的地播种获取谷物。

2. 奴隶社会

我国的农作物发展到商代，在种类上已经不少。在甲骨文中已有禾、黍、来（即小麦）、麦、菽、稻等六种。时至西周，我国农作物中又出现了不同类型。已有良种的概念，如“嘉种”，说明这一时期我国已有选种技术存在了。另一方面，园艺栽培在商代也已开始萌发，在商周时代，约有二十五种蔬菜。菜地叫圃，用篱笆围起来的叫园，园内既可种菜，也可以种果，所以古时的园艺叫园圃或称灌园。当时的园艺经营也只是农家房前屋后的小块地和零星果树的种植，是附属于农业的一种生产。在这个历史时期已初步认识到草害和虫害，并最早出现了草长锄除，虫生火灭的除草、治虫技术。此外，已经饲养了狗、猪、牛、羊、鸡等家畜、家禽，发明了养蚕、酿酒、打井等技术。

3. 春秋战国时期

农田水利工程开始兴建，井灌技术出现。兴建了芍陂（春秋时期楚叔敖在今安徽寿县兴建的一个大型陂塘）、漳水渠（战国时魏国邺令西门豹发动河北临漳当地人民兴建的，有渠十二条，故又称漳水十二渠）、郑国渠（秦王政元年在陕西关中由水工郑国主持兴建的一条灌溉渠，全长二百余里，是我国最早最长的一条大型灌溉渠）、都江堰（秦昭王时蜀守李冰领导人民在四川灌县兴建的，以灌溉为主，兼有分洪、航运之利的水利工程）等等。这个时期已开始认识到施肥有改土的作用，因土施肥技术也随之产生，这一技术当时叫做“土化之法”。《周礼·地官》：“掌土化之法以物地，相其宜而为之种”，意思是要区别各种土壤，施以不同的肥料。由于施肥技术的发明和广泛应用，使战国时期农田的土壤肥力得到了提高，促进了生产的发展和产量的提高。

（1）秦汉到北魏时期　兴建了六辅渠、白渠、龙首渠、灵轵渠、成国渠等农田水利设施；创造了井渠法和放淤压碱，利用含有大量泥沙的河水灌溉来治理盐碱，是我国农业技术史上的一项伟大创造。栽培绿肥的诞生，不仅为我国开辟了一个取之不尽、用之不竭的新肥源，同时也为我国的轮作制增添了一个新的内容，即开辟了一条生物养地的道路。除虫技术也得以发展，具体有药物治虫、暴晒防虫、诱杀除虫、选用抗虫品种等。在《汜胜之书》中记载了农业栽培技术，如书中的“凡耕之本，在于趣时和土，务粪泽，早锄早获”说明当时栽培技术已经比较成熟；并记载了选种技术，产生了单收、单打、单贮、单种的良种繁殖技术，并选育出相当多的优良品种。在《齐民要术》中记载的谷子和水稻品种达百余种，这说明我国在这个时期品种选育已经取得了巨大成就。

（2）隋唐宋元时期　水稻育秧技术形成，特别是在稻麦三熟制形成和推广应用后，水稻育秧更是推行三熟制的一项重要技术措施，有力地促进了秧田管理和培育壮秧技术的发展。随着土地的开辟和复种指数的提高，肥料的需要量增加，肥料供应不足已成为当时农业生产上一个主要矛盾。为了解决肥料不足问题，当时创造了许多肥料积制方法，像厩肥堆制、杂肥沤制、饼肥发酵、烧制火粪等，不仅扩大了肥源，同时也提高了肥料质量，提出了土壤肥力可以保持旺而不衰的看法，奠定了我国古代“地力常新壮”的理论基础，形成了用地养地、合理施肥的哲学思想。

（3）明清时期　水源的开发（泉水、井水、雪水、倒灌海水等）与合理用水。精耕细作已普遍为人们所重视。在土壤耕作上，提倡深耕和精耕。在栽培技术上创造了冬谷法（北方地区采用）、小麦移栽（江南地区晚稻下茬地采用）、甘薯留种等技术。田间管理技术上，创造了油菜打苔技术，发展了棉花整枝、水稻耘耥和烤田技术。明代出现了在粒选基础上再进行系统选育的良种繁殖技术；清代在混合穗选的基础上，又发展到单株穗选，即“一穗传”。

在人多地少的部分经济发达地区，创造了多物种共生的立体集约利用资源的模式，如太湖地区的农、牧、桑、鱼互养系统，珠江三角洲的桑基鱼塘系统，关中地区的粮、草、畜相结合系统。这些系统实现了对资源的立体多维利用，提高了资源利用率，标志着中国传统农业已达到了发展的高峰。

（4）现代农业技术发展时期　地膜覆盖、保护地栽培新技术应用于大田和园艺作物；无土栽培、工厂化育苗移栽技术应用于作物生产；从种到收田间作业实行农业机械化；化学除草技术得到广泛应用。

（二）中国农业自然资源的基本特征与评价

中国疆域辽阔，国土面积约为 $960\times10^4km^2$，此外还有总面积约为 $354.73\times10^4km^2$ 的海域。中国南北跨度 49°15′，拥有从寒温带到热带（赤道热带）9 个热量带，热量条件地带性差异明显。由于位于全球最大大陆欧亚大陆的东部，最大海洋太平洋的西岸，海陆热力性质差异显著，季风气候异常发达，四季分明。中国还是一个多山的国家，地形十分复杂。在全部国土中，山地占 46.5%，丘陵占 19.9%，而平地只占 33.6%。复杂的地形，严重影响了光、热、水资源的分布，使得资源条件状况多样。

1. 农业气候资源

农业气候资源包括光、热、降水和空气，是生命活动的基本条件和物质基础。中国农业气候资源有以下几个特征：

① 光热资源丰富，降水偏少，水成为大部分地区的限制因素　亚热带、暖温带、中温带占国土总面积的 71%，适于各类作物生长。东部主要农业区的亚热带和暖温带的面积约占全国的 31.9%，其热量与美国主要农业区相近似。全国太阳年总辐射量在（33～83）$\times10^8J/m^2$ 之间，除川、黔地区外，太阳能资源大都相当或超过国外同纬度地区。东部主要农业区，作物生长期的光合有效辐射量相当丰富，具有较高的光合生产潜力。中国平均年降水量较全球陆地平均降水量约少 19%。据农田水分年盈亏平衡分析结果，秦岭—淮河以北广大北部地区与青藏高原大部分地区（约占国土的 70%），水分处于不同程度的亏缺状态。水分成为气候资源组合中的薄弱环节，也是中国农业生产的限制因素。

② 雨热基本同季，夏季光、热、水同季　中国东部地区与世界同纬度地区相比，夏季热而雨多，使一年生喜温作物能种植在纬度较高的东北北部，有利于扩大喜温作物种植面积，但冬季过冷，却使越冬作物、多年生亚热带植物的种植北界偏南。

③ 热量和降水量的年际变化大，气候灾害频繁　东北北部的早霜、冻害与南部地区的倒春寒引起作物大面积减产，黄淮海地区旱灾严重，受旱面积占全国受灾面积的一半以上，洪涝灾害则以华北平原和长江中下游平原最为严重，受灾面积占全国水灾面积的 3/4 以上。草原牧区受白灾（雪灾）、黑灾（缺水）影响。此外，连阴雨、台风、冰雹影响范围也比较大。

④ 非地带性因素影响强烈，地方性气候明显　中国多山，非地带性影响超过地带性影响，不同山系、山体结构形成不同的垂直带分异和地方性气候。如地处低纬度的云南省，在不到 10 个纬距的范围内随高度相继出现热带、温带、寒带的气候特征。

⑤ 光、热、水匹配不协调，地区差异显著　中国西北内陆地区光、热资源丰富，但降水严重不足，水、热极不匹配，水成为最稀缺的资源。青藏高原光能资源好，是全国辐射最高区，但热量条件最差，光、热极不协调，温度限制了光能的利用。全国东半部光、热、水匹配比西半部协调，但地区差异也很显著。东北北部热量偏少；华北地区与黄土高原水分不足；四川盆地与贵州高原光照条件最差；云南高原冬季热多水少；江南地区夏季少雨、伏旱

普遍。

2．水资源

水资源由天然降水、地表水和地下水三部分组成。中国是一个旱、涝、渍害频繁的国度，对水资源的开发、利用与治理有特别重要的意义。中国水资源具有下面几个主要特征：

① 总量多，人均、单位耕地面积水量较少　中国水资源总量不少于 $28\ 124\times10^8m^3$，其中河川径流量为 $7\ 115\times10^8m^3$，居世界第六位。但人均水量只有 2 488m^3，约为世界人均水量的 1/4，按实有耕地约 $1.33\times10^8hm^2$ 算，每公顷占 $2.1\times10^4m^3$，约为世界每公顷平均水量的 60%。

② 水资源的地区分布不均匀，总趋势是由东南沿海向西北内陆递减　西北部内流区面积占全国的 34.4%，水资源只占全国的 4.6%，东南部外流区面积占 64.6%，水资源占全国的 95.4%。南北差异也很大，南方水多（占全国水资源的 81%）、地少（土地占全国的 36.4%，耕地占全国的 54.7%）；北方地多（土地占全国的 63.6%，耕地占全国的 45.3%），水少（占全国水资源的 19%），华北地区是我国缺水最严重的地区。地区分布不匀，加剧了水资源的供求矛盾，因而限制了许多地区光、热和土地资源生产效力的发挥。

③ 泥沙淤积严重，增加了江河防洪的困难，降低了水利工程效益　全国平均每年进入河流的悬移质泥沙约为 35×10^8t，其中约有 20×10^8t 淤积在外流区的水库、湖泊、中下游河道和灌区内。

3．土地资源

一般指为农业生物生长发育提供基础和主要营养来源的陆地表层，包括内陆水域用于农业生产的部分和沿海滩涂，但不包括滩涂以外的海域。中国作为一个多山国家，宜耕土地资源比重小，加之人口众多，人地关系长期处于紧张状态，建立资源节约型的集约化农业体系是根本出路。中国土地资源的根本特征可概括如下：

① 土地辽阔、类型多样　根据《中国 1∶1 000 000 土地资源图》记载，土地资源类型达 2 700 个左右。如此多种多样的土地资源类型，有利于农、林、牧、渔生产的全面发展。

② 类型结构不合理　耕地数量少，质量不高；林地数量少，质量较好；草地数量多，质量差；水域资源丰富，质量较优。在国土总面积中，目前难以利用或不能利用的土地占 29.1%，城镇、道路、工矿、居民点用地约占 2.8%，已利用或可用于农、林、牧、渔业生产的土地，约占国土总面积的 2/3。

③ 后备土地资源中，宜农荒地数量少，质量差；宜林地数量多，质量较好　后备耕地资源约有 $0.36\times10^8hm^2$，主要分布在西北干旱地区，其次是内蒙古东部草原地区和东北地区。此外，还有可供开垦的沿海滩涂资源约为 $100\times10^4m^2$。这些后备耕地，质量大多较差，开发利用难度大。

④ 土地资源分布不平衡，土地生产力地区间差异显著　东南部季风区，水热丰富、雨热同季，土壤肥沃，土地生产力较高，集中了全国 87%的生物产量和 92%左右的耕地、林地，95%左右的农业人口和农业总产值，是中国重要的农区、林区，而且也是畜牧业比重大的地区。西北内陆区，光照充足，热量丰富，但干旱少雨，水源少。沙漠、戈壁、盐碱地面积大，草地多，耕地、林地少，土地自然生产力低。青藏高原日照充足，但热量不足，土地生产力低。

⑤ 土地退化严重　主要表现在大面积发生土壤侵蚀以及与此相联系的潜在性洪涝威胁加重，土地沙漠化继续发展，草原生产力普遍降低，以及工业“三废”对土地污染加剧。我

国水土流失面积已达 $180\times10^4km^2$，占国土面积的 19%，年土壤侵蚀量达 23×10^8t 左右。沙漠化面积为 $16.7\times10^4km^2$，潜在沙漠化危险的土地约为 $15.8\times10^4km^2$。从 20 世纪 70 年代到 80 年代，土地沙漠化以每年 2 $100km^2$ 的速度蔓延。草原退化面积已达 $0.87\times10^8hm^2$，每年以 $133\times10^4m^2$ 的速度扩大。且自然草场量下降 30%～50%。中国受洪涝、盐碱危害的耕地约为 $0.2\times10^8hm^2$，另外，耕地受工业与农药污染的达（0.126～0.16）$\times10^8hm^2$。

⑥ 土地与人口矛盾尖锐，土地资源承载力长期处于临界状态　预测 21 世纪 20 年代至 30 年代，我国人口将接近或达到 15 亿大关，人均耕地下降到 0.08 hm^2。土地资源紧缺的状况日益突出。

4．生物资源

生物资源指生物圈中的各种动植物与微生物（包括人工培育的和野生的）。包括各种农作物、林木、畜禽、鱼类和各种野生动植物资源，种类十分繁多。中国由于自然地理环境复杂多样，且第四纪冰川作用远不如欧洲同纬度地区那样强盛广泛，因此生物所受影响较小，种属特别繁多，陆栖脊椎动物有 2 290 多种，占世界总种类数的 10.9%；海洋生物有 3 000 多种；高等植物有 27 150 种，仅次于世界上植物区系最丰富的马来西亚和巴西。在这些繁多的动植物资源中，还有许多特有、稀有或珍贵的种类。这些资源，很多可用于食物、医药、工业原料、观赏、环境保护等，并可为动植物育种提供丰富的种质资源。另外，中国劳动人民在数千年的生产活动中，还培育出大量的适应不同自然资源的农作物、林木、动物等优良品种。

（三）中国农业技术发展的对策

1．优化结构，建立合理的农业生产结构和农村产业结构

① 保护粮食的生产能力，不能盲目地占用耕地，随意减少粮食播种面积　粮食是国民经济的基础，也是结构调整的基础。国家划定的基本农田保护区是我国商品粮棉的主要生产基地，必须保护好和建设好，禁止转为非农用地。保证粮价对农民的指导和利用，实施和不断加强粮食流通领域的政策和措施的完善。必须坚定不移地贯彻执行中央关于粮食流通体制改革的“三项政策，一项改革”，坚持按保护价敞开收购农民的余粮，这是目前粮食政策的核心，也是农村工作的重点。

② 调整粮食及其他农产品的区域种植结构，优化农业区域分布　我国各地自然条件、经济条件不同，这决定了农业生产结构调整必须因地制宜，从地区实际情况出发，发挥地区比较优势，促进特色农业的形成。东部沿海经济发达地区和大中城市郊区——创汇农业区：应面向国内外市场需求，适当减少粮食种植面积，积极发展高价值的经济作物，如注重名、特、优、新、鲜作物的种植，特别是重点发展精品蔬菜、水果和花卉等具有比较优势的劳动密集型产业，即搞精品、设施、种籽、加工、观光休闲农业等。瞄准国内外高级宾馆、饭店的餐桌和观赏市场，发展创汇农业。西部地区——生态农业区：应实施以退耕还林、还草，保护和建设生态环境为中心的产业结构调整，即重点发展生态农业。在西部山区，特别是长江、黄河上游，以及部分湖区、牧区，把不宜种粮的土地退耕还林、还草、还湖，转而发展高价值的林业、水果业、草食畜牧业，即搞特色、节水、生态农业。瞄准国内外的肉、奶、皮毛、骨等畜产品市场，发展生态农业。中部和东北部粮食主产区——商品粮基地农业区：应稳定粮食作物种植面积，在高产的基础上主攻优质，加快实现产业化、规模化，提高在国内外市场的竞争能力，并在产业结构纵向调整上下功夫，如发展玉米的加工业、发展精品耗粮型畜牧业等。这样可拉长粮食多层次增值链条，粮食、畜牧、食品工业一起抓，让农民实现种粮也能富的愿望，瞄准国内外粮食、畜产品、食品市场，发展商品粮基地农业。

③ 调整农产品的品种结构，全面提高农产品质量　随着人们生活水平由温饱走向小康，市场呼唤改善农产品的质量，增加农产品的种类，增加我国人民食物构成中蛋白质的比例，以满足人们的需要；当前农产品总量过剩，但品质参差不齐，优质产品大多供不应求，因此，提高农产品质量也是解决当前农民收入低下的一个重要途径。

④ 积极发展畜牧业、渔业生产，尤其是畜牧业，提高人民的消费水平和营养水平　畜牧业是一个国家农业发展水平的重要标志。发达国家有发达的、独立的畜牧业和渔业系统，其畜牧业和渔业产值通常高于种植业，而我国则远低于种植业。我国畜牧业生产主要依靠粮食、植物秸秆等农产品及其副产品，畜产品的产量受到作物丰歉，尤其是粮食丰歉的影响，畜牧业依附于种植业。我国林、牧、渔业的发展必须摆脱从属于种植业的状况，提高养殖业的比重，使各业相互协调，互相促进。畜牧业、渔业的发展不仅会改善人们的营养结构，而且也会减轻种植业，特别是粮食生产的压力。发展畜牧业、渔业，要注意利用非耕地资源。我国有 $4\times10^8hm^2$ 草地，$0.17\times10^8hm^2$ 淡水资源，这些都没有得到充分合理的利用。这些资源的开发，必将促进我国畜牧业、林业、渔业的发展，使我国农业生产结构更加合理。发展畜牧业必须重视农民主体的作用，稳定农村土地承包关系，重视市场的调节作用，大力发展饲料工业和畜产品深加工，尽快把畜牧业发展为一个大产业。

⑤ 调整农产品进出口结构　必须利用国内和国际两个市场、两种资源，充分发挥我国的比较优势，扩大农产品的对外贸易，在较大的范围内、较高的层次上调整和优化农业结构。第一要明确农产品出口方针，出口劳动密集型的高价值农产品，进口土地密集型产品。第二，农产品出口的重点地区是沿海地区和其他有条件的地区。第三，采取措施，通过发展高品质、低成本的农产品推动“进口替代”。

⑥ 迅速完成农产品的生产标准化　从中长期发展看，我国蔬菜、水果、畜产品、水产品在国际上具有潜在的优势。但由于产品生产分散在千家万户，只有坚持统一标准，这种潜在优势才能变为现实竞争优势。今后若干年，各地农业生产中的一项主要任务就是实现各种农产品生产的标准化。即从品种、施肥、灌溉、防虫、治病、除草、收获到加工、贮藏、运输销售，在时间、种类、数量等各方面做出规定，与国际标准对接，为进入国际市场做准备。

2．实施科教兴农战略，促进农业科学技术进步

科教兴农是将科学技术和教育结合在一起，有计划地在农村逐步推广开来，使农村经济走上依靠科技进步和提高劳动者素质的轨道，推动农业向高产、优质、高效方向发展。科教兴农是实现现代化的根本保证，必须切实实施国家的科教兴农战略，大力开展新的农业科技革命。具体内容是：

① 促进农业科学技术进步，要大力推广先进实用技术　21 世纪前期农业科技发展可以选择以下几个优先领域：研究和开发现代农业生物技术；发展现代农业信息技术；提高土壤肥力和生产力；发展和推广现代节水灌溉技术；发展农业综合管理技术和管理科学技术；改进和加强食物和农产品加工技术。

② 进一步完善农业技术推广体系和推广机制　我国农业科技推广组织还存在一些问题，如经费短缺、队伍不稳、传统的管理体制无法适应新的形势、组织不健全、手段不完善。针对这些问题，必须加强和健全农业技术推广体系的建设。

③ 加快农业科研成果的转化，实现农业技术成果产业化　农业科技必须面向农业和农村经济结构的战略性调整。农业科研工作应以市场为导向，以提高农业效益、改善生态环境为主要目标，重点研究优质、高产、高效适用技术。对科研成果要及时组织试验、推广，做好

示范和中试基地建设。在各地农业现代化试点地区，要把农业科研的产业化作为关键领域和重点项目安排，成为高新技术产业化的基地。要重视龙头企业对科技推广的经济作用，按照《关于加强科技创新发展高技术实现产业化的决定》打破行政地区界限，发展龙头企业、中介服务机构与农户紧密结合的新型农业技术推广模式。

④ 加强农业教育，提高农民科技文化素质　农民是“三农”问题的主体，也是科教兴农的主体，农民科技文化素质的提高，是科教兴农的关键，因此必须提高农民的科学文化素质，继续抓好普通教育，努力办好各类高等教育和职业技术教育，使教育和社会、经济紧密结合，促进农业现代化的发展。

3. 加快农业基础设施建设，改善生态环境

农业基础设施建设是一个不断积累的过程，任何时候都不能中断，况且，当前正在进行的农业结构调整也要求进一步搞好农业基础设施建设。农业基础设施建设包含了农田水利、鱼塘基本建设、养殖棚舍基础设施、仓储基础设施、农产品加工设备和农业机械设备等。中央财政要加大对农业基础设施建设的投入力度，鼓励银行等金融机构向农业领域投资，同时鼓励社会资金流向农业。必须在立法上保证农业基本建设投资的可靠性，确保农业综合生产力的提高，适应农产品生产供给的需求。

改善生态环境是关系我国生存和发展的长远大计，也是防御自然灾害的根本措施。保护农村生态环境，必须坚持经济效益、社会效益和生态效益相统一的原则，具体有：增加森林覆盖率，保护森林资源；坚持不懈地治理水土流失；加强对荒山、荒滩地治理和管理，加强对盐碱地、沙漠化土地的治理；保护水资源，合理用水、节约用水；加强对现有耕地的保护；优化农村产业结构，减轻乡镇企业发展所造成的环境污染；加强农业综合开发力度等。在实施保护耕地政策的同时，制定定量目标管理责任的制度和法规以加强对渔业捕捞和草原放牧的管理。实施自然资源的定价政策和有偿使用政策，增强生态环境工程的自我发展能力，以确保自然资源的合理利用以及生态环境保护与农业经济高速增长的平衡。中西部是我国重要农区，也是加强基础建设和生态环境建设的重点，中央决定实施西部大开发战略，是加强西部农业基础设施建设和生态环境建设难得的机遇。

4. 发展可持续农业技术

“可持续农业”（Sustainable Agriculture）是指“管理和保护自然资源基础，并调整技术和机构改革方向，以便确保获得和持续满足目前几代人的和今后世世代代人的需要。这种（农业、林业和渔业部门的）持续发展能保护土地、水资源、植物和动物遗传资源，而且不会造成环境退化，同时技术上适当，经济上可行，能够被社会接受”的农业。

我国面临人口众多、资源相对短缺、环境污染严重等问题，可持续农业是我国农业发展的必然选择。可持续农业是21世纪中国实现农业现代化的必由之路。可持续农业以当代科技为基础，以高产、高效、优质为宗旨。节约资源、持续提高农业生产力、保持生态平衡是新阶段的可持续农业，全面体现出生产、经济、技术、社会和生态五大系统的可持续性，形成相互促进的有机整体。可持续农业技术具体内容包括：将传统农业技术和当代技术结合起来，以生物技术和工程技术互相补充为基础，使农业生产要素形成统一的整体；技术密集与劳动密集相结合，平面开发与立体开发相结合，实行资源全方位集约开发，达到少投入、多产出和持续增长的目标；改善农村生态环境，实现农业资源、环境与农业生产的整体良性循环；优化农业生产结构和产业结构，提高农民素质。

习题与思考题

一、填空

1. 狭义的农业指____________，即________和__________。

2. 中义的农业指_______________，农业工业包括_______、_______和_______。农业商业包括_______、_______、_______以及_______。

3. 农业资金的三个来源是_______、_______和_______。

4. 农业生产的对象是_______和_______。

5. 农业生产就是_______与_______再生产过程的有机交织。

6. 趋性变化引起的波动性包括_______、_______和_______。

7. 农业系统结构的 4 个基本要素是_______、_______、_______和_______。

8. 农业自然资源包括_______、_______、_______和_______。

9. 人类的历史大约可追溯到 300 万年前，而农耕的历史大约只有_____万年。

10. 我国水稻育秧技术形成于_______时期。

11. 水资源是由_______、_______和 _______三部分组成。

12. 水资源的地区分布不均匀，总趋势是由_______向_______递减。

二、名词解释

农业　　现代农业　　经济再生产　　自然再生产

立体高效型农业　　超级农业　　可持续农业

三、简答题

1. 农业在国民经济中的重要性是什么？
2. 现代农业的基本特点是什么？
3. 农业生产的特点是什么？
4. 实施科教兴农战略，促进农业科技进步的具体内容是什么？
5. 中国农业气候资源的特征是什么？

参考文献

[1] 胡跃高. 农业总论. 北京: 中国农业大学出版社, 2000

[2] 官春云. 农业概论. 北京: 中国农业出版社, 2000

[3] 曹敏建. 耕作学. 北京: 中国农业出版社, 2002

[4] 邹德秀. 世界农业科学技术史. 北京: 中国农业出版社, 1995

[5] 高亮之. 农业系统学基础. 南京: 江苏科学技术出版社, 1993

[6] 金文林. 农事学. 北京: 中国农业大学出版社, 2000

第一篇　现代农业种植技术

第一章　现代农业种植技术概述

第一节　种植业生产概况

种植业或称农作物业，包括大田作物、果树、蔬菜、观赏植物和草坪等植物生产类的内容。

一、种植业生产的性质

（一）种植业生产是第一性生产

种植业生产是第一性生产，是初级生产，这是按地球上物质生产和能量转化的特点所决定的。地球上，只有绿色植物通过光合作用，把太阳能转化为化学能，把无机物转化为有机物。这些有机物是人类生命的物质和能量来源，也是一切动物和微生物的物质和能量来源，所以植物生产是第一性生产，而动物生产是能量再转化过程，是第二性生产。

（二）种植业生产具有开放型特点

种植业生产除了少数采用温室、塑料大棚、地膜等农业设施外，基本上是露天生产，属于开放系统，在很大程度上受到天时、地理、土壤、病虫草害等各种自然、生物因素的影响。人们至今只能适应或利用各种因素，难以达到控制和调节各种条件，这极大地影响了农作物获得高产、优质目标的实现。

（三）种植业生产需要其他部门的支持

随着种植业的发展，对农资产品的需求数量日益增长，对农资产品的种类要求也日益增加。化肥工业提供化肥，农药工业提供杀虫剂、杀菌剂和除草剂，钢材、水泥、玻璃工业提供温室建筑材料。此外，塑料薄膜等作为覆盖材料，喷灌、滴灌设备，以及汽车、拖拉机、收割机、脱粒机、植保机具等众多生产部门的发展与种植业的发展休戚相关，而且日显重要，农业生产的发展，需要其他部门的大力支持和密切配合，并且提供价廉、物美、质优的农资产品。

（四）其他

种植业生产还具有地区性、季节性、长久性、综合性等特点，并受到社会经济、科学经济、农业技术干部和广大农民业务素质的影响和制约。

二、中国种植业生产的基本特点

（一）粮食生产是第一大事

在中国种植业生产中，粮食生产具有特殊的地位和作用。

① 民以食为天，吃饭是生活中的一件大事。中国人在饮食中，热量的 80%、蛋白质的60%是从粮食和植物油中获得的。

② 粮食是发展经济作物和多种经营的必要保证。

③ 粮食是养殖业发展的必要条件。

④ 粮食是稳定市场、稳定物价的主要商品。我国十几亿人口，粮食供应只能靠自力更生来解决。

所以，粮食是宝中之宝，农业是整个国民经济的基础，粮食是基础的基础。

（二）人多耕地少，有精耕细作的优良传统

我国人口众多，全国国土总面积居世界第三位，但人均耕地面积只有世界人均耕地面积的三分之一，且山地多、平原少。但是，中国以农立国，有精耕细作的优良传统，土地利用率和复种指数较高，通过选用优良品种、改进栽培技术、实行间作套种，可以在较少的耕地上不断提高各种农作物的单位面积产量。

（三）农作物种类多，品种资源丰富

我国位于欧亚大陆的东部，地域辽阔，具有多种气候条件，生态环境差异大，是农作物种类及品种资源十分丰富的国家。世界上栽培植物中，约有 200 种起源于中国。粮食中的稻、粟、稷、荞麦、大豆、小豆、豇豆等，经济作物和果类中的茶、麻、桑、柑橘、荔枝、龙眼、枇杷、梨、桃、杏、枣、柿子、板栗、山楂、猕猴桃等，蔬菜方面的大白菜、萝卜、丝瓜、黄瓜、南瓜、茼蒿、葱、蒜、韭菜、辣椒等都起源于中国。我国还有些特种蔬菜，如竹笋、茭白、荸荠、慈姑、百合、金针菜等。多种药用、饲用和水生植物也起源于中国。丰富多彩的农作物品种资源，是十分宝贵的财富，对品种改良、开发利用及种植业的发展起着重要的作用。

（四）多熟种植，用地和养地结合

我国是世界上实行间套作及复种面积最多的国家。长江中下游一带可一年两熟和三熟轮作。长江以北到黄河中下游，多实行一年两熟或两年三熟的种植制度。多种作物和各类作物搭配的多样化间套作、复种形式，是我国农作物种植业生产的主要特点之一。广大群众在合理复种和提高土地利用率的同时，十分重视恢复和培养地力。如轮作倒茬、增施有机肥、种植绿肥和秸杆还田、深耕和晒垡熟化土壤、客土改良土壤性质等，都是用地与养地结合的有效措施。

（五）自然灾害频繁，农作物产量不稳定

我国幅员广大，自然条件复杂，从北到南跨越寒温带、温带、亚热带和热带。干旱、洪涝、盐碱、风、雹、低温、霜冻、高温酷热和病害、虫害、草害等各种灾害比较多，每年都有一部分地区的农作物受到不同程度的危害。个别年份，常有某些严重灾害发生，使农作物形成大面积、大幅度的减产。

三、中国种植业发展的成就

（一）十几亿人口温饱问题基本解决

1999 年我国在占世界土地总面积 7.2%的国土上，用占世界总可耕地（包括多年生植物）8.9%的面积，生产了占世界总产量 22.1%的粮食、40%的蔬菜和瓜类、23%的油料、21%的皮棉、37%的烟草、25%的茶叶、13%的水果、9%的坚果和 7%的糖类。生产总量基本达到供需平衡，丰年有余。实际上从 1984 年以来，我国的种植业生产水平保持了稳中有升、总量递增、态势良好的局面，现在正朝着全面进入小康社会和共同富裕的方向发展。

（二）显著地改变了种植业的生产条件

1．兴修水利，扩大农作物灌溉面积

疏浚整治了长江、黄河、淮河、海河等水系的河道，对减轻旱涝灾害起到了重要作用。

2．改良土壤，建设高产稳产农田

以生物措施与工程措施相结合，改良盐渍土、红壤土和风沙土等低产田。

3．加强物质技术装备，增强抗灾能力

逐步建立农用工业体系，为发展农作物生产提供化肥、农药、农用机械、农用塑料薄膜及农村电力，改善农作物生产的物质基础条件，增强抗御自然灾害的能力。

（三）提高了科学种田的水平

1．选育和改良农作物品种，建立相应的良种繁育体系

不断进行农作物品种更换，对提高产量和品质发挥了重要作用。

2．改进耕作栽培制度

提高土地利用率，推行间套作，发展多熟制，增加复种指数，南方的一熟改两熟，旱改水；北方黄淮海地区的一年一熟改为两年三熟或一年两熟，对提高农作物产量起到了很大作用。

3．有效控制农作物的主要病虫害

已逐步形成了一套“预防为主、综合防治”的植保工作方针，减轻了病、虫、草、鼠对农作物的危害。

4．提高栽培管理技术水平

包括综合栽培技术体系的建立，科学合理施肥，节水灌溉技术，旱地农田培肥，抗旱保墒技术，育苗栽移，地膜覆盖，化学调控等多项技术。

（四）农业教育、科研和技术推广有了很大的发展

中等、高等农业院校和农业科研院所及农业科技推广机构三支队伍在促进农业生产发展和农业技术改造以及实现农业现代化的事业中，发挥了重要作用。

四、中国种植业的发展趋势

种植业作为农业的主体，也必须走可持续发展的道路。就我国的情况而言，随着农业现代化水平的提高，种植业的规模化、集约化和商品化水平等都将有显著的提高；而随着人民生活水平的提高，种植业的内部结构也将做进一步的调整。就种植业技术来说，由于土地资源、水资源、能源等农业资源的限制，今后种植业的发展只能依赖于在提高资源利用效率的同时，不断提高作物单位面积的产量。提高作物产量的具体途径，可分为良田、良制、良种和良法 4 个方面。

（一）建设高产农田

（1）分期改造低产田，（2）重点改良中产田，（3）大力建设高产田。

（二）改革耕作制度

（1）提高复种指数，（2）增加间套作面积。

（三）普及优良品种

1．育种技术高新化

（1）杂种优势的利用，（2）杂交育种，（3）生物技术育种。

2．育种目标多样化

（1）高产育种，（2）品质育种，（3）抗性育种，（4）抗逆育种。

3．实施种子产业化工程

（四）发展适用技术

所谓适用技术，就是在一定的自然条件和社会经济条件下，生产者能获得作物高产、经济高效的技术。

1．单项技术

（1）节水灌溉技术，包括工程节水和农艺节水；（2）优化施肥技术，包括研制新型高效肥料和改进施肥方法；（3）设施栽培技术，包括温室栽培和地膜覆盖栽培；（4）病虫草防治技术；（5）机械化作业。

2．综合配套技术体系

（1）模式化栽培技术，（2）智能化栽培技术。

第二节　作物分类

一、作物的概念

作物是指对人类有利用价值而又被人类所栽培的各种植物。如各种大田作物、蔬菜、果树、观赏植物和草坪等。

二、作物的分类

目前世界上被人们所栽培的植物约 1 500 种。由于农作物种类很多，其特征、特性差异很大，人类为了更好地利用、生产和研究，需要把众多的农作物进行科学的分类，按照一定的标准，把亲缘关系相近或某些特征和习性相似的农作物分为同一类。农作物分类的方法有两种：一种是植物学分类法，另一种是人为的实用分类法。

植物学分类是一种经典的分类法。根据植物学的形态特征，按照科、属、种、变种来进行分类。其意义是可以明确科、属、种间在形态、生理上的关系，以及在遗传和系统发育上的亲缘关系，有共同的拉丁学名。同一科内在生物学特性、栽培技术和病虫发生上均有共同的特点。植物学分类通常用于科学研究，如研究农作物的起源和进化、杂交育种、新类型创造和鉴定等。由于其分类方法比较复杂，内容也比较多，因此作物生产上使用较少。

本节主要介绍人为实用分类法。

（一）大田作物分类

通常按用途和植物学系统相结合的方法分类，应用最广泛。大田作物可分为三大部分和八大类别。

1．粮食作物

● 禾谷类作物　属禾本科，主要有小麦、大麦、燕麦、黑麦、稻、玉米、谷子、高粱、黍、稷、稗等和蓼科的荞麦。

● 豆科作物　属豆科，主要有大豆、豌豆、绿豆、小豆、蚕豆、豇豆、菜豆、饭豆等。

● 薯类作物　植物学上科属不一，主要有甘薯、马铃薯、木薯、山药、芋、菊芋等。

2．经济作物

● 纤维作物　主要有棉花、大麻、亚麻、黄麻、红麻、苘麻、苎麻、剑麻、蕉麻、菠萝麻等。

● 油料作物　主要有花生、油菜、芝麻、向日葵、油用亚麻、蓖麻、苏子等。

● 糖料作物　主要有甘蔗、甜菜、甜叶菊等。

● 其他作物　① 嗜好作物，主要有烟草、茶叶、咖啡、可可等；② 药用作物，主要有人参、枸杞、地黄、黄连、贝母等；③ 染料作物，包括红花、番红花、蓝靛等；④ 香料作物，包括薄荷、啤酒花、香矛草、玫瑰、茉莉等。

3．绿肥与饲料作物

● 绿肥与饲料作物　主要有苜蓿、苕子、草木犀、田菁、柽麻、三叶草、沙打旺、紫穗槐、水浮莲、水葫芦、黑麦草、燕麦草、苏丹草等。

上述分类也并非绝对，有些作物有几种用途，可根据需要分类。如大豆，既可食用，也可榨油；亚麻既是纤维作物，种子又是油料；玉米既可食用，又可饲用；红花既是油料作物，又是药用作物和染料作物。

（二）蔬菜作物分类

1．按产品器官分类

根据产品器官不同，可分为根菜类、茎菜类、叶菜类、花菜类和果菜类。

2．农业生物学分类

这是蔬菜作物最常用的分类法，把各种蔬菜的生物学特性及栽培技术基本相似的归为一类，比较适合生产要求，共分为11类。

（1）白菜类　以柔嫩的叶片、叶球、花苔、花球及肉质茎供食用。包括大白菜、小白菜、菜苔、叶用芥菜、结球甘蓝、花椰菜甘蓝等。

（2）直根类　以膨大的直根为食用部分。包括十字花科的萝卜、根用芥菜、芜菁甘蓝，伞形科的胡萝卜，藜科的根用甜菜。

（3）茄果类　以果实为食用部分。包括茄科的茄子、番茄和辣椒等。

（4）瓜类　以果实为食用部分，属于葫芦科植物，包括黄瓜、冬瓜、南瓜、丝瓜、苦瓜、甜瓜、西瓜等。

（5）豆类　以嫩荚或种子为食用部分。包括菜豆、豇豆、毛豆、蚕豆、豌豆、扁豆等。

（6）葱蒜类　属于百合科植物，包括洋葱、大葱、大蒜、韭菜等。

（7）绿叶菜类　以幼嫩的叶片、叶柄或嫩茎为食用部分，包括菊科的莴苣、茼蒿，藜科的菠菜，苋科的苋菜，伞科的芹菜，旋花科的蕹菜等。

（8）薯芋类　包括马铃薯、姜、芋、山药等，食用块茎、块根，富含淀粉。

（9）水生蔬菜类　生长在沼泽地区的蔬菜，主要有藕、茭白、慈姑、荸荠、菱角等。

（10）多年生蔬菜类　包括金针菜、竹笋、石刁柏、百合等。

（11）食用菌类　包括蘑菇、香菇、草菇、木耳等。

（三）果树分类

1．按果实构造分类

（1）仁果类　果实属假果，主要食用部分由肉质的花托发育而成，子房形成的果心位于果实中央。此类果实较耐贮运，供应期长。常见的有苹果、梨、山楂、海棠、木瓜、枇杷等。

（2）核果类　果实属真果，由子房发育而成。有明显的外、中、内三层果皮，外果皮很薄，中果皮肉质化，为食用部分，内果皮木质化加厚。此类果实不耐贮运，常见的有桃、李、杏、梅、樱桃等。

（3）柑果类（橙果类）　果实由子房发育而成。外果皮革质化，内含芳香油；中果皮疏松，呈白色海绵状；内果皮内折成瓤瓣，内有汁泡为食用部分。此类果实耐贮运，常见的有柑、橘、橙、柚、柠檬等。

（4）浆果类　属于该类的果实有葡萄、草莓、猕猴桃、树莓、醋栗等。此类果实成熟后，果肉柔软多汁，大多不耐贮运。其中，葡萄的食用部分为中果皮，草莓为花托，猕猴桃为果皮和胎座。

（5）坚果类　果实由子房发育而成，果皮呈坚硬的外壳，壳内种子可供食用。此类果实含有丰富的脂肪、淀粉和蛋白质，极耐贮运，常见的有核桃、板栗、榛子、山核桃等。

2．按农业生物学分类

根据生物学特性和栽培管理措施相近的原则，可分为落叶果树和常绿果树两大类。落叶果树又分为：仁果类、核果类、坚果类、柿枣类和浆果类。常绿果树又分为柑果类、浆果类、荔枝类、核果类、坚果类、荚果类、聚复果类、多年生草本类和藤本类。

（四）花卉分类

以花卉植物的生物学性状作为分类的依据，不受地域和环境条件的限制，南北各地均可使用。

1．一年生花卉

指在一个生长季节内完成生活史的观赏植物。这类花卉大多春季播种，夏、秋季开花，表现出短日照特性。主要有凤仙花、鸡冠花、一串红、半枝莲、千日红、翠菊、雁来红、波斯菊、万寿菊、麦杆菊、花葵等。

2．二年生花卉

即在两个生长季节内完成生活史的花卉。这类花卉大多第一年秋天播种、第二年春季开花，具有较强的耐寒性，表现出长日照特性。主要有：三色堇、花菱草、雏菊、金鱼草、矢车菊、虞美人、石竹、桂竹香、羽衣甘蓝、紫罗兰、美女缨等。

3．多年生花卉

个体寿命长于两年，能多次开花结实。这类花卉依其地下部分的形态变异分为宿根花卉和球根花卉两类。宿根花卉地下部分不发生变态，可分为落叶类和常绿类。前者如菊花、芍药、蜀葵、耧斗菜、荷兰菊、铃兰等；后者如万年青、萱草。球根花卉地下部分变态肥大，茎或根形呈球状物或块状物，主要变态类型有球茎类（唐菖蒲、小苍兰、番红花等）、鳞茎类（水仙、风信子、郁金香、百合等）、块茎类（白头翁、马蹄莲、秋海棠等）、根茎类（美人蕉、鸢尾、射干等）和块根类（大丽花、花毛茛等）。

4．观赏花木

木本（包括灌木和乔木）植物具有观赏价值的器官，既可以是花也可以是茎叶。前者如月季、玫瑰、牡丹、腊梅、樱花、木槿等；后者如雪松、侧柏、罗汉松、樟树、银杏、柳、红叶李、苏铁、南天竹、紫丁香、猕猴桃、爬山虎、紫竹等。

5．水中花卉

指在水中或沼泽地生长的花卉，如荷花、睡莲、凤眼莲、石菖蒲等。

（五）其他分类方法

除了上述对不同作物种类的主要分类方法外，还有按农作物的生态、生理特性进行分类。主要有以下几种：

1．对光强的要求

（1）喜光作物：一般大田作物均属此类，其在强光下生长发育良好，产量、品质提高，如棉花和禾谷类作物。（2）耐荫作物：宜生长在荫蔽的环境条件下，如咖啡、胡椒、人参、三七等。

2．对光周期的反应

光周期是指昼夜光照和黑暗长度交替出现的现象。（1）短日照植物：对日照时数的要求有一个最高的极限，称为临界日长值。只有在低于此极限的日照时数下，才能开花或提早开花。如水稻、玉米、大豆、黄麻、红麻、烟草、紫苏、苍耳、菊花等；（2）长日照植物：对日照时数的要求有一个最低的极限临界值，只有在高于此极限值的日照时数下，才能开花或提早开花。如小麦、大麦、豌豆、油菜、甜菜、萝卜、菠菜、白芥等；（3）中日性植物：该类植物没有临界日长极限，开花不要求一定的日照长度。如番茄、四季豆、黄瓜等；（4）定日植物：如甘蔗只能在光照12小时左右才能开花，长于或短于此范围均不能开花。

3．对温度的反应

（1）喜温植物：要求温度较高，适宜生长气温为 20℃～30℃，≥10℃积温 2 000℃～3 000℃以上，生长期较长。又分为：① 温凉型，如大豆、红麻、粟等；② 温暖型，如水稻、玉米、棉花、甘薯、芝麻、黄麻、蓖麻等；③ 耐热型，如高粱、甘蔗、西瓜、南瓜、甜瓜等。（2）喜凉植物：要求温度水平低，需积温约 1 000℃～2 000℃。又分为：① 喜凉耐霜型，如油菜、豌豆、向日葵、胡萝卜、芥菜、芜菁、菠菜、大白菜、春小麦、箭舌豌豆、毛苕子、草木樨；② 喜凉耐寒型，如冬小麦、冬大麦、黑麦、青稞等。

4．对水分的反应

（1）喜水耐涝型，水稻为典型作物，有通气组织，耐淹水；（2）喜湿型，如陆稻、黄麻、黄瓜、白菜等，要求相对湿度 75%～95%之间；（3）中间型，如玉米、棉花、大豆等，前期较耐旱，中后期需水较多；（4）耐旱怕涝型，甘薯、芝麻、花生、向日葵、绿豆等，前期较耐旱，后期怕涝；（5）耐旱耐涝型，高粱、田菁、草木樨等。

5．作物对二氧化碳同化途径的特点

可分为三碳作物、四碳作物和景天科作物。

三碳作物光合作用，固定二氧化碳后形成三个碳原子的3—磷酸甘油酸，故称三碳作物。大多数农作物为三碳作物，如水稻、小麦、大豆、棉花、烟草等。

四碳作物光合作用，固定二氧化碳后形成的是带四个碳原子的草酰乙酸，故称四碳作物。农作物中四碳作物很少，仅有玉米、高粱、甘蔗、苋菜属这类作物。

景天科作物具有多肉、耐旱性强的特点。其代谢途径称为CAM途径，剑麻、龙舌兰麻、菠萝麻属于这类作物。

6. 按农业生产特点的分类方法

如按播期不同，分为春播作物、夏播作物、秋播作物；按作物高度分为高秆作物、矮秆作物、匍匐作物；按根系生长分类分为直根系、须根系、块根作物，还有分为深根作物和浅根作物；按播种特点分为密植作物、中耕作物。

第三节 作物的生长发育

一、概念

（一）作物的生育期和生育时期

作物从播种到收获的整个发育过程称为作物的一生。作物一生所需的天数为作物（全）生育期长度，它主要与作物种类、品种和环境条件有关。

作物在其一生中，受遗传因素和环境的影响，在外部的形态特征和内部的生理特性上都会发生一连串的变化。根据这种变化规律，特别是形态特征的显著变化，可把作物的全生育期人为地划分为几个生育阶段或生育时期。例如，属于单子叶禾本科作物的小麦，一般可划分为出苗期、分蘖期、拔节期、抽穗期、开花期和成熟期；属于双子叶作物的棉花可分为苗期、蕾期、花铃期和吐絮期等。

（二）作物的生长和发育

作物的一生，可以区分为两种生命现象，即生长和发育。生长是指作物个体、器官、组织或细胞在体积、重量和数量上的增加，是一个不可逆的量变过程，通常可用大小、轻重和多少来加以度量，如根、茎、叶的生长等。与此相对，发育是指作物细胞、组织和器官的分化形成过程，也就是作物发生形态、结构和功能上的质变，有时这种变化是可逆的，通常难以直接用单位进行度量，如幼穗分化、花芽分化、维管束发育等。生长与发育的区别是相对的，有时两者是很难区分的，实际使用时也常常把生长发育作物作为一个概念使用。

（三）作物的生长阶段

根据作物不同生育时期的生育特点，可把作物的生育过程分为三个生长阶段：

（1）营养生长是指作物以分化、形成营养器官为主的生长，进行营养生长的时期称为营养生长期或营养生长阶段，如禾谷类作物从出苗到幼穗分化前主要形成营养器官根、茎、叶。

（2）生殖生长是指作物以分化、形成生殖器官为主的生长，进行生殖生长的时期称为生殖生长时期或生殖生长阶段，如禾谷类作物从开花到成熟主要形成生殖器官种子。

（3）作物从营养生长期向生殖生长期过渡时，均有一段营养生长与生殖生长同时并进的阶段，这一时期称为并进阶段。如单子叶禾谷类作物从幼穗分化到抽穗开花，双子叶作物棉花从开花到吐絮，均是营养器官与生殖器官同时生长的时期。

二、作物各器官的生长发育

（一）种子与种子发芽

1. 种子的概念与分类

种子在植物学上是指胚珠发育而成的繁殖器官（一般需经过有性过程）。在农业生产上，种子是最基本的生产资料，其涵义要比植物学上的种子广泛得多，凡是农业生产上可直接利用作为播种材料的植物器官都称为种子。为了与植物学上的种子有所区别，后者称为“农业种子”更为恰当，但在习惯上，农业工作者为了简便起见，都统称之为种子。目前世界各国所栽培的作物，包括大田作物、园艺作物、牧草和树木等方面，播种材料种类繁多，大体上可分为以下三类。

（1）真种子

真种子系植物学上所指的种子，它们都是由胚珠发育而来的，如豆类（除少数例外）、棉花、油菜及十字花科的各种蔬菜、黄麻、亚麻、蓖麻、烟草、胡麻、瓜类、茄子、番茄、辣椒、苋菜、茶、柑橘、梨、苹果、银杏和松柏类等。

（2）类似种子的干果

某些作物的干果，成熟后不开裂，可以直接用果实作为播种材料，如禾本科作物的颖果（小麦及玉米等为典型的颖果，而水稻与皮大麦果实外部包有稃壳，在植物学上称假果）；向日葵、荞麦、大麻、苎麻的瘦果；伞型科（如胡萝卜和芹菜）的分果；山毛榉科（如板栗和麻栎）和藜科（如甜菜和菠菜）的坚果；黄花苜蓿和鸟足豆的荚果；以及蔷薇科的内果皮木质化的核果等。

（3）用以繁殖的营养器官

许多根茎类作物具有自然无性繁殖器官，如甘薯和山药的块根，马铃薯和菊芋的球茎，葱、蒜、洋葱的鳞茎等。另外又如莲用根茎（藕）、苎麻用吸枝繁殖等。

2. 种子的发芽

发芽是指胚根伸出种皮形成种子根或营养器官的生殖芽开始生长的现象。种子发芽，一般要经过吸水膨胀、萌动和发芽三个过程，因此也称种子萌发。首先，种子吸水膨胀达饱和，贮藏物质中的淀粉、蛋白质和脂肪等物质，通过酶的活动分别水解为可溶性糖、氨基酸和脂肪酸等。这些物质运转到胚的各个部分，经过转化合成胚的结构物质，从而促使胚生长。生长最早的部位是胚根。当胚根长到一定长度时，突破种皮，露出白嫩的根尖，即完成萌动阶段。之后，胚继续生长，禾谷类作物当胚根长到与种子等长，胚芽长达到种子长度的一半时，即达到发芽阶段，做发芽试验时即以此作为发芽的标准。在田间条件下，胚根长成幼苗的种子根或主根，胚芽则生长发育成茎、叶等。以块根繁殖的甘薯，是块根内薄壁细胞分化形成的不定芽原基生长发育，突破周皮而发芽。马铃薯、甘蔗、苎麻等的发芽，则是茎（节）上的休眠芽生长发育所致。

（二）根

1. 根系的功能

（1）吸收作用，（2）固定和支持作用，（3）合成作用，（4）贮藏作用，（5）发生不定芽。

2. 根系的类型

作物地下部所有根总称为根系，按其形态不同，可分两大类：

（1）直根系　主根发达，其长度和粗度，与侧根有明显区别。大多数双子叶作物属于直根系，如棉花、大豆、茄子和许多果树等。高大的乔木果树，根系可深达5～10米。

（2）须根系　主根不发达或早期停止生长，甚至枯萎，在茎基部生出相似粗细的不定根，再由不定根上生出侧根，整个根系呈须状。单子叶作物属于此类根系，如小麦、水稻、玉米、葱、百合科的蔬菜、花卉，禾本科草坪等也属于须根系。

果树按根系发生来源可分为三类：

（1）实生根系　由果树种子播种后胚根形成的根系，主根发达，分布较深，生活力和适应性较强。

（2）茎源根系　由扦插、压条繁殖所形成的根系，如葡萄、草莓是由吸枝繁殖的，香蕉、菠萝主根不明显，分布浅。

（3）根蘖根系　由果树根上不定芽所形成的根蘖苗，经与母株分离后独立生长的根系，主根不明显，分布也较浅。

3. 根的变态

根在形态、结构和主要生理机能发生显著变化的称变态根。变态根能够遗传。常见的有下列几类：

（1）肉质直根　由主根和下胚轴膨大发育而成，根体肥大，具有发达的薄壁组织，内贮大量养分，外形成圆锥形、纺锤形或球形。如萝卜、胡萝卜、芜菁、甜菜等。

（2）块根　由侧根或不定根发育而成，外形不规则，内贮大量养分。如甘薯、木薯的块根含大量淀粉；菊芋、大丽花的块根含菊糖。

（3）气生根　生长在地面上和空气里的根均称气生根，内部常有比较发达的厚壁组织。

4. 根瘤和菌根

（1）根瘤　在豆科作物的根上生有各种形状和颜色的小瘤，称为根瘤。在根瘤内，根瘤菌从豆科作物皮层细胞中吸取碳水化合物、矿物盐、水分和其他物质，进行生长和繁殖。根瘤则能固定空气中的游离氮，合成含氮化合物，供豆科作物利用，建立共生关系。

（2）菌根　菌根是真菌和根建立的共生体，按照生方式分为内生菌根和外生菌根。据报道，很多果树如杨梅、柑橘、荔枝、龙眼、芒果、栗、苹果、梨、李、核桃、柿、葡萄、草莓，以及小麦、玉米等均存在菌根。

（三）茎

1. 茎的功能

（1）支持作用，（2）输导作用，（3）贮藏作用，（4）光合作用，（5）产生不定芽。

2. 芽和芽的类型

芽是枝条、花和花序的雏形，萌发后形成枝条、花或花序。果树大树冠的形成，是各级枝条上芽逐年发展的结果。芽的种类很多，可按其性质、位置、构造及生理状态分为下列类型：

（1）按芽的不同性质分

① 叶芽　发育成为枝条的芽称为叶芽，由一个具有顶端分生组织的短茎及许多叶原基和幼叶组成，一般比较瘦小。

② 花芽　发育成为花和花序的芽称为花芽，内含萼片、花瓣、雄蕊、雌蕊原基或花序原始体。

③ 混合芽　既长枝叶又长花或花序的称为混合芽，如棉花、苹果、梨树生长混合芽，较肥大。

（2）按芽的生理状态分　① 活动芽，② 休眠芽，③ 潜伏芽。

（3）按芽的着生位置分　① 顶芽，② 侧芽，③ 不定芽。

（4）按芽的发生季节分　① 冬芽，② 夏芽。

3. 枝和分枝方式

叶芽发育成枝条，枝条是生长叶片的茎。枝上着生叶片的部位称为节，两者之间称节间，枝条的顶端和叶腋处均可长芽。芽再发育成枝条，这样不断出现分枝，形成枝叶系统。

（1）果树的枝　按树冠的分枝级次，着生于中心干上的枝称为一级枝，一级枝上着生二级枝，二级枝上着生三级枝，依次类推。

（2）分枝方式

① 单轴分枝式　主轴的顶芽生长势强，形成主干，当侧枝形成分枝后，顶端生长势变弱，如棉花的主茎、红麻、黄麻以及某些木本植物。

② 合轴分枝式　枝条顶芽死亡，或生长缓慢，或分化为花芽，而由顶芽下方的腋芽长成新枝，使主轴偏斜。新枝生长一段时间后，其腋芽又代替主轴生长，如此多次重复，由许多侧枝连成外形曲折的分枝。如棉花的果枝、番茄、柳、苹果、枣等。

③ 假二叉分枝　顶芽死亡不发育，在近顶芽下面的对生腋芽同时发育成两个分枝，这些分枝又重复生长次级分枝，这样延续发展，如辣椒、石竹、丁香等。

（3）分蘖

分蘖是禾本科作物的特殊分枝方式。主茎或分蘖埋藏于地面以下密集于植株基部的节群称分蘖节。节上每个叶腋基部出现腋芽，腋芽向上生长形成枝条，称为分蘖。这些分蘖一般聚集在一起，分蘖节还能形成不定根。主茎上产生的分蘖称为一级分蘖，一级分蘖上还能长出二级分蘖。如小麦、水稻等一株可发生多个分蘖，能抽穗、结实、成熟的称为有效分蘖，不能抽穗成熟的称为无效分蘖。

4. 茎的类型

大多数作物的茎呈辐射对称的圆柱形，有些作物茎的厚角组织集中在局部位置，向外突出呈棱形。如马铃薯的茎呈三棱形，芝麻茎呈四棱形。

按照生长习性，茎的类型可分为：（1）直立茎，（2）匍匐茎，（3）平卧茎，（4）攀缘茎，（5）缠绕茎。

根据茎的质地可分为：（1）草质茎，（2）木质茎。

5. 茎的变态

茎在形态、结构和生理机能等方面发生显著变异的称为变态茎。这种变态特性能够遗传给后代。

变态茎可分为：（1）根状茎，（2）块茎，（3）球茎，（4）鳞茎，（5）茎刺，（6）叶状茎，（7）肉质茎，（8）茎卷须。

（四）叶

1. 叶的功能

（1）光合作用，（2）蒸腾作用，（3）吸收作用，（4）贮藏作用，（5）繁殖作用。

2. 叶的形态

（1）叶的组成　双子叶植物的叶由叶片、叶柄和托叶三部分组成的称为完全叶，如桃、苹果、棉花等；凡缺少其中某一部分，称为不完全叶，如甘薯、葡萄缺少托叶，而荠菜、莴苣等则缺少托叶和叶柄，只有叶片。

（2）叶的形状　叶形是叶的整个外形，是依据叶片的长宽比例，最宽处所在部位，以及整个叶片的形象特征来区别。叶形类型很多，主要有：① 披针形，叶片长为宽的3～4倍，近基部最宽，逐渐向顶端狭尖，如桃、柳；② 卵形，长为宽的1.2～2倍，较披针形宽些，如榆、槐；③ 圆形，叶片似盘，如莲；④ 线形，叶片全形狭长，两侧叶缘近于平行，如冷杉；⑤ 管形，叶片很长，中空呈筒，如葱；⑥ 针形，叶细长如针，如松等。此外，还有椭圆形、心形、肾形、戟形、扇形、剑形等。

（3）单叶和复叶　单叶只有一个叶片，如桃、苹果、黄瓜、棉等。复叶是叶轴上着生数片小叶，小叶叶腋内不能长出芽。复叶又可分为羽状复叶、掌状复叶和单身复叶三类。

（4）叶序　叶序是叶片在茎上着生的排列方式，可分三种：① 互生叶序。茎的节上生一片叶，呈螺旋状交互排列。② 对生叶序。每一茎节上着生成对的两片叶子，如薄荷。③轮生叶序。每一茎节上环生三片叶，如夹竹桃。

（5）禾本科作物叶的组成和形状，禾本科作物叶与双子叶作物不同，它由叶片、叶鞘、叶耳和叶舌四部分组成。叶片呈扁平条形或狭带形，纵列平行叶脉，叶片下连叶鞘，狭长、抱茎，有的较厚，起到保护、输导、贮藏养分和支持作用。叶片和叶鞘连接处有的作物具膜状物，称为叶舌，可防止异物等进入叶鞘。在叶片基部两侧有的还各有一个耳状突起，称为叶耳。

3. 叶的变态

叶在形态、结构和生理机能发生显著变化的称为变态叶。变态叶的特性可以遗传，分为：（1）叶卷须，（2）叶刺，（3）鳞叶，（4）叶状柄，（5）捕虫叶。

4. 叶幕、叶面积系数和叶果比

（1）叶幕　叶幕是多年生果树特有的概念，是指叶在树冠内集中分布区域的总称。果树生产常采用整形修剪等措施调整叶幕的层次和密度，使单位面积或树冠容积内形成最适合数量的叶片，以充分利用光能，实现优质、高产和稳产。

（2）叶面积系数　叶面积系数是指单位土地面积上的绿叶面积与单位土地面积的比值。它是群体结构的一项重要指标。在作物生育期内，叶面积系数是动态变化的，一般最大叶面积系数在生育期后才能形成，各时期有其适宜的指标。

（3）叶果比　叶果比是指叶片数与果实数的比值，是用来衡量果树结果负载量的一个参数。适宜的叶果比，有助于花芽形成，能提高坐果率，改善果实品质，促进枝叶、根系生长和延长盛果期。

（五）开花、传粉和受精

1. 花和花序

（1）双子叶植物花的组成　完整的花由花柄、花托、花冠、雄蕊群和雌蕊群几部分组成，称为完全花。缺少某部分的称不完全花。

（2）花的种类　按雌蕊和雄蕊的发育状况及退化状况来分：在一朵花内雌蕊和雄蕊都能正常发育的称为两性花；只有雌蕊正常发育的称雌花，只有雄蕊正常发育的称雄花，它们都属于单性花；雌蕊和雄蕊均退化的称为无性花或中性花。在同一植株上能同时着生雌花和雄花的称雌雄同株，如石榴、核桃、玉米；雌花和雄花分别着生在不同植株上称为雌雄异株，如银杏、大麻。

（3）禾本科作物的穗、小穗和花　现以小麦为例，叙述其穗、小穗和花的结构。①小麦的穗由茎顶端的生长锥分化发育而成，中央有个穗轴，由多个穗轴节片排列组成。②每个小穗节上着生小穗，排列在穗轴的两侧，每个小穗外包两个颖片，颖片内可有数朵小花，在小穗发育早期，可见5～6朵甚至8～9朵小花原基，但田间能开花结实通常仅有2～3朵。③花着生在短而细的小穗轴的两侧和顶部，每朵花由外稃和内稃包围，内有3个雄蕊和1个雌蕊。雄蕊由花丝和花药组成。雌蕊具有一个两裂的羽毛状柱头，开花时柱头分开，以便接受花粉。柱头下连子房，在子房与外稃之间的基部着生两个鳞片状的浆片。

（4）花序　花在花轴上的排列方式称为花序，依据花轴分枝的方式和开花的顺序，分为无限花序和有限花序两大类。

① 无限花序：在开花期间花轴顶端可以继续生长一个时期，花序基部的花先开，然后向顶依次开放。如果花朵密集排列似平面，则花从边缘向中央依次开放。

② 有限花序：花轴顶端或中心的花形成后，先开放，然后依次向下向外，开花后花轴停止生长。

2．花芽分化及幼穗分化

（1）花芽分化、形成　花芽分化、形成是作物由营养生长转向生殖生长的重要标志。花芽分化是按一定的顺序依次进行。不同作物虽然具有不同的花序类型、花的不同结构和组成，但有共同的分化顺序。凡具有花序的，先分化花序轴，再分化花蕾。一个花蕾的各组成部分，先分化下部和外部的花器，再分化上部和内部的花器。一般可分为：

① 分化始（初）期，② 苞片原基分化期，③ 花萼原基分化期，④ 花瓣原基分化期，⑤ 雄蕊原基分化期，⑥ 雌蕊分化（心皮分化）期。

（2）禾本科作物的穗分化　禾本科作物的花序，主要有圆锥花序、穗状花序、肉穗花序等，其花序和花的分化发育一般称为穗分化。小麦的穗分化过程包括：

① 生长锥（点）伸长期，② 穗轴分化期，③ 小穗分化期，④ 小花分化期，⑤ 性细胞分化形成期。

3．开花、传粉和受精

（1）开花、传粉　花药中花粉粒和胚珠内的胚囊发育成熟，花冠展开，使雌蕊和雄蕊暴露出来的过程称为开花。成熟的花粉粒从花药内散出，借外力的作用传到雌蕊的柱头上，这一过程称为传粉。传粉有自花传（授）粉和异花传（授）粉两种方式：

① 自花授粉：雄蕊的花粉传到同一花朵的雌蕊柱头上，它发生在具两性花的花果内，小麦、稻、豆类等属自花授粉作物。

② 异花授粉：一朵花的花粉粒传到另一朵花的柱头上，是最普遍的传粉方式。异花传粉需要媒介来传送花粉，主要是风和昆虫。依靠风力转送花粉的称为风媒花，如杨、桦、玉米等。风媒花的花被一般很小或退化，不具艳色，无蜜腺及香味，花粉光滑，小而轻，数量多，适于风力传送。依靠昆虫传粉的为虫媒花，花大，有鲜艳的花被，具芳香味或蜜汁，花粉粒较大，有黏性，便于黏附虫体之上。

（2）受精　当花粉粒落到雌蕊柱头上以后，经过相互的“识别”过程，亲和的花粉粒在柱头分泌黏液如糖、氨基酸、脂类、多酚、单宁等的刺激，促使花粉粒萌发，花粉粒的内壁从萌发孔向外突出，形成花粉管。花粉管继续生长，进入柱头，穿过花柱，进入子房，直达胚珠，通常从珠孔穿过珠心进入胚囊。

花粉管进入胚囊后，花粉管顶端膨大裂开一个小孔，将其中的精细胞、营养细胞等内含物从小孔随细胞质流入胚囊内。精子在胚囊的细胞质中蠕动，准确地分别移到卵细胞和极细胞（中央细胞）附近，一个精子与卵细胞结合，形成受精卵；另一个精子与极细胞结合，形成初生胚乳核，这个过程称为双受精。

三、作物产量

（一）作物产量与经济系数

1．作物产量的概念

① 生物产量　指作物在整个生育期间生产和积累有机物的总量，即整个植株总干物质的收获量。一般不包括根系但根茎类应包括地下部分。

② 经济产量　指栽培目的所需要的产品收获量，常包括单产和总产两个内容。单产，我国通常是指每 1 亩耕地上所收获的产品数量，一般以公斤/亩（kg/mu）表示，国际上则常以公斤/公顷（kg/hm^2）和吨/公顷（t/hm^2）表示。总产，是指某一行政单位所生产的全部产量。

③ 经济系数　在一定的生物产量中，经济产量的高低取决于生物产量形成经济产量的效率高低。衡量这一效率高低的系数称为经济系数（或收获指数），其值为经济产量与生物产量的比率：经济系数=经济产量÷生物产量。

经济系数的高低，首先与作物种类密切相关。一般来说，以营养器官为产量器官的作物，产量的形成过程较简单，经济系数较高；以生殖器官为产量的作物，产量的形成要经过生殖器官分化发育到成熟的过程，同化物要经过复杂的转化过程，因而经济系数较低；产品以淀粉为主要成分的作物经济系数较高，而以含蛋白质和脂肪较多的作物，形成过程需由糖类转化，耗能就增多，因而，经济系数较低。就品种而言，一般矮秆品种大于高秆品种，新品种大于旧品种，早熟品种大于晚熟品种，高产品种大于低产品种。实际生产中，即使是同一品种，也会因栽培技术、环境条件而有所变化，不当的栽培技术和不利的气候条件都会明显降低经济系数。

各类作物的经济系数：禾谷类作物为 0.3～0.45，高者可达 0.5；豆类作物为 0.2～0.3，高者可达 0.4；薯芋类作物为 0.6～0.75，高者可达 0.8；棉花（籽棉）为 0.35～0.4；烟草为 0.6 左右；饲料和绿肥作物可达 1.0。

2. 生物产量、经济产量和经济系数三者的关系

经济产量是生物产量的一部分，生物产量一定时它的高低取决于经济系数。经济系数是一个相对值，单纯经济系数高的，经济产量不一定高，只有在生物产量和经济系数两者都高时，经济产量才能较高。生物产量的高低与作物的光合产物积累直接相关，因此提高生物产量的途径就是增加光合面积、提高光合效率和延长光合器官的功能期。提高作物的经济系数主要是控制作物的群体结构和物质分配。

（二）作物产量的构成因素及其相互关系

1. 作物产量的构成因素

决定作物产量高低的直接参数，称为产量构成因素。由于作物产量是以土地面积为单位的产品数量，因此可以由单位面积上的各产量构成因素的乘积计算。例如，禾谷类作物的作物产量的高低，主要取决于单位面积上的平均有效穗数、每穗平均结实粒数和每粒平均粒重（常以千粒重或百粒重来表示）的乘积。

作物不同，产量构成因素也就不同，如表 1-1-1 所示。研究这些因素的形成过程和相互关系，以及影响这些因素的条件，并采取相应的农业技术措施，是作物学的重要内容。

表 1-1-1　不同作物的产量构成因素

作物种类	产量构成因素	作物种类	产量构成因素
禾谷类	穗数、粒数、粒重	油菜	株数、分枝数、角果数、果粒数、粒重
豆类	株数、荚数、荚粒数、粒重		
薯芋类	株数、薯块数、单薯重	甘蔗	茎数、单茎重
棉花	株数、棉铃数、籽棉重、衣分	甜菜	株数、单茎重
麻类	株数、单株纤维重	烟草	株数、叶片数、单叶重
花生	株数、荚果数、荚粒数、粒重	饲料作物	株数、单株重

2. 产量构成因素间的相互关系

由于产量是各个产量因素的乘积，因此理论上任何一个因素的增大，都能增加产量。但实际上，各个产量因素是很难同步增长的，它们之间有一定的制约和补偿的关系。例如，增加禾谷类作物单位面积上的穗数时，穗粒数和粒重就会受到制约，表现出相应下降的趋势。相反，当单位面积的穗数较少时，穗粒数和粒重就会作出补偿性反应，表现出相应增加的趋势。

作物产量构成因素的形成，是在整个生育过程中依序重叠进行的。一般来说，生育前期是营养器官的生长时期，如禾谷类作物在幼穗分化前，棉花、大豆、油菜等作物在现蕾前，这一阶段的生长主要决定单位面积上的穗数、分枝数等的产量构成因素。生育中期是生殖器官的分化、形成和营养器官旺盛生长的重叠时期，如禾谷类作物从幼穗分化到抽穗，棉花、大豆和油菜从现蕾到盛花，这一阶段的生长主要决定穗粒数、荚数等产量构成因素。生育后期主要是生殖器官的建成时期，如禾谷类作物从抽穗到成熟，棉花、大豆和油菜从盛花到收获，这一阶段的生长主要决定结实粒数、粒重等产量构成因素。但是，由于产量构成因素因作物不同而有不同，因此其形成过程也有显著的不同。例如，以营养器官和整个植株体为产量器官的甘薯、甘蔗、饲料作物等，其整个产量形成过程往往均处于营养生长阶段。

作物产量因素的制约和补偿性的关系，除了决定于上述的产量构成因素的形成次序外，也受群体生长发育的规律所左右。众所周知，作物群体是由个体构成的，当群体密度增加时，各个体所占的营养面积（或立体面积）就会受到制约，个体的生物产量就会下降，构成经济产量的器官数量和质量都相应下降。相反，当群体密度较小时，各个体的产量器官数量和质量都会相应上升，表现出对密度下降的补偿。因此，最终经济产量的高低，除了决定产量构成因素形成过程中的协调程度外，还与各产量因素间的制约和补偿的程度有关。

四、作物品质与评价标准

（一）作物的品质

作物的品质是指目标产品的质量。随着商品经济的发展，产品质量的优劣将成为产业能否发展的生命线。种植业是生产农产品的产业，农产品的质量是影响种植业发展的重要因素。

不言而喻，作物品质的优劣是由人类的需要决定的，优良品质的标准是指能最大限度地满足人类需要。一般来说，作物产量器官生长发育越好，产量越高，作物的品质也往往较好，但两者之间并无必然的联系。有时也可能是矛盾的，如禾谷类作物的蛋白质往往和产量呈相反的变化趋势，即产量越高蛋白质含量越低。另外，随着科学技术的发展，作物品质优劣的标准也是可能发生变化的。

作物种类不同，用途各异，对它们的品质要求也各不一样。依据人类栽培作物的目的，作物可粗分为两大类，一类是作为人类和动物的食物，包括各类粮食作物和饲料作物等；另一类是作为食油、衣着等轻工业原料，包括各类经济作物。对食用作物来说，品质的要求主要包括食用品质和营养品质等方面；对于经济作物来说，品质的要求主要包括工艺品质和加工品质等方面。

即使是同一作物，有时因产品用途不同，也会有不同的品质要求。如大麦作为饲料作物栽培时，要求蛋白质含量高、淀粉含量低；作为啤酒大麦栽培时，则要求淀粉含量高、蛋白质含量低。再如，油菜籽油作为优质工业用油时，要求芥酸含量高；但芥酸能导致心脏疾病，因此作为食用油时，要求芥酸含量低。同时，人类根据各自的经济利益，也会制定不同的质量标准。例如，同样是小麦籽粒，栽培者追求的是籽粒饱满，整齐度好，容重大等外观品质；面粉厂家则要求的是籽粒出粉率高、易磨等物理品质；而消费者希望的是口感好、营养丰富的食用品质和营养品质。

总之，品质的优劣是相对的，其评价标准也是相对的，加上作物种类繁多，用途千变万化，要确定一个统一的评价标准既不可能，也无实际意义。

（二）作物品质的评价标准

尽管对作物品质的评价不可能建立统一的标准，但随着作物品质研究的深入，根据作物的用途，很多作物的品质标准已经相当明确，有的品质指标也有较大的稳定性。目前，具体评价作物品质的指标主要有形态指标和理化指标两类。

（1）形态指标　是根据作物产品的外观形态来评价品质优劣的指标，包括形状、大小、长短、粗细、厚薄、整齐度等。如禾谷类作物子实大小，棉花种子纤维的长度，豆类作物种子种皮的厚薄等。

（2）理化指标　是根据作物产品的生理生化分析结果评价品质优劣的指标，包括各种营养成分如蛋白质、氨基酸、淀粉、糖分、维生素、矿物质等的含量，各种有害物质如残留农药、有害金属等的含量等。对于某一作物而言，通常以一、二种物质的含量为准。例如，小麦籽粒的蛋白质含量，玉米籽粒的赖氨酸含量，甘蔗、甜菜的含糖量，油菜籽的芥酸含量，特用作物的特定物质含量等。

需要说明的是，通常需要对形态指标和理化指标加以综合评价，才能确定作物品质的优劣。形态指标与理化指标并不是彼此独立的，某些理化指标常与形态指标密切相关。例如，优质啤酒大麦的特点可以概括如下：发芽率或发芽势高，机械损伤的破粒少，啤酒酿造力高，谷壳比重小，蛋白质含量低，淀粉含量高。

（三）食用品质和营养品质

大多数粮食作物包括饲料作物，除了其产品需要有良好的外观形态品质以外，判断其品质优劣的主要指标是理化性状。根据实际内容它可分为食用品质和营养品质两个方面。

1. 食用品质

所谓食用品质是指蒸煮、口感和食味等特征。稻谷加工后的精米，其内含物的90%左右均是淀粉，因此稻谷的食用品质很大程度上决定于淀粉的理化性状，如直链淀粉含量、糊化温度、胶稠度、胀性和香味等。而小麦籽粒中含有很多的面筋。面筋是麦谷蛋白吸水膨胀形成的凝胶体。面团因有面筋而能拉长延伸，发酵后加热又变得多孔柔软。因此小麦的食用品质很大程度上决定于面筋的特性，如麦谷蛋白和麦醇蛋白的含量及其比例等。

2. 营养品质

所谓营养品质主要是指蛋白质含量、氨基酸组成、维生素含量和微量元素含量等。营养品质也可归属于食用品质的范畴。一般来说，有益于人类健康的成分丰富，如蛋白质、必需氨基酸、维生素和矿物质等的含量越高，则产品的营养品质就越好。

（四）工艺品质和加工品质

对于大多数经济作物而言，评价品质优劣的标准通常为工艺品质和加工品质。另外，很多食用作物，实际上也需要经过初加工或深加工后才能作为食品食用，因此也存在加工品质的问题。

1. 工艺品质

指影响产品质量的原材料特性。如棉纤维长度、细度、整齐度、成熟度、扭曲、强度等。

再如，烟叶的色泽、油分、成熟度等外观品质也属于工艺品质。

2. 加工品质

一般指不明显影响产品质量，但对加工过程有影响的原材料特性。如糖料作物的含糖率，油料作物的含油率，棉花的衣分，向日葵、花生的出仁率，以及稻谷的出糙率和小麦的出粉率等，均属于与加工品质有关的性状。

第四节　作物生产的环境条件

所谓环境，是指作物周围一切条件因素的总和。包括气候因素、土壤因素、地形因素、生物因素和人为因素等。其中与作物生长发育最密切的环境因素包括光能、温度、水分、空气、土壤和养分六个方面。

一、光能因素

（一）太阳辐射

太阳辐射是指太阳以向外发射电磁波的形式所发射的能量。作为农业气候资源，从光资源对作物生长和生产角度分析，太阳辐射主要包括光合作用直接利用的可见光，具有间接作用的红外光和紫外光。它们对作物的作用，分别表现为可见光的光合效应、红外光的热效应、紫外光的光形态效应。

太阳辐射到达地面，按其到达和投射方式可分为：

1. 太阳直接辐射

指地表垂直于阳光来向，单位面积接受的太阳辐射。晴空天气，其强弱决定于太阳高度角和大气透明度。有云天气，由于太阳辐射在云层内被吸收和多次散射，辐射量降低。

2. 太阳漫射辐射

也称散射，系指所接受到的不包括太阳直接辐射的天空向下漫辐射，它来自天空各个部分。组成上含较短波长的可见光较多，有利于作物的利用。

3. 太阳反射辐射

指由地面和作物覆盖面的反射辐射。地面颜色越深、土壤温度越高、 糙度越大，反射率越小。

（二）光照强度

光对作物的影响，最主要的是光合效应及制造光合产物的多少。绿色植物进行光合作用，被叶绿素吸收并参与光化学反应的光合有效辐射的波长为380～710nm（纳米），也有文献介绍400～760nm（即可见光谱区）的。

作物对光照强度的要求，通常用“光补偿点”和“光饱和点”表示。夜晚，黑暗时光照强度在零点，作物只有呼吸作用，没有光合产物，光合作用强度为负值，消耗贮存的有机物质。随着光照强度增加，作物的光合强度增强，光合产物增多。当在某一光照强度时，作物的光合强度和呼吸强度达到平衡，制造的有机物和消耗的有机物相等，表现净光合强度等于零，此时的光照强度即为光补偿点。

随着光照强度进一步增强，光合强度也随之增加。光照强度在光补偿点以上，光合产物的积累超过呼吸消耗，可积累有机物质。但在达到一定的光强值时，作物不再因光照强度进一步提高而增加光合强度和积累有机物质，此时的光照强度称为光饱和点。

不同作物由于对光照强度的要求不同，其光补偿点和光饱和点的光照强度不同。同一作物，不同生育期的需光量也不同。如小麦，苗期光饱和点为0.3卡/厘米^2·分，返青后在拔节期为0.6卡/厘米^2·分，孕穗期上升到0.9卡/厘米^2·分，抽穗后继续上升，到成熟期才下降。对不同品种测定表明，棉花科遗2号的光饱和点约为4.5×10^4 lx，黑山棉为3.5×10^4 lx。以上叙述的是指作物单叶的光补偿点和光饱和点。

在群体条件下，则要复杂得多。沈阳农业大学对大豆铁丰18号品种的群体进行测定，其冠层顶部的光照强度为1.26×10^5 lx，远远超过光饱和点；但是，群体内株高2/3处、1/3处和土壤表面的光照强度分别只有2 750、910和450 lx，即在光补偿点上下或低于光补偿点。所以，从作物群体分析，当上层光照强度已达饱和点时，下层叶片的光合强度仍随光照强度的增加而提高，群体的总光合强度还在上升，因此作物群体的光饱和点较单叶为高。同样地，作物群体的光补偿点也较单叶为高，因为群体内叶片多，相互遮荫，当上层光照变弱时，叶片还能进行光合作用，但下层叶片呼吸作用强，消耗多，而光合作用弱，所以整个群体的光补偿点上升。

（三）光质

光质是指太阳辐射的不同光谱成分。不同波长的光谱对作物有不同的作用。可见光是光合作用的主要能源，为光合有效辐射。可见光通过棱镜被衍射为有色光谱带，其中波长0.6～0.7μm为红、橙色，被叶绿素大量吸收，是光合作用的重要能源，能促进碳水化合物的合成，对作物具有光周期效应；波长0.5～0.6μm为绿色和黄色，很少被叶绿素利用，光合作用意义不大；波长0.4～0.5μm为蓝、紫光，被叶绿素强烈吸收，促进蛋白质的合成，具有造型作用。在红外线光谱中，波长在0.76μm以上，对作物有促进茎秆伸长作用和光周期反应，能被作物吸收，但不能直接参加有机物质的制造和合成，却是影响热效应的重要因素，使植物的体温升高，从而促进叶片蒸腾和物质输运等生理过程。光辐射中另一组称为紫外光，波长在0.3～0.4μm，有明显造型作用，使植株变矮，叶片变厚，叶色变深；波长为0.28～0.31μm的光对作物有杀伤作用；波长在0.28μm以下的则具致死作物作用。

光质的变化：在低纬度地带短波光多，随纬度增加长波光增多，随着海拔的升高短波光也逐渐增多；在季节变化上，夏季短波光较多，冬季长波光增多；一天内，中午短波光较多，早晚长波光增多。

根据光质对作物生长的不同影响，近年来有利用有色薄膜的试验。用淡蓝色薄膜育秧，具有稻苗健壮、根系发达、栽后成活快、分蘖早而多、叶色浓绿等良好效果。

二、温度因素

（一）温度的作用

温度是重要的农业环境因子，一定热量是农作物生命活动中不可缺少的条件。对农业生产和作物生长有影响的温度包括气温、地温、水温、植株温度和叶温等。其中最主要的是气温，它制约和影响着其他温度。一般讲温度，就是指气温，它通过影响作物的光合、呼吸、蒸腾、有机物合成和分解、输运等生理过程，进而影响着种子萌发、根系活动、营养器官和生殖器官形成，最后决定作物的生长发育、产量和品质形成。在其他生态因素能够基本得到满足的条件下，温度常常是决定农作物生长好坏、发育快慢、产量高低、品质优劣的重要的因素。

（二）温度三基点

温度三基点是指作物生命活动过程中最适温度、最低温度和最高温度的总称。在最适温度范围内，作物生长发育迅速、良好。当处于最低温度和最高温度时，作物尚能忍受，仍能维持生命，但生活力降低。如果温度继续降低或升高，就会对作物产生不同程度的危害，甚至致其死亡，这时称为致死最低温度和致死最高温度。作物生命活动的各个过程都需在一定的温度范围内进行。通常维持作物生命的温度范围大致在-10℃～50℃之间，适宜作物生长的温度范围约在5℃～40℃，作物正常发育的温度约为20℃～30℃。

不同作物的温度三基点不同，作物不同生育时期所要求的三基点温度也不相同。一般种子萌发的温度低于营养器官生长时期的温度，生殖器官生长时期所需温度最高。如水稻在开花受精期、棉花在开花结铃期，所需温度均高于种子萌发期和幼苗期。作物生长发育的不同时期的不同生理过程的三基点温度也不同。光合作用的最低温度为0℃～5℃，最适温度为20℃～25℃，最高温度为40℃～50℃；而呼吸作用则分别为-10℃，30℃～40℃与50℃。马铃薯在20℃时光合作用达最大值，而此时呼吸作用只有最大值的12%，当温度升到48℃时，呼吸率达最大值，而光合率却下降到0。

（三）积温

积温是指某一生育时期内或某一时段内逐日平均温度累积之和。积温有有效积温和活动积温两种表达方式。

1. 有效积温

指作物某生育时期内逐日有效温度（即日平均温度减去生物学零度的差值）的总和。生物学零度值因不同作物和不同生育期而异，一般为温度三基点的最低温度。由于是日平均温度减去了最低温度值，表示该温度对作物的生长发育是有效的，是作物生育对热量的要求。

2. 活动积温

指作物某生育时期内逐日活动温度（即高于或等于生物学零度的日平均温度）的总和。它表示只要日平均温度高于生物学零度就对作物生命活动起作用。一般对水稻、棉花、玉米等喜温作物的生物学零度以10℃为标准，对小麦、油菜等耐寒作物则以0℃为标准。由于活动积温计算比较方便，因此在农业生产上的应用较为广泛。

积温的生产意义在于：

（1）它是衡量和分析某地区热量资源的重要方法，以此作为编制农业气候区划、规划种植制度和作物合理分布的重要依据。例如≥10℃的广州积温为8 100℃，武汉为5 300℃，济南为5 000℃，北京为4 200℃，而哈尔滨只有3 000℃。相应地种植制度分别为一年三熟制、一年二熟制和一年一熟制。

（2）积温是作物和品种对热量要求的指标，它是对作物和品种的引进、推广、作物前后茬选用、搭配的依据。它对作物安全播种期的决定，预测作物的发育进度，及对灾害天气低温、霜冻的预报和防御都有重要的作用。

三、水分因素

（一）水的作用

水是作物生命存在的必要条件，一切生理活动必须在适宜的水分状况下进行。水是作物生长发育和农业生产的重要环境因子。各种形态的水，如雨、雪、霜、露、水汽和土壤水分等对作物的产量、品质，对农业的环境条件和农业生产具有重要意义和影响。

水的生理功能在于：

（1）水是植物体的重要组成部分。细胞原生质的含水量在80%以上，水生植物的含水量可达98%，幼嫩器官的生长点、嫩茎、幼根等含水量可达80%～90%，即使成熟的种子含水量也在10%以上，蔬菜作物产品的含水量更高，如番茄、黄瓜含水量为94%～95%，白菜、萝卜、西瓜为92%～93%。

（2）水是作物进行光合作用生产光合产物时的重要原料，它与二氧化碳合成碳水化合物。另外，许多有机物质的合成也需有水分参与。

（3）水是优良的溶剂，是作物进行代谢作用的介质。原生质必须与水结合呈现溶胶状态，才具旺盛的代谢活性；各种酶类必须在有水条件下才具有各种生化过程的催化活性；离子与气体的交换必须在水中进行；根系对矿质元素的吸收，必须在有水的条件下才能进行；矿质元素、有机物质等在植物体内必须以水溶液状态才能输运。

（4）植物的细胞和组织靠充足水分才能维持紧张度。它能使植株挺立、叶片和幼茎保持一定形状，以利于光合作用和细胞分裂、生长。气孔的开放也需在保卫细胞的紧张度下进行。

（5）水分可调节植株的体温。通过蒸腾降低体温，避免强烈阳光照射而灼伤。在寒冷环境下可保持体温不致降低过快，避免冷害。

（6）供应适当的水分，是获得作物高产、优质的前提。水分不但对作物高产有影响，而且对作物的品质也有重要的影响，谷类作物的籽粒成分，在少雨条件下蛋白质的含量高，多雨条件下有利于淀粉的形成。水分充足更有利于提高油料作物的含油量、甜菜的含糖量、纤维作物的纤维长度，并降低木质化，提高产品的品质。

（二）作物的蒸腾作用

水分通过作物活体表面的散失称为蒸腾作用。通过蒸腾作用，作物同时进行气体交换，获得所需的碳源，并避免叶片过热，同时可形成叶片吸水拉力，使进入植物内的无机盐等合理流动，满足作物生长发育的需要。作物的蒸腾主要是通过气孔来实现的，气孔主要分布在叶片上，在茎、花、果实、芒等器官上也有分布。

（三）生理需水和生态需水

作物对水分的需要有两种：

1. 生理需水

是直接用于作物生理生化过程的水分。前述水分的生理功能所需要、所消耗的水分，均属生理需水。一般情况下，作物的水分供应及灌溉和保墒等措施，主要是满足生理需水的要求，它是保证作物正常生长发育，获得高产、优质的必要条件。

2. 生态需水

是为作物创造适宜的生态环境所需要的水分。利用水来改善土壤和田间小气候的环境条件，以利作物的生长发育。如盐碱地的灌水洗盐作用；北方麦田冬灌，防御冻害；小麦乳熟期喷灌，可防御干热风危害；北方水稻育秧期的保水，以防止霜冻；夏季蔬菜地雨后的涝浇园，主要为供应空气和降低地温等。这些都是通过水来改善农田生态条件。

（四）作物需水量和需水临界期

1. 作物需水量

有两种表示方法：一种方法是用蒸腾系数表示。蒸腾系数是指作物每形成1克干物质所消耗水分的克数。计算每亩需水量即从蒸腾系数乘以该作物收获的生物学产量获得。另一种方法是用田间耗水量表示，是指作物整个生育期内，农田消耗于蒸散的水量，即为植株蒸腾量与株间土壤蒸发量之和，以毫米或立方米/亩表示。在旱地，作物需水量就是田间耗水量；在水田，田间耗水量为作物需水量与渗漏量之和。作物需水量是研究农田水分变化规律、水资源开发利用、农田水利规划和设计、分析和计算灌溉用水量的依据。不同作物，不同地区和不同年份的需水量不同。作物的不同生育期的需水量差别也很大，一般在生育前期需水量较少，中期为需水量高峰期，后期需水量又减少。

2．需水临界期

作物一生中有一个对水分最敏感的时期，称为需水临界期。此时缺水，对作物生育和产量影响最大。各作物水分临界期，一般都在生殖器官的性器官形成、发育和开花前后，如小麦在孕穗—抽穗期，正是幼穗发育和性细胞成熟时期；棉花则在开花结铃期，此时缺乏水分会引起花器官退化、受精不良、不孕籽增加和蕾铃脱落。因此，若水分临界期缺水，则必须及时灌水。

四、空气因素

空气是许多气体的混合体，主要由氮气（约占78%）和氧气（约占21%）组成。此外，还有一定数量的二氧化碳（约占0.33%，320ppm）和极少量的氢气，以及一些惰性气体和不固定的成分如氨气、二氧化硫、水汽、烟尘等。

空气中的氮必须经过一定转体（例如固氮菌的作用），才能被作物利用，而氧气和二氧化碳是作物生存的重要因素。

（一）二氧化碳

二氧化碳（CO_2）是作物进行光合作用的原料。据测定，农作物的干物质中 90%～95%是由空气中的二氧化碳和水合成的，只有5%～10%是来自土壤的营养物质。占作物干物重中比例最大的碳和氧都是由二氧化碳转化而来的。作物生长旺盛期特别需要大量的二氧化碳，在全日照条件下，二氧化碳供给不足，已成为光合生产率的限制因素，这是因为农作物生长最适宜的二氧化碳浓度是1 000～1 500ppm，是空气中二氧化碳平均浓度的3～5倍。因此，适当地增加二氧化碳的含量，能够大大地提高光合作用的速率，积累更多的有机物质，显著地提高作物的产量。例如，二氧化碳浓度为300ppm时光合强度为20毫克/分米^2·小时；当提高到1 600ppm时最大光合强度可达80毫克/分米^2·小时。有研究认为，改善空气中二氧化碳浓度，比改善任何其他环境条件更能明显地影响作物的产量。基于此理，生产上出现了二氧化碳施肥技术。

（二）氧气

作物需要不断地吸收氧气，进行呼吸作用，将固定的太阳能的一部分又转为能量，供有机物质的合成，物质的吸收、输运和作物的生长以及繁殖等生命活动所利用。

作物的每个活细胞，时刻都从空气中吸收氧气，在酶的作用下，把体内的有机物氧化分解为二氧化碳和水，同时释放出能量，这个过程就是作物的呼吸作用。

呼吸作用实质上是消耗有机物、释放能量的过程。据研究，作物的呼吸作用，一般要消耗其所制造有机物的20%~30%。

五、土壤因素

（一）土壤的基本概念

1. 土壤的概念

所谓土壤是指地球陆地表面、具有一定肥力而且能够生长植物的疏松层。它是自然因素和人的活动长期共同作用的结果。土壤的本质特征是肥力。所谓肥力是指植物在其生长过程中，土壤能够及时、不断地满足植物对水、肥、气、热和其他环境条件要求的能力。

2. 土壤的组成

土壤是由固体、液体和气体组成的三相多孔体。土壤固相包括矿物质和有机物质，它们是组成土壤的基本成分。在固相物质之间，是形状和大小都不同的孔隙。在孔隙中，充满着水分和空气，二者在容积上相互消长。若将固相、液相、气相三种物质的总容积算成100%，则固相物质的体积约占50%，其中矿物质为40%，有机物质约占10%；液相和气相体积的总和约占50%。土壤中存在着各种生命活动体，其中微生物的存在具有重要意义，因为土壤中的许多复杂变化都是通过微生物的作用才完成的。

3. 土壤的作用

土壤是农业的基本生产资料，农业生产的基本特点是生产出具有生命的生物有机体，其中最基本的任务首先是发展人类赖以生存的绿色植物的生产。而在自然界里，植物的生长繁育是以土壤为基地，它既为植物生长提供所必需的生活条件，又对植物起支持、固定作用。而人类以土壤为对象和场所管理土壤，协调植物生长所需各种条件，土壤是农业存在和发展的基础，没有土壤就没有农业。

（二）土壤矿物质

1. 土壤的矿质土粒

矿质土粒是大小不等、成分有别、性质各异的，因此它们对土壤性质的影响也是相当不同的。土粒在组成和性质上的差别是划分粒级的根据。

在我国土壤颗粒分级标准中，将细土粒部分分为三种粒级：沙粒、粉粒、黏粒。

2. 土壤质地

（1）概念

自然界里的土壤，毫无例外地都是由以上三种粒级所组成的。在某一土壤中沙粒、粉粒、黏粒的重量百分比的不同组合状况称为该土壤的质地。

（2）分类

沙土：沙粒含量占50%～70%、粗沙土在70%以上的土壤。这类土壤颗粒大，黏性小，孔隙大，透水性和通气性良好，耕作时阻力小，但机械磨损大，土壤有机质分解快，保水保肥力弱，不耐旱，不肥沃，适于种薯类和花生等作物。

黏土：黏粒含量在30%～40%、重黏土可达40%以上的土壤。从黏粒的绝对量看，30%并不多，但其性质活泼，只要含量达到30%，就表现出黏土性质，其余为沙粒或粉沙粒。颗粒小，黏结性强，耕作阻力大，机械磨损小，透水性、通气性差，保水保肥力强，不易干燥，地凉，适合于种水稻等作物。

壤土：沙粒含量在20%上下，粗粒在40%上下，黏粒一般少于30%，性质介于沙土与黏土之间，适合种多种作物，如小麦、玉米、棉花等。

（三）土壤有机质

1. 概念和类型

（1）概念

有机质是土壤的重要组成成分。包括各种植物残体，微生物体及其分解和合成的有机物质。

最早出现于母质中的有机体是微生物，是土壤有机质的最早来源；随着生物进化和成土过程的发展，动植物残体就成为土壤有机质的基本来源。而进入耕作土壤阶段以后，在用地养地过程中，进行轮作换茬，施用各种有机肥料，土壤有机质的来源范围扩大，不仅包括动植物残体和各种排泄物，还包括微生物制品，工业和城市的废水、废渣中的有机物质。

（2）类型

土壤中的有机物质可分为两大类：一类是未分解或部分分解的动植物残体组织，这些残体严格说并不是土壤有机质，而只是存在于土壤中的有机物质，尚未成为土壤的组成成分。另一类是腐殖质，它是土壤中的有机质通过微生物的作用，在土壤中新形成的一类复杂的有机化合物，它不同于动植物残体组织和土壤生物代谢产物中的一般有机化合物。

2，土壤有机质的转化

（1）土壤有机质的矿质化过程

土壤的矿质化过程是指土壤有机质在良好通气条件下，经过一系列好气微生物的作用，彻底分解为简单无机化合物的过程。矿质化的过程为土壤释放了养分。土壤有机质分解的最终产物是原来形成它的那些原料，如 CO_2、H_2O、营养元素和能量等，不同的有机质成分，矿质化的难易程度不同，最终产物不一样。

（2）土壤有机质的腐殖化过程

土壤有机质在微生物的作用下，不仅可以分解成为简单的无机化合物，同时，经过生物化学作用，又可以重新合成新的、更为复杂的而且比较稳定的有机化合物，即腐殖质。这就是土壤有机质的腐殖化过程。腐殖化的结果为土壤积累了养分。

3. 有机质的作用

（1）土壤有机质是作物养料的主要给源

土壤有机质好像“肌肉”一样，经常和矿物质部分构成的“骨胳”相互联系或紧密结合在一起，促使土壤和土壤肥力的发生和发展。我国各类土壤的耕作层中，有机质含量一般只占干重的0.5%～4.0%，东北黑土有机质含量较多，可达7%以上。有机质数量虽然不多，但其作用很大，它不仅对土壤理化性质、生物学性质以及各种肥力因素有全面而深刻的影响，而且是作物各种营养元素最主要的来源。

（2）有机质能提高土壤的保水保肥能力

土壤有机质特别是腐殖质属于有机胶体，具有巨大的表面能，带有大量的负电荷，所以能够吸收并保持大量的阳离子养分和水分，其吸收力比黏粒大几十倍至上百倍。由此可知，土壤中腐殖质含量高，土壤的保水保肥能力就强，就有利于作物的生长发育。

（3）有机质能改善土壤的理化性质

土壤腐殖质是一种弱酸，它的盐类具有两性胶体作用，可以缓冲土壤的酸碱变化，对作物的生长非常有利。新鲜的腐殖质是很好的土壤胶结剂，它可以改变沙土的松散状态，使沙砾相互黏结起来，形成大小不同的团粒。

（四）土壤水、气、热状况

土壤水分、空气和热量状况是土壤肥力的重要因素，直接影响着作物生长、发育和产量。在农业生产过程中，控制和改善土壤水分、空气和热量状况，是提高作物产量的重要措施。

1．土壤水分状况

（1）土壤水分类型

① 吸湿水　干燥的土壤颗粒因吸收气态水而保持在土粒表面的水分，称为吸湿水。吸湿水不能被植物吸收利用，对植物生长发育毫无作用，因而称为无效水。

② 膜状水　土粒在吸持吸湿水以后，当它与液态水相接触时，土粒依靠吸湿水以后剩余的分子引力，吸收液态水中的水分子，并在吸湿水的外围形成一层薄薄的水膜，这种水称为膜状水。膜状水水量有限，不能以足够的速度供给作物需要，只有根毛接触的地方及其周围很小的范围内才有可能被作物吸收利用。

③ 毛管水　当土壤水分超过最大水分持水量时，就形成移动性较大的自由水。自由水受重力作用而向下移动，水分就可以依靠毛细管的吸引力而保持在毛细管的孔隙中，这种依靠毛细管吸引力而保持在土壤中的水流称为毛管水。土壤毛管水有两种，一种为毛管悬着水，另一种为毛管上升水。不与地下水面连接的称毛管悬着水。土壤能够保持的最大毛管悬着水量称为田间持水量。田间持水量是旱地土壤最大持水量的一个指标。毛管水是植物的有效水。

（2）土壤含水量的表示方法

土壤含水量是指土壤吸持水分的数量，又称土壤湿度或土壤墒情。一般以重量含水率表示：以烘干重量为基数，计算出水分重量占烘干土重的百分数。

土壤含水量（%）＝水分重量（克）÷烘干重量（克）×100%

（3）土壤水分的来源和去向

土壤水分状况的好坏，主要由水分的收入和消耗而决定。土壤水分收入的主要来源是降雨、灌溉、地下水补给、径流流入和水汽凝结。土壤水分消耗的主要途径是蒸发、蒸腾和渗漏等。土壤水分蒸发损失是土壤水分消耗的主要途径之一。

（4）土壤水分渗漏

除蒸发外，渗漏是土壤水分消耗的另一个主要途径。渗漏是指土壤水分超过田间持水量以后受重力作用向下移动的现象。

土壤水分渗漏时，不但引起土壤水分的损失，而且带走许多可溶性养分，对作物生长极为不利。在水田，由于漏水，很难保证有一个相对稳定的水层，因而需要经常灌溉。这样，不但耗水量大，而且不能保证有适宜的水温和土温，对水稻生长发育不利。对旱地土壤，渗漏作用过强，则降低了耕作层的蓄水保墒能力，也不利于作物的生长。

2．土壤空气状况

（1）土壤透气性

土壤空气是土壤三相物质的组成之一，是土壤肥力的重要因素，它对作物生长发育有很大影响。

土壤透气性是指空气透过土壤的性能。土壤的大孔隙多，空气容量大，透气性好，气体交换快。反之，透气性差。

（2）土壤空气对作物生长发育的影响

① 作物根系需要充足的氧气，才能正常生长发育。在通气良好的土壤里氧气充足，根系长，色浅，根毛丰富，吸收养分能力强。在通气不良的土壤中，氧气缺乏，根系短粗，色暗，

根毛很少，吸收养分和水分的功能降低，严重影响根系发育。

② 土壤通气不良，作物根系呼吸作用减弱，根系生长不良，从而降低了根系吸收水分和养分的功能。在适宜的墒情下，进行中耕松土，改善通气条件，可以促进作物对氮、磷、钾等养分的吸收，并能提高这些肥料的利用率。

③ 土壤空气的数量和氧气含量对微生物活动有显著影响。氧气充足时，有机质分解速度快，从而提高了土壤养分的含量，能及时满足作物生长发育的需要。在氧气不足时，土壤中嫌气性微生物活动旺盛，好的方面是有利于有机质的腐殖化，增加了土壤腐殖质的含量；而不利的一面是产生了大量的还原性气体和低价铁、锰等还原性物质，从而使作物的生长受到抑制，或被毒害。而且在通气不良的条件下，使植物病原菌的繁殖加快，使作物易染病害。

3. 土壤热量状况

土壤热量状况是指土壤中热量的进入、移动和扩散等各种现象的综合，它直接反映在土壤温度上。

土壤热量是作物、微生物生命活动的主要能源之一。作物种子的发芽，根系生长，微生物的繁殖和活动，有机质的分解以及土壤中各种化学、生物化学过程都要求具有一定的温度才能进行。

土壤的温度随时都在发生变化，它和农业生产有密切的关系。其中最重要的是土温的四季变化和昼夜变化，因为这些变化也是形成农业生产季节性的一个原因。在生产实践中，经常通过各种耕作措施，改变土壤的孔隙状况，调整土壤水分和空气含量的比例，以控制土壤温度的变化。此外，采取灌溉、排水、在地表铺沙、盖马粪、盖草、施用保墒增温剂等方法，都能有效地提高地温，在冬、春季，利用阳畦、塑料薄膜、温室、防风障等特殊措施，也可以使土温增高，这些措施对提早播种，增加复种指数，提高作物产量，都有很重要的意义。

4. 土壤水、气、热三者的关系

土壤水分、空气、热量是农作物生长发育必需的三个肥力因素。土壤水分和土壤空气共同存在于土壤孔隙中，是土壤中相互矛盾和相互消长的两个因素。在水、气、热三个肥力因素的关系中，水分和空气之间的矛盾是主要的，因为水、气含量的变化直接影响着土壤热量状况的变化。而水分、空气状况的变化又受土壤结构、孔隙等因素的影响。所以在农业生产过程中，除利用灌溉、排水等措施直接调节水、气、热状况外，还经常灵活地运用耕作、施肥、轮作等方法，不断改善土壤的各种物理性质和土壤结构，使水、肥、气、热诸肥力因素能在作物发育过程中得到协调的、充足的供应，以满足作物高产稳产的要求。

六、养分因素

（一）必需营养元素的种类

作物正常生长发育需要哪些营养元素，这可从作物植株的养分组成测定中知道：一般新鲜植株含水约占75%～95%；干物质为5%～25%。干物质中有机化合物约占95%，其中碳水化合物占干物质的60%，木质素占25%，蛋白质占10%，脂肪、蜡质、单宁等占5%。按元素组成分析，含碳元素46%，氧元素40%，氢元素6%，氮元素1.5%，其他灰分占6.5%。灰分中包括几十种化学元素，包括作物生长所必需的营养元素和非必需的营养元素。所谓必需的营养元素不在于作物体内含量的多少，而在于其功能的重要性。非必需元素虽被作物吸收，但不是作物生长所必需的，可能还是有毒害作用的元素。一般确定为“必需元素”有三条标准：

① 这种化学元素对所有植物的生长发育过程是不可缺少的，缺少某一种元素，植物不能完成生命周期。

② 缺乏这种元素，植物会出现特有的缺素症状，惟有补充这种元素，症状才会消失。

③ 这种元素对植物起直接的营养作用，而不是改善环境的间接作用。

根据上述三条标准，目前公认高等植物所必需的营养元素共有16种，一般又按其在体内含量多少分为两大类：

（1）大量营养元素：一般占干物重含量的0.1%以上，包括碳、氢、氧、氮、磷、钾、钙、镁和硫九种。其中钙、镁、硫也称中量营养元素。

（2）微量营养元素：一般含量在0.1%以下，它们是铁、硼、锰、铜、锌、钼和氯。

（二）作物吸收养分的特点

1. 营养元素吸收的选择性

作物对土壤营养元素的吸收具有选择性。它总是根据自身的需要，选择吸收土壤溶液中的养分的。譬如，土壤中含硅、铁、锰元素较多，而作物对它们的需要量却很少；相反，土壤中氮、磷、钾的有效数量比较少，而作物对它们的需要量反而很多。

作物的种类不同，它们所吸收的矿质养分种类、数量也有一定差异。禾本科作物和棉花需氮元素较多，豆科绿肥作物需磷较多，而烟草、麻类、薯类作物则需钾较多。

2. 营养元素吸收的阶段性

作物在从种子萌发到种子形成的整个生命周期的不同生育阶段，对养分的要求，在种类、数量、比例上都有所不同。例如，冬小麦在越冬前，吸收的养分以氮为主，磷次之，钾则最少；越冬后，吸收氮、磷、钾数量猛增，直至开花期。开花后磷、钾的吸收几乎停止。

虽然各种作物吸收养分的具体数量不同，但总的趋势是：生长初期吸收量较少，强度小，而在生长发育旺盛时期，吸收数量、强度明显增加，接近成熟时吸收又逐渐减缓。就吸收各种养分（如氮、磷、钾等）的数量来看，各生育时期均不相同。吸收高峰也因作物种类不同而有差异。

3. 作物营养临界期和最大效率期

在作物生长发育过程中，常有一个时期，对某种养分的要求在绝对量上虽不算太多，但需要的程度很迫切，此时如缺少这种养分，作物生长发育就会受到明显的影响，而且由此造成的损失，即使后来补施这种养分也很难纠正和弥补过来。这一时期就称为作物营养临界期。同一种作物不同养分的临界期也不完全相同。对大多数作物来说，磷的临界期都在幼苗期。如棉花一般在出苗后10～20天，玉米在出苗后1周左右（三叶期）。氮的临界期一般晚于磷，往往在营养生长向生殖生长过渡这一阶段，如水稻、冬小麦在分蘖期和幼穗分化期，玉米在穗分化期，棉花在现蕾期。对于钾的临界期历来研究较少，一般认为，水稻分蘖期和幼穗形成期是需钾临界期。

此外，在作物生长过程中，有一个时期需要养分无论在吸收速度上还是在绝对数量上都最大，且这时施肥的作用最明显，增产效率也最高，这一时期称为作物营养最大效率期。作物营养最大效率期往往在作物生长的中期。此时作物生长旺盛，吸收养分能力最强，从外部形态看生长迅速。如冬小麦在拔节至抽穗期、玉米在大喇叭口期至抽雄初期、棉花在开花结铃期等。作物营养最大效率期还因养分不同而异，如甘薯在生长初期氮元素营养效果较好，而块根膨大期则是磷、钾最大效率期。

4. 影响根系吸收养分的因素

（1）光照：光照影响光合作用的强度，进而影响作物生长状况、物质代谢和能量代谢。在充足光照条件下生长的作物，比起弱光下生长的作物吸收养分要快些、多些。这可能是在光照充足条件下，光合产物糖分转移和供应根系较多，提供了较多能量的结果。光照还影响作物的蒸腾强度，促进质流作用，使养分向根际迁移，易于被根系吸收。

（2）土壤温度：在 0℃～30℃范围内，随着温度升高，根系吸收养分的能力增强，这是温度影响根系吸收、释放能量增多的结果。但温度过高会使根系老化和蛋白质变质，一般15℃～25℃是适宜的根系生长和吸收养分的温度。在低温条件下，作物对钾和磷的吸收受到明显抑制。

（3）土壤水分：水分影响根系的生长、养分的释放、养分的浓度以及养分的质流和扩散作用等。在气候干旱、土壤墒情不足时，施肥效果不明显。生产上可用控制土壤含水量的措施，来促进和抑制作物徒长，起到防止倒伏的作用。

（4）土壤通气状况：在供氧较好的条件下，可使根系正常进行呼吸作用，释放能量，提高对养分的吸收量。渍水缺氧时，会抑制根系的吸收活力，影响对养分的吸收。另外，通气良好还能减少土壤内有害物质的危害。

（5）土壤酸碱度：土壤酸碱度对养分的有效利用有明显的影响。在碱性土壤中，磷、铁、锌等易形成溶解度很低的化合物，因而降低作物对这些元素的吸收和利用。石灰性土壤常因缺铁而使叶片失绿，果树因缺锌而出现小叶病，在南方酸性土壤中，因酸度过强导致游离的铝、锰离子过多，也影响作物正常生长。

习题与思考题

一、填空

1. 农作物生产的性质表现为________、________、________和________。

2. 种植业生产具有________、________、________和________四性。

3. 大田作物包括________、________和________。

4. 粮食作物包括________、________和________。经济作物包括________、________、________和________。

5. 蔬菜按农业生物学分类分为 11 类，分别为________、________、________、________、________、________、________、________、________、________和________。

6. 蔬菜按产品器官分类，可分为________、________、________、________和________五类。

7. 果树按果实构造分类，可分为________、________、________、________和________。

8. 果树按农业生物学分类，可分为________和________两类。

9. 花卉按生物学特性分类，可分为________、________、________、________和________。

10. 按作物对光周期的反应，可分为________、________、________和________四类。

11. 按作物对温度的反应，可分为________和________。

12. 按作物对水分的反应，可分为________、________、________、________和________五类。

13. 根据作物不同生育期的生育特点，可把作物生育过程分为________、________和

________三个生长阶段。

14. 种子在植物学上是指________发育而成的繁殖体。

15. 农业种子可分为________、________和________三类。

16. 禾谷类作物当胚根长到与种子________，胚芽长度达到种子长度的________时，即达到发芽阶段。

17. 根据发生的部位根可分为________、________和________，变态根常见的有______、________和________三大类。

18. 根系按其形态不同可分为________和________两大类。

19. 根瘤菌和豆科作物是________关系，根瘤菌供给豆科________，豆科供给根瘤菌________。

20. 按芽的不同性质分类可分为________、________和________。

21. 作物的分枝方式主要有________、________和________。

22. 双子叶植物的完全叶由________、________和________三部分组成。

23. 复叶可分为________、________和________三类。

24. 双子叶植物的完全花由________、________、________、________和________组成。

25. 花絮根据花轴分枝方式和开花的顺序分为________和________。

26. 传粉有________和________传粉两种方式。

27. 单子叶作物的种子由________、________和________组成，双子叶作物的种子由________和________组成。

28. 决定作物产量高低的直接参数，称为________。

29. 禾谷类作物产量的高低，决定于________、________和________的乘积。

30. 评价作物品质的指标主要有________和________指标。

31. 判断粮食作物品质优劣的主要是标志是________和________，而经济作物是______和________。

32. 对作物的作用，分别表现为可见光的________效应，红外光的________效应和紫外光的________效应。

33. 对农业生产和作物生长有影响的温度包括________、________、________、______和________等，其中最主要的是________，它制约和影响着其他温度。

34. 水稻、棉花、玉米等喜温作物的生物学零度以________℃为标准。小麦、油菜等耐寒作物则以________℃为标准。

35. 土壤是由________、________和________组成的有机整体。

36. 土壤有机质的转化包括________和________过程，________过程为土壤释放了养分，________过程为土壤积累了养分。

37. 土壤水分分为________、________和________三种类型，其中________对作物来说是无效水；________对作物来说是有效水。

38. 毛管水可分为________和________。

39. 大量元素包括________、________、________、________、________、________、________、________和________9 种，微量元素包括________、________、________、________、________、________和________7 种。

40. 影响根系吸收养分的因素包括________、________、________、______和______。

二、名词解释

作物　短日照作物　长日照作物　三碳作物　四碳作物　生长　发育
农业种子　发芽　变态根　变态茎　变态叶　分蘖节　叶幕　叶面积系数
开花　授粉　生物产量　经济产量　经济系数　光补偿点　光饱和点
温度三基点　有效积温　活动积温　生理需水　生态需水　需水临界期
土壤　土壤质地　田间持水量　渗漏　作物营养临界期　作物营养最大效率期

三、简答题

1. 中国种植业生产的基本特点是什么？
2. 中国种植业发展的成就是什么？
3. 根系的功能是什么？
4. 茎的功能是什么？
5. 叶的功能是什么？
6. 小麦穗的结构是什么？
7. 生物产量、经济产量和经济系数三者的关系是什么？
8. 产量构成因素间的相互关系是什么？
9. 不同波长的光对作物的作用是什么？
10. 水的生理功能是什么？
11. 沙土、壤土、黏土的特征特性是什么？
12. 有机质的作用是什么？
13. 土壤水、气、热三者的关系是什么？
14. 确定“必需元素”的标准是什么？

第二章　大田作物种植技术

第一节　种植制度

种植制度是指一个地区或生产单位的作物布局和种植方式的总称。

一、作物布局

（一）作物布局的概念

作物布局是指一个地区或一个生产单位（或农户）种植作物的种类及种植地点的配置。

（二）决定作物布局的因素

1．作物的生态适应性

指作物对一定环境条件的适应程度，作物在其长期的形成和演化过程中，逐步获得了对周围环境条件的适应能力。因此作物的生态适应性是系统发育的结果，具有很高的遗传力。

在一个生产单位或区域，自然条件是相对一致的。在这种特定的生态条件下，虽然通常有多种作物能够生存和繁殖，但不同作物的生长、繁殖能力以及生产力是不同的。生长繁育最好、生产力最高的作物，就是对该生态环境条件适应最好的作物。作物布局的基本原则之一就是要实现因地种植，即根据生态环境条件的特点，将那些生态适应性相对较好的作物组合在一起，形成一个优化的作物布局方案。

2．农产品的社会需求

农产品的社会需求可分为两个部分：一是自给性的需求，即生产者本身对粮食、饲料、肥源、种子等的需要；二是市场对农产品的需求，包括国家和地方政府定购的粮食及各种经济作物产品，农民自主出售的商品粮及其他农产品。随着市场经济的建立和完善，根据市场需求确定作物布局显得愈来愈重要。

3．社会发展水平

社会发展水平包括经济、交通、信息等多方面因素。例如，与西方发达国家相比我国经济水平较低，交通、信息等产业落后，因而生产区域性分工和专业化生产现象尚不太明显。当前“小而全”的作物布局仍在全国农村占有一定的比例，这种作物布局的有利方面是农民可以就地保障自给自足，但其不利的方面是很难进行专业化生产，因而也影响技术水平的提高，并制约产业化的进程。随着我国农业生产的发展和农产品的日益丰富，作物生产区域化、专业化将是一个不可避免的过程，特别是对于一些商品性较强的经济作物而言，尤其如此。

（三）作物布局的步骤与内容

1．明确对产品的需求

包括作物产品的自给性需求与商品性需求。

2．查明作物生产的环境条件

包括当地的自然条件和社会经济条件两方面。自然条件主要有：热量条件，水分条件，光照条件，耕地条件，土壤条件。社会经济条件：肥料条件，机械条件，能源条件，科技条件。

3．选择适宜的作物种类

确定作物种类，是作物布局的难点和关键。在一个地区或生产单位，特别是在一些自然条件较好的区域，往往可供选择的作物种类很多。这不但要根据产品需求状况和作物生产的其他环境条件来确定，更需要在充分了解作物特点的基础上，尽可能地选择在本地生态适应性表现最好或较好的作物。但是，对于一个地区或生产单位来说，作物不宜过于单一，以免增加作物生产的风险。

4．确定作物配置

在确定作物配置的过程中，应当特别注意以本地区或本单位的总体平衡为目标，如粮食作物与经济作物和饲料作物等的比例、春夏收作物与秋收作物的比例、主导作物与辅助作物的比例以及粮食作物中禾谷类作物豆类作物的比例等等。在一些以农业为主的地区或生产单位，可根据作物的生态适应性和历史生产情况，对重点作物规划一定的生产基地和商品基地，以利于适应农业产业化和专业化发展的需要。

5．进行可行性鉴定

作物布局的可行性鉴定包括以下几项内容：是否能满足各方面需要；自然资源是否得到了合理利用和保护；经济效益是否合理；土壤肥力、肥料、水、资金、劳力是否基本平衡；加工储藏、市场、贸易交通等是否合理可行；科学技术、生产者素质是否可行；是否进行了农林牧、农工商的综合发展。

6．保证生产资料供应

如果鉴定结果表明方案切实可行，那么作物布局的过程就已完成。但是，为了确保作物布局的真正落实和达到预想的效果，还有必要根据作物布局情况，预算所需的种子、化肥、农药及其他的生产资料，以便早作准备。

二、种植方式

（一）轮作和连作

1．轮作和连作的概念

（1）轮作　在同一块田地上有顺序地轮换种植不同作物的种植方式。如一年一熟条件下的大豆→小麦→玉米3年轮作；在一年多熟条件下，轮作由不同复种方式组成，称为复种轮作，如油菜—水稻→绿肥—水稻→小麦—棉花→蚕豆—棉花4年复种轮作。

（2）连作　也称重茬，是在同一田地上连年种植相同作物或采用同一复种方式的种植方式，前者称为连作，后者称为复种连作。

2．轮作的作用

（1）均衡利用土壤养分　不同作物对土壤营养元素具有不同的要求和吸收能力。因此，不同作物实行轮作，可以全面均衡地利用土壤中各种营养元素，用养结合，维持地力，充分发挥土壤的生产潜力。

（2）减轻作物的病虫为害　有些病虫害是通过土壤传播感染的，每种病虫对寄主有一定的选择性，它们在土壤中生活都有一定年限，有些害虫也有专食性或寡食性，在连作情况下，这些病虫害便大量孳生为害。因此，将抗病作物或非寄主作物与易感病虫作物实行定期轮作，特别是水旱轮作，能显著地减轻病虫害的发生。此外，轮作还可利用前作根系分泌物抑制后作的某些病害。

（3）减少田间杂草的为害　有些农田杂草，如稻田的稗草、棉田的莎草、麦田的野燕麦和看麦娘、大豆田的菟丝子等生长季节、生长发育习性和要求的生态条件，往往与伴生作物或寄生作物相似，连作必然有利于杂草寄生，增加草害。实行合理轮作，可以有效地抑制或消灭杂草，如进行水旱轮作，眼子菜、野荸荠和藻类等水生杂草因得不到充足的水分而死亡；相反，香附子、苣荬菜、马唐、回旋花等一些旱地杂草，在水中则会被淹死。

（4）改善土壤理化性状　作物的残茬、落叶和根系是补充土壤有机质的重要来源。不同作物补充有机质的数量和种类不同，质量也有差别，分解的难易程度各不相同，对土壤有机质和养分的补充也有不同的作用。作物根系深度和数量不同，对不同层次土壤的穿插挤压作用就不同，因而对土壤物理性状的作用也有区别。水旱轮作对土壤理化性状影响较大，在长年淹水条件下，土壤会出现结构恶化、容重增加、氧化还原电位下降、有毒物质增多的后果，水旱轮作能明显地改善土壤的理化性状。

3．连作的危害及连作技术

（1）连作仍存在的原因

① 社会需求，有些社会需求量大的主要作物，如粮、棉、油、糖等，不实行连作难以保证社会需求；

② 自然资源，某些地区的气候、土壤最适于种植某种作物；

③ 经济效益，一些大型农场或机械化程度高的地区，种植作物种类少，连作可相应减少机械设备，节约投资和降低成本。

（2）连作的危害

概括起来，引起连作减产的主要原因是：

① 连作导致某些土传的病虫害严重发生，如小麦根腐病、玉米黑粉病、大豆胞囊线虫病、西瓜枯萎病等在连作情况下都将显著加重；

② 伴生性和寄生性杂草孳生，难以防治，与作物争光、争肥、争水矛盾加剧；

③ 土壤理化性质恶化，肥料利用率下降；

④ 过多消耗土壤中某些易缺营养元素，影响土壤养分平衡，限制产量的提高；

⑤ 土壤积累更多的有毒物，起到“自我毒害”的作用。

（3）连作的技术

① 选择耐连作的作物和品种　根据作物耐连作程度的不同，可把作物分为：（A）忌连作的作物，如大豆、豌豆、蚕豆、花生、烟草、西瓜、甜菜、亚麻、黄麻、红麻、向日葵等，这些作物连作，很易加重土传病害，引起明显减产。因此，这些作物在同一块地种植后，应间隔 2～4 年或更长的时间才能再次种植。（B）耐短期连作的作物，如豆科绿肥、薯类作物等，这些作物短期连作，土传病虫害较轻或不明显，因此可在同一块地上连作 1～2 年，然后间隔 1～2 年后，又可再次种植。（C）耐长期连作的作物，如水稻、麦类、玉米、甘蔗等，这些作物可在同一块地上连作 3～4 年乃至更长的时间。棉花只要不感染枯黄萎病，也可较长期连作。

对于同一作物而言，抗病虫品种一般比感病虫品种受连作的影响小些，因此除了选择耐连作的作物外，选用一些抗病虫的高产品种，也能在一定程度上缓和连作危害。

② 采用先进的栽培技术　随着连作障碍原因的不断探明和实践经验的不断积累，一些抗连作障碍的技术也在发展和成熟。这类技术包括：采用烧田熏土、激光处理和高频电磁波辐射等进行土壤处理，杀死土传病原菌、虫卵及杂草种子；用新型高效低毒农药、除草剂进行

土壤处理或作物残茬处理，可有效地减轻病、虫、草的危害；依靠化肥工业的发展和施用农家肥的传统习惯，及时补充营养成分，可使土壤保持养分的动态平衡；通过合理的水分管理，冲洗土壤有毒物质等。

（二）作物的间混套复种

1．复种

（1）复种的概念

复种是指在同一块地上一年内接连种植两季或两季以上作物的种植方式。同一块田地，一年内种收两季作物，称为一年两熟，如冬小麦—夏玉米；一年内种收三季作物，称为一年三熟，如小麦（油菜）—早稻—晚稻；两年内种收三季作物，称为两年三熟，如春玉米→冬小麦—夏玉米。

耕地复种程度的高低通常用复种指数表示。复种指数是全年总播种面积占耕地面积的百分比。

“全年作物播种总面积”包括绿肥、青饲料作物的播种面积。复种指数的高低实际上表示的是耕地利用程度的高低，含义与国际上的种植指数相近。复种程度的另一表示方式是熟制，它表示以年为单位的种植次数，如一年两熟、两年三熟、一年三熟等，播种面积大于耕地面积的熟制，统称为多熟。

复种指数小于 100%时，表明耕地有休闲或撩荒现象。休闲是指耕地在一定时间内不耕不种或只耕不种的方式，可分为全年休闲和季节休闲两种。撂荒是指耕地连续两年以上不耕种的方式。休闲和撂荒具有积蓄养分和恢复地力的作用。

复种适合于我国人多地少的特点，是我国农业增产的重要途径之一。它的主要作用，一是增加作物有效播种面积，提高单位面积的产量，如 1996 年全国复种指数为 156.7%，复种面积达 55 160 274 万公顷，因复种增加粮食 269 899 万吨；二是恢复和提高土壤肥力，增加地面覆盖，减少径流冲刷，保持水土；三是有利于解决作物之间的争地矛盾，使“粮经饲”作物全面发展，农牧结合，增加农民的收入。

（2）复种的条件

一个地区能否复种或复种程度的高低是有条件的，超越条件的复种既不能增产又不能增收。影响复种的自然条件主要是热量和水分，生产条件如水利、肥料、人畜机具等也对复种产生影响。

① 热量条件　热量条件是决定一个地区能否复种的首要条件，只有满足各茬作物对热量的需求，才能实行复种和提高复种指数。热量条件常用年平均温度、积温（≥0℃或 10℃）和无霜期长短作为确定复种的热量指标。

年均气温法：8℃以下为一年一熟区，8℃～12℃为两年三熟或套作二熟区，12℃～16℃可以一年两熟，16℃～18℃以上可一年三熟。

积温法:≥10℃积温低于 3 600℃为一年一熟，3 600℃～5 000℃可以一年两熟，5 000℃以上可以一年三熟。

无霜期法：150 天以下只能一年一熟，150～250 天可以一年两熟，250 天以上可以一年三熟。

② 水分条件　在热量条件满足的地区，能否复种还受水分条件的限制。水分条件包括降雨量、降水季节和灌溉水。从降雨量看，年降雨量 400～500mm 为半干旱区，一年一熟；600mm左右的地区，热量较高，可以一年两熟；秦岭淮河以南、长江以北地区 800mm，以稻麦两熟

为主；大于1 000mm，则可满足双季稻和三熟要求。降雨的季节性分布也有影响，降雨过分集中，旱季时间过长，都不利于复种。

③ 肥力条件　土壤肥力高有利于复种，只有增施肥料才能满足复种对养分的需求，达到复种高产。

④ 劳畜力、机械化条件　复种种植次数增多，用工量增大，前作收获、后作播种，时间紧迫，农活集中，对劳畜力和机械化条件要求高。

（3）复种的技术

复种是一种时间集约、空间集约、投入集约、技术集约的高度集约经营型农业，只有因地制宜地运用栽培技术，才能达到复种高效的目的。

① 作物组合　适宜的作物组合，有利于充分利用当地光热水资源。利用休闲季节增种一季作物。

② 品种搭配　生长季富裕地区应选用生育期较长的品种，如长江流域两熟区，各季应选生育期较长的品种，达到全年高产；生长季节紧张的地方应选用早熟高产品种。调剂作物品种的熟期，还应注意避灾保收。

③ 育苗移栽　育苗移栽，特别是地膜育苗和温室育苗是克服复种与生育季节矛盾的最简便方法，其主要作用是缩短大田生长期。

④ 早发早熟　前作及时收获，后作及时播种，减少农耗期，有利于后作早发；采用地膜覆盖栽培技术，有利于作物早发，可早熟7～10天；在作物后期喷施乙烯利催熟剂，可提早成熟7天左右等。

2. 间、混、套作

（1）间、混、套作的概念

① 单作　也称为清种，是在同一块田地上只种植一种作物的种植方式，其特点是作物单一，群体结构简单，生育期比较一致，便于统一种植、管理和机械化作业。机械化程度高的国家和地区大多采用这种方式。

② 混作　也称为混种，是把两种或两种以上作物，不分行或同行混合在一起种植的种植方式，如小麦与豌豆混种、芝麻与绿豆混种等。其特点是简便易行，能集约利用空间，但不便管理更不便收获，是一种较为原始的种植方式。

③ 间作　在一个生长季内，在同一块田地上分行或分带间隔种植两种或两种以上作物的种植方式。其特点是群体结构复杂，个体之间既有种内关系，又有种间关系，种、管、收也不方便。

④ 套作　也称套种、串种，是在前季作物生长后期在其行间播种或移栽后季作物的种植方式。套作与间作都有两种作物的共生期，前者的共生期只占全生育期的一小部分，后者的共生期占全生育期的大部分或几乎全部。套作选用生长季节不同的两种作物，一前一后结合在一起，两者互补，使田间始终保持一定的叶面积指数，充分利用光能、空间和时间，提高全年总产量。

⑤ 立体种植　在同一农田上，两种或两种以上的作物（包括木本）从平面上、时间上多层次利用空间的种植方式，实际上立体种植是间、混、套作的总称。它也包括山地、丘陵、河谷地带不同作物沿垂直高度形成的梯度分层带状组合。

（2）间套作的技术要点

① 选择适宜的作物和品种　选择间套作的作物及其品种，首先，要求它们对大范围的环

境条件的适应性在共处期间要大体相同。最后，要求作物搭配形成的组合具有高于单作的经济效益。

② 建立合理的田间配置　合理的田间配置有利于解决作物之间及种内的各种矛盾。田间配置主要包括密度、行比、幅宽、间距、行向等。

③ 作物生长发育调控技术　在间套作情况下，虽然合理安排了田间结构，但它们之间仍然有争光、争肥、争水的矛盾。为了使间、套作达到高产高效，在栽培技术上应做到：（A）适时播种，保证全苗，促苗早发；（B）适当增施肥料，合理施肥，在共生期间要早间苗，早补苗，早追肥，早除草，早治虫；（C）施用生长调节剂，控制高层作物生长，促进低层作物生长，协调各作物正常生长发育；（D）及时综合防治病虫害；（E）早熟早收。

第二节　大田作物种植技术

一、土壤培肥及整地技术

土壤培肥是作物生产的基础，整地是播种和作物生长发育的前提，只有将用地和养地有机结合起来，才能保证农业持续高产高效。

（一）土壤培肥技术

1．合理轮作

合理轮作之所以能起到“养地”的作用，是因为不同作物从土壤中吸收的以及遗留在土壤中的养分种类、数量不同，通过不同作物轮换种植，可在一定程度上调剂土壤养分的消耗。严格地说，除绿肥作物因将养分全部返回土壤外，所有作物包括以收获籽粒为目的的豆类作物都是耗费土壤养分的。

2．施肥养地

近些年来，种植制度改革发展很快，但总的来看是用地大于养地，有机肥数量不足，化肥的用量也不平衡，造成地力下降。目前，科学增施肥料是提高地力的主要途径。

（1）合理施用化肥，以无机促有机　随着农业的发展，合理施用化学肥料，已经成为用地养地的一项基本手段。采用有机与无机肥配合培肥土壤，以无机促有机，氮、磷、钾配合施用，增施优质有机肥料可起到作物持续增产和土壤快速培肥的双重作用。

（2）深耕增施有机肥，积极培肥地力　我国有机肥源中主要是家畜粪肥为主的厩肥和堆肥。这一类肥料除含氮元素外，还含有丰富的磷、钾和多种微量元素，养分齐全，肥效持久，可起到全面改善土壤肥力状况的作用。有机肥一般作基肥，完全腐熟后也可作追肥。有机肥的改土培肥作用不仅在于供应作物所需养分，还能够改善土壤的理化性质和土壤微生物状况，创造良好的土壤生态环境。

3．秸秆还田

推广作物秸秆机械粉碎还田、旋耕翻埋还田、覆盖栽培还田、堆沤腐解还田等多种秸秆还田方式，结合施用氮肥和磷肥，可增加土壤蓄水、保墒、保肥能力和水肥的利用率，有利于作物持续增产。此外，通过发展畜牧业，使秸秆过腹还田，也可培肥地力。秸秆还田的技术与其效果有密切关系。第一，秸秆的碳氮、碳磷比大，应补施氮、磷、钾肥，避免微生物与作物争肥。第二，在嫌气条件下分解容易产生和积累有机酸和还原物质，影响根系呼吸。如还于水田中应施入适量石灰，并采用浅水灌溉，干干湿湿的水浆管理；而还于旱地则要注意保墒，覆土严密，以土壤湿度为田间持水量的60%～80%、土温30℃左右分解为快。第三，控制施用量，每公顷用秸秆量不宜超过7 500kg，以免影响分解速度和分解过程中产生过多的有毒物质。第四，有病虫害的秸秆不能直接还田，应制成高温堆肥或经病虫害防治处理后施用。

4．种植豆科绿肥

栽培的绿肥以能固定空气中氮元素的豆科绿肥为主。一般豆科绿肥以鲜重计，含N 0.5%～0.6%，P_2O_5 0.07%～0.15%，K_2O 0.2%～0.5%，C／N低，容易分解，因此是偏氮的半速效性肥料。绿肥可直接翻压施用，以产量最高、积累氮多、木质化程度低的时期为好，一般以初花期或初荚期为翻压时期。翻压期还要使供肥期与作物需肥期相适应，并翻入10～16.5cm土层，以不露出土表为度。如能配合施用磷、钾肥，更可提高绿肥效果。此外，绿肥可先做饲料，再利用家畜粪尿，是最经济的利用形式。发展肥饲兼用、肥粮兼用的品种可进一步提高绿肥的经济效益。

（二）整地技术

整地是指作物播种或移栽前一系列土地整理的总称，是作物栽培的最基础的环节。整地的目的在于利用犁、耙、耢、盖、磙等农具，通过机械作用，创造良好的土壤耕层构造和表面状态，达到“平、净、松、碎”，使水、肥、气、热状况互相协调，提高土壤有效肥力，为作物播种和生长发育提供良好的土壤生态环境。

1．基本耕作措施

基本耕作，又称初级耕作，指入土较深、作用较强烈、能显著改变耕层物理性状、后效较长的一类土壤耕作措施。

（1）翻耕　翻耕的主要工具为铧犁，有时也用圆盘犁。先由犁铧平切土垡，再沿犁壁将土垡抬起上升，进而随犁壁形状使垡片逐渐破碎翻转抛到右侧犁沟中去。翻耕的作用主要在于翻土、松土、碎土。一般认为，目前大田生产耕翻深度，旱地以20～25cm，水田15～20cm较为适宜。耕翻后的土壤水分易于挥发，这项措施不适于缺水地区。

（2）深松耕　以无壁犁、深松铲、凿形铲对耕层进行全田的或间隔的深位松土。耕深可达25～30cm，最深为50cm，此法分层松耕，不乱土层。适合于干旱、半干旱地区和丘陵地区，以及耕层土壤为盐碱土、白浆土地区。

（3）旋耕　采用旋耕机进行。旋耕机上安装犁刀，旋转过程中起切割、打碎、掺和土壤的作用。

2．表土耕作措施

表土耕作，或叫次级耕作，是在基本耕作基础上采用的入土较浅，作用强度较小，旨在破碎土块、平整土地、消灭杂草、为播种出苗和植株生长创造良好条件的一类土壤耕作措施。表土耕作深度一般不超过10cm。

（1）耙地　是指收获后、翻耕后、播种前甚至播后出苗前、幼苗期所进行的一类表土耕作措施，深度一般在5cm左右。

（2）耢地　又称盖地、擦地、耱地，是一种耙地之后的平土碎土作业。一般作用于表土，深度为3cm，耱子除联结在耙后外，也联结在播种机之后，起碎土、轻压、耱严播种沟、防止透风跑墒等作用。

（3）镇压　具有压紧耕层、压碎土块、平整地面的作用。

（4）作畦　我国有两种畦。北方水浇地上种小麦作平畦；南方种小麦、棉花、油菜、大豆等旱作物时常筑高畦。

（5）起垄　作用在于提高地温，防风排涝，防止表土板结，改善土壤通气性，压埋杂草等。

3．少耕和免耕

（1）少耕　指在常规耕作基础上尽量减少土壤耕作次数或全田间隔耕种、减少耕作面积的一类耕作方法。此方法有残茬覆盖，有蓄水保墒和防水蚀和风蚀作用，但杂草危害严重，应配合杂草防除措施。

（2）免耕　又称零耕、直接播种，指作物播种前不用犁、耙整理土地，直接在茬地上播种，在播后和作物生育期间也不使用农具进行土壤管理的耕作方法。免耕的基本原理，一是用生物措施秸秆覆盖代替土壤耕作，二是以除草剂、杀虫剂等代替土壤耕作的除草作业和翻埋病菌和害虫。

土壤耕作包括耕、松、旋、耙、耱、镇压和少耕、免耕等多种措施，每一措施又有多种工具和方法，它们对土壤产生不同的作用。因此，必须严格按照作物对土壤的要求，根据气候条件、土壤状况、作物根层分布以及耕作所产生的效益等，选择适当的耕作措施，在适当的时候进行正确耕作，以达到耕作的目的。

二、播种与育苗技术

（一）播种期的确定

作物适期播种不仅可以保证发芽所需的各种条件，而且能使作物各个生育时期处于最佳的生育环境，避开低温、阴雨、高温、干旱、霜冻和病虫等不利因素，使作物生育良好，达到高产优质。确定播种期，一般需根据气候条件、栽培制度、品种特性、病虫害发生情况和种植方式等进行综合考虑。

1．气候条件

作物对温度的要求和灾害性天气出现时段是确定适宜播种期的主要因素之一。根据播种季节不同，作物可分为两类：一类为春（夏）播作物，豌豆、春小麦、春油菜、马铃薯等发芽的最低温度在1℃～5℃，在北方一般在早春即可播种。而水稻、玉米、高粱、谷子、甘薯、大豆、花生、绿豆、棉花、烟草、甘蔗和麻等，发芽温度要求稳定在10℃～12℃，幼苗耐寒力较弱，其播期范围春播从惊蛰至谷雨，夏播从小满至夏至，一般南方偏早，北方偏迟，平坝浅丘区偏早，深丘山区偏迟。春播作物如播种过早，易遭受低温或晚霜危害，不易全苗；播种过迟，因气温升高，生长发育加速，营养体生长不足，或延误最佳生长季节，遭致伏旱、秋雨、霜冻或病虫危害，也不易获得高产。因此，通常以当地气温或地温能满足作物发芽的要求时，作为最早的播种期。如以日平均气温稳定通过12℃的日期作为水稻的播期，日平均地温稳定通过10℃时作为玉米播期，日平均地温稳定在12℃以上为棉花的适宜播期等等。在决定播期时，还应考虑其他主要生育时期对温度的要求，如水稻要保证安全孕穗，孕穗期对温度极为敏感，特别是花粉母细胞减数分裂期如遇20℃以下的气温，颖花会大量退化，空瘪粒大量产生。另一类为秋播作物，包括小麦、大麦、油菜、蚕豆、豌豆等。这些作物系越年生长，耐寒力较强，生长最低温度为2℃～4℃，其播期范围从秋分至立冬前后，一般北方偏早，南方偏迟，深丘山区偏早，平坝浅丘区偏迟。适时早播可充分利用冬前温度、光照和降水条件，促进出苗整齐迅速，有利于苗期生长发育。甘薯、甘蔗等为无性繁殖，在南方既可春植，也可秋植和冬植。土壤水分也是影响播种期的主要因素，尤其是北方干旱地区，为保证种子正常出苗，必须重视播种时的土壤墒情，适时早播。根据当地灾害性气候出现时段的规律，通过调节播期早迟来避开灾害性天气的危害，特别应避开作物对灾害最敏感的时期。

2．栽培制度

根据当地栽培制度，以作物换茬衔接来确定适宜播期，是平衡周年生产、保证各种作物高产的一个重要条件。间套作栽培，应根据适宜共生期长短确定播期，一般单作播期较早，间套作播期较迟。

3．品种特性

品种类型不同，温光反应特性也不同，生育特性有很大差异，小麦、油菜春性强的品种播期较迟；反之，冬性强的品种适时早播有利于高产。一般生育期长的迟熟品种播期较早，生育短的早熟品种播期较迟。

4．病虫害

调节作物播种期，错开病虫发生季节，是防病治虫的农业措施之一。

（二）播种技术

1．种子清选与处理

（1）种子清选

作为播种材料的种子，必须在纯度、净度、发芽率等方面符合种子质量的要求。一般种子纯度应在96%以上，净度不低于95%，发芽率不低于90%。因此，播种前应进行种子清选，清除空、瘪、病虫粒，杂草种子及秸秆碎片等夹杂物，以保证用纯净、饱满、生活力强的种子播种。

清选的方法有：① 筛选，② 风选，③ 液体比重选。液体比重选是利用液体比重，将轻重不同的种子分开，充实饱满的种子下沉底部，轻粒上浮液体表面，中等重量种子悬浮在液体中部。常用的液体有清水、泥水、盐水和硫酸铵水溶液等。

技术先进国家的作物种子是在种子工厂清选、分级、包装之后出售的，这是今后的发展方向。

（2）种子处理

播种之前，对种子进行各种不同方法的处理，这一操作过程总称为种子处理。种子处理的主要作用是清除种子吸胀与萌发的障碍以促进胚的生长，缓和逆境的不良影响以提高种子的抗逆能力，杀死病菌、虫卵等。

播种前常需对种子进行下列处理：

① 晒种　播前晒种1～2天，可以提高发芽率和发芽势，同时也能起到一定的杀菌作用。晒种需勤翻种子，一日几次，使全部种子均匀受热。

② 石灰水浸种　1%左右的石灰水浸种是利用石灰水膜将空气和水中的种子隔离，使种子上附着的病菌得不到空气而闷死。石灰水水面应没过种子10～15cm。一般浸种1～3天，浸种后需用清水洗净。

③ 药剂浸种　多种杀菌剂可用于种子消毒。

④ 拌种　拌种的杀菌剂较多，常用的有多菌灵、托不津、敌克松、福美双等。

⑤ 包衣　种子包衣是采用机械和人工的方法，按一定的种、药比例，把种衣剂包在种子表面并迅速固化成一层药膜。种衣剂化学成分分为活性部分和非活性部分，活性部分是对种子和作物起作用的物质，主要有农药、微肥、生长调节剂和微生物等。非活性部分指成膜剂、稳定剂、警戒色料等。包衣后能够达到苗期防病、治虫，促进作物生长，提高产量以及节约

用种，减少苗期施药等效果。包衣种子必须是经过精选加工的高质量种子，再加上包衣后种子有明显的警戒色，因此包衣种子又是实现种子标准化、商品化的重要标志，是今后种子处理的发展方向。有的种衣剂含有对人、畜有毒的物质（如呋喃丹等），不可用手直接接触。

（3）浸种催芽

浸种催芽就是创造种子发芽所需的适宜条件，促进种子播后迅速扎根出苗。浸种能加速种子萌发前的代谢过程，对加快出苗、成苗有显著作用。浸种时间和催芽温度，随作物种类和季节而异。

2. 播种方式

播种方式是指作物种子在单位面积上的分布状况，也即株行配置，生产上因作物生物学特性及栽培制度不同，分别采用不同的播种方式。

（1）撒播；（2）条播，根据条播行距和播幅宽窄，又分为窄行条播、宽行条播、宽窄行条播等；（3）穴播；（4）精量播种，又称精密播种，它是在点播的基础上发展起来的一种经济用种的播种方法。精量播种通常采用机械播种，将单粒种子按一定的距离和深度，准确地插入土内，获得均匀一致的发芽条件，促进每粒种子发芽，达到苗齐、苗全、苗壮的目的。精量播种需要精细整地、精选种子、防治苗期病虫害。只有采用性能良好的播种机，才能保证播种质量和全苗。现在小麦、玉米采用精量播种的已日渐增多。

（三）育苗与移栽技术

1. 育苗移栽的意义

种植作物分育苗移栽和直播栽培两种。水稻、甘蔗、烟草等作物以育苗移栽为主。油菜、棉花、玉米和高粱等作物，在复种指数较高的地区，为了解决前后作季节矛盾，培育壮苗，保证全苗，也多采用育苗移栽。育苗移栽比直播栽培可延长作物生长期，增加复种指数，促进各种作物平衡增产，有把一年 12 个月当做 14 个月来利用的长处，此乃东方传统农业中的经验良法之一；苗期叶面积小，便于精细管理，有利于培育壮苗；能实行集约经营，节约种子、肥料、农药等生产投资；育苗可按计划规格移栽，保证单位面积上的合理密度和苗全苗壮。但育苗移栽根系受损伤多，根系入土较浅，不利于吸收土壤深层养分，抗倒伏力较弱。此外，人工移栽费工费时，劳动强度大。

2. 育苗方式

根据育苗利用的能源不同，大致可分为露地育苗、保温育苗和增温育苗三类。露地育苗是利用自然温度，如湿润育秧、营养钵育苗、方格育苗；保温育苗是利用塑料薄膜覆盖保温，如各种农用薄膜育苗；增温育苗是利用各种能源增温，如生物能（酿热）温床育苗、蒸汽温室育苗、电热温床育苗等。现将生产上的主要育苗方式简述如下：

（1）湿润育秧　这是水稻常用的育秧方式，苗床选择向阳背风、泥脚浅、土质带沙、肥力较高、水质清洁、灌排方便的田块。在除净杂草、施足底肥、精细整平的基础上，按 130～150cm 作畦，畦沟宽 20～30cm，深 10～13cm，畦面力求平整，待畦面晾紧皮后即可播种，播后塌谷大半入泥，根据天气变化情况，沟内灌水，保持畦面湿润，以利发芽出苗。

（2）阳畦育苗　这是北方常用的育苗方式。苗床选择向阳背风处，苗床四周筑土框，框长 7m，宽 1.5～2m，前壁高 30～40cm，后壁高 45～60cm，厚 30cm，北面设置风障。在床内施肥，土肥拌匀，充分整平，必要时浇水，播种后覆土，再以薄膜覆盖，夜间加盖苇席或草帘以保温防寒。出苗后逐渐揭开薄膜通风炼苗，达到适宜苗龄时移栽。

（3）营养钵育苗　一般用肥沃表土 70%～80%，除去杂草、残根、石砾等，加入腐熟的堆、厩肥20%～30%，适量过磷酸钙和草木灰，充分拌匀，将营养土装入营养钵内。营养钵直径6～7cm，高7～8cm。营养钵成行排列，钵体靠紧，钵间填入细土，四周用土围好，播前浇水湿润，每钵播种子2粒，然后覆盖细土，以利出苗，至苗龄适宜时连同营养钵一起运到农田移栽。目前生产上逐渐推广的塑料软盘育苗，方法同上，只是每穴规格比营养钵小得多，现在水稻抛秧育秧即采用塑料软盘育秧。

（4）方格育苗　选择肥沃沙质壤土作床地，翻挖12～15cm，除尽草根、石砾、耙细整平，做成宽120～130cm、长度不定的苗床，床间走道35～45cm。施入腐熟堆肥和适量过磷酸钙，拌合均匀，加粪水湿润，至稍现泥浆为止，然后将床面抹平，待床面泥不黏手时，用刀划成8～10cm见方的方格，切口深度4～5cm。趁土湿润时，每个方格播种、覆盖，其他做法与营养钵育苗相同。上述湿润育秧、营养钵和方格育苗，均可覆盖薄膜保温。

（5）工厂化育苗　又称温室育苗，以水稻进行工厂化育苗为多，具有省种、省工、省秧苗、利于机插或抛秧的优点。室内搭架，放秧盘数层，层距25cm左右，秧盘一般为长方形塑料制成或木板、篾笆做成。温室管理关键是控温、调湿，要掌握“高温高湿促齐苗，适温适水育壮秧”的原则。一般温室多采用燃料人工加热调温，人工喷水调湿。现代化的温室多采用智能系统（电脑），自动或半自动调温调湿，消耗能量大，建造费用高。

3. 苗床管理及移栽

苗床温度和水分与全苗、壮苗关系很大。薄膜育苗发芽出苗期温度较高，幼苗生长阶段以20℃～25℃左右为宜，一般不超过35℃，采用日揭夜盖的办法使温度控制在适宜温度范围内；苗床土壤含水量以17%～20%左右为宜，过干时应适当浇水，过湿时应注意排水。齐苗后及时除草、疏苗、定苗，棉花营养钵育苗，每钵留苗1株，油菜每平方米留苗150～200株；注意防治苗期病虫害；视幼苗生长情况酌施速效性氮、磷肥料，移栽前6～7天施一次“送嫁肥”，促进栽后发根成活。

移栽时期根据作物种类、适宜苗龄和茬口而定，一般水稻以叶龄指数40%～50%、棉花以2～4叶移栽产量较高，玉米移栽的苗龄为25～35天，油菜移栽以3～4片真叶为宜，最大不超过6～7片真叶。移栽可带土或不带土，移栽前先浇水湿润，以不伤根或少伤根为好。移栽质量要求按规格，保证行、株距，深浅一致，最好将大小苗分级移栽，栽后需及时施肥浇水，以保证幼苗成活和促进幼苗生长。

近年来，水稻抛秧技术正在我国迅速发展起来，它具有高产稳产、省工省力、省种子省秧田以及田间操作简便等优点。抛秧形式以手式抛秧为主，机械抛秧亦正在一些经营规模较大的农场和专业户中应用。秧苗要抛够抛匀，抛秧的田间基本苗数与手插秧相当或高出5%～15%。

三、营养调节技术

（一）施肥技术

1. 施肥原则

施肥是为了培肥土壤和供给作物正常生长所需要的营养。施肥应综合考虑作物的营养特性、生长状况、土壤性质、气候条件、肥料性质。经济科学施肥应遵循用养结合的原则、需要的原则和经济的原则。

（1）用养结合的原则

除绿肥作物外，种植各种作物均消耗地力。为了既获得作物高产，又维护地力，必须施肥。各种肥料中有机肥是一个多种“养分库”，对土壤的物理性质、化学性质和生物性质的改善具有良好的作用，因而必须采用有机肥和无机肥结合，用地与养地相结合，才能在提高作物产量的同时又培肥土壤，保持地力经久不衰。

（2）需要的原则

由于作物对营养元素的吸收具有选择性和阶段性，因而施肥时就应考虑作物的营养特性和土壤的供肥性能，根据作物生长所需选择肥料的种类、数量和时期，合理施肥，达到相应器官正常生长的目的。在作物营养临界期时，不致因缺乏某种养分而发育不良；在作物营养最大效率期时，应及时追肥，满足作物增产的需要，提高肥料利用率。

（3）经济的原则

一般来说，施肥可以增产，但并不是施肥越多，增产幅度越大，经济效益越高。在生产条件相对稳定的情况下，施肥还存在一个报酬递减的问题，并且当只偏重供给某一种营养元素破坏了平衡时，不仅是一种浪费，过量吸收的元素还会产生毒害作用。因此，施肥时应注意最小养分律、限制因子律、最适因子律的作用，注重营养元素的合理配比和施用，充分发挥营养元素间的互补效应；在提高肥料利用率的同时，还应发挥肥料的最大经济效益。

2. 施肥量的确定

在我国，生产上施肥量的确定大多停留于经验阶段。“看天、看地、看庄稼”施肥是我国的传统经验；但是单纯地按这一经验施肥往往造成施肥过多或欠缺，或肥料配比不合理，不能发挥肥料的最大效益，从而造成浪费。科学施肥量的确定则是把土壤与植物营养有机地结合起来，协调作物需肥规律、土壤供肥性能和肥料效应等三方面的关系。

测土配方施肥技术，是将土壤测试、生物试验、数理统计等多种科学技术综合起来，根据作物需肥规律、土壤供肥性能与肥料效应，在有机肥为基础的条件下，提出氮、磷、钾和微量元素肥料的适宜比例以及相应的施肥技术。“测土配方”的过程犹如医生诊病，对症开方。它的核心是根据土壤、作物状况，产前定肥、定量。测土配方施肥技术中，施肥量的计算主要采用养分平衡原理，由单位产量需肥量、土壤供肥量、肥料利用率、肥料中有效养分含量和目标产量等五大参数构成的平衡法计算施肥量。目标产量的施肥量按下列公式计算：

$$\text{目标产量施肥量（kg/hm}^2\text{）} = \frac{\text{目标产量} \times \text{单位产量养分吸收量} - \text{土壤单季养分供应量}}{\text{肥料养分含量} \times \text{肥料利用率}}$$

3. 肥料种类和施肥时期

肥料是施于土壤或植物地上部分，能够改善植物生育和营养条件的一切有机和无机物质。

（1）肥料种类

肥料的种类很多，按其来源可分为农家肥料和商品肥料；按其化学组成可分为有机肥料和无机肥料；按化学反应可分为酸性肥料、中性肥料和碱性肥料；按肥效快慢可分为速效性肥料和迟效性肥料；就肥效方式可分为直接肥料和间接肥料。在生产实践中，常把肥料分为有机肥料、化学肥料和微生物肥料三类。

① 有机肥料　又称农家肥料，包括农家的各种废弃物、人畜粪尿、厩肥、堆肥、沤肥、饼肥、绿肥、青草、沟塘泥等。这类肥料的主要特点是：种类多，来源广，成本低，便于就地取材；所含养分全面，分解释放缓慢，肥效长而稳定；所含有机质和分解过程中形成的腐殖质可以改良土壤理化性状，提高土壤肥力；它在分解过程中还能生成 CO_2，有利于光合作用。

② 化学肥料　简称化肥，又称无机肥料或矿物质肥料。包括的种类很多，根据肥料中所

含的主要成分可分为氮肥、磷肥、钾肥、石灰（含 CaO）与石膏（含 $CaSO_4$）、微量元素肥料和复合肥料等。肥料种类不同，性质和作用各异。其共同的特点是易溶于水，肥分高，肥效快，能为作物直接吸收利用。

③ 微生物肥料　又称菌肥，是用有益微生物制成的各种菌剂，施入土壤后，可扩大和加强作物根际有益微生物的活动，提高土壤中营养元素的含量及其有效性。常用的有根瘤菌、固氮菌、抗生菌、磷细菌和钾细菌等。微生物肥料是一种生物肥料，其活性大小受环境条件的影响很大，肥效往往不太稳定和明显。

（2）施肥时期

肥料总量确定以后，就可按作物各生育时期的需肥特性和肥料特性进行分期配比施肥。

① 基肥　基肥也称底肥，指播种前或移栽前施用的肥料。通常在耕翻前或耙地前施入土壤，可调节作物整个生长发育过程的养分供应。一般施用肥效持久、迟效性的有机肥料，如厩肥、堆肥、草塘肥和绿肥等，施用量较大，约占总施肥量的一半以上。若混合一些速效性的肥料施用，则效果更为显著。

② 种肥　种肥是在播种或移栽时局部施用的肥料，可为幼苗生长创造良好的营养条件。施用的肥料应是幼苗能快速吸收利用的，用量不宜过多，且需防止肥料对种子或幼苗可能产生的腐蚀、灼伤和毒害作用。凡浓度过大的溶液或为强酸、强碱以及产生高温的肥料，如氨水、碳酸氢铵和未经腐熟的有机肥，都不宜作种肥。

③ 追肥　追肥是在作物生育期间施用的肥料。作物在主要的生长发育时期，需要追加肥料，为的是及时满足作物对营养的需要和补充基肥的不足。追肥以速效肥为主，宜作追肥的肥料有硫酸铵、尿素、腐熟的人畜粪尿、草木灰等速效肥料。根据作物营养需要和底肥状况可进行几次追肥，如禾谷类作物一般需在分蘖期、拔节期、抽穗结实期适时追肥。棉花、油菜需在苗期、蕾（薹）期、花期适时追肥，大豆需在开花前追肥。

（二）施肥方法

1. 全层施肥

全层施肥是将肥料均匀撒施于土壤表层，通过翻耕混入土壤全层。一般结合播种前整地进行。基肥的施用常用此法。全层施肥可加速土壤的熟化过程，作物在整个生长期中能不断得到养分，并能促使植物根系向下延伸。

2. 表层施肥

播种或移植前，或在作物生长期间，将肥料均匀撒于土壤表层，通过灌溉水或中耕培土，将肥料带入根层。其优点是施肥面广，分布均匀，可满足植物生长初期对养分的需要，补充基肥的不足，通常以氮肥或偏氮的肥料为主。水田种植前的面施或密植作物的追肥多用此法。

3. 集中施肥

这是一种把肥料集中施在作物根系附近或种子附近的施肥方法。集中施肥可提高作物根际范围内营养成分的浓度，创造一个较好的营养环境，促进壮苗早发，为丰产打个好基础。施肥方式包括沟施、条施、穴施、注射器施肥、果树的环施等。球肥或液肥深施、塞蔸肥、种肥、浸种、拌种、包衣、蘸秧根等方法也属于集中施肥。在生产实践中，由于氮肥的损失途径主要是氨态氮的挥发、硝态氮的淋失和反硝化作用所引起的脱氮作用，为提高氮肥的利用率，常常采用集中深施的办法。对磷肥来说，由于磷肥是很难移动的，其有效性主要取决于磷化物的表面积。磷化物的表面积越大，与根系的接触就越多。因此，磷肥的施用，应考虑减少和土壤的接触，而增加和作物根系的接触以提高肥效，最有效的办法就是集中施肥。

4．根外追肥

根外追肥又称叶面追肥，将速效化肥或一些微量元素肥料按一定浓度溶于水中，通过机械喷洒于叶面，养分经叶面吸收进入作物体内。这种方法用肥少，效果好，能及时满足作物对养分的要求，对某些肥料（如磷肥和微量元素肥）还可避免被土壤固定。但它只能作为一种辅助的施肥方法，不能代替一般的追肥，更不能舍弃土壤施肥。如果和植物营养叶色诊断及看苗施肥结合起来，则根外追肥的效果更好些。这种施肥方法（多半用于微量元素肥料），对于诸如果树、蔬菜、茶叶、棉花等经济作物，其应用效果较之禾谷类作物要大得多。

四、水分调节技术

（一）节水灌溉制度和技术

1．节水灌溉制度

人工灌溉补给的灌水方案称为灌溉制度。其内容包括作物生长期间内的灌水时间、灌水次数、灌水定额和灌溉定额等。灌水定额指单位面积上的一次灌水用量，常以“m”表示。灌溉定额是指单位面积上作物全生育期内的总灌溉水量，常以“M”表示，$M=E-P_0-(W_0-W+K)$。其中，M——灌溉定额（m^3/hm^2）；E——全生育期作物田间需水量（m^3/hm^2）；P_0——全生育期内有效降雨量（m^3/hm^2）；W_0——播种前土壤计划层的原有储水量（m^3/hm^2）；W——作物生育期末土壤计划层的储水量（m^3/hm^2）；K——作物全生育期内地下水利用量（m^3/hm^2）。

节水灌溉就是要充分有效地利用自然降水和灌溉水，最大限度地减少作物耗水过程中的损失，优化灌水次数和灌水定额，把有限的水资源用到作物最需要的时期，最大限度地提高单位耗水量的产量和产值。

2．节水灌溉技术

主要包括地上灌（如喷灌、滴灌等）、地面灌（膜上灌等）和地下灌三大系统。另外，一些针对作物需水特性的灌溉新技术，如作物调亏灌溉、控制性分根交替灌溉、非充分灌溉、间隙灌溉等也将逐步运用起来。

（1）喷灌技术

喷灌是利用专门的设备将水加压，或利用水的自然落差将高位水通过压力管道送到田间，再经喷头喷射到空中散成细小的水滴，均匀地散布在农田上，以达到灌溉目的。喷灌适于灌溉所有的旱作物，以及蔬菜、果树等。喷灌的优点很多，既可用来灌水，又可用来喷洒肥料、农药等；喷灌可人为控制灌水量，对作物适时适量灌溉，不会产生地表径流和深层渗漏，可节水30%～50%，且灌溉均匀，质量高，利于作物生长发育，减少占地，可扩大播种面积10%～20%；能调节田间小气候，提高农产品的产量及品质；利于实现灌溉机械化、自动化等。当然，喷灌也有其局限性，例如，受风的影响大、耗能多以及一次性投资高等。现阶段适合在全国大面积推广的，主要有固定式、半固定式和机组移动式三种喷灌形式。

（2）微灌技术

微灌是一种新型的最节水的灌溉工程技术，包括滴灌、微喷灌和涌泉灌。它具有以下优点：一是省水节能。微灌系统全部由管道输水，灌水时只湿润作物根部附近的部分土壤，灌水流量小，不致产生地表径流和深层渗漏，一般比地面灌省水60%～70%，比喷灌省水15%～20%；微灌是在低压条件下运行，灌水器的压力一般为50～150kPa，比喷灌能耗低。二是灌水均匀，水肥同步，利于作物生长。微灌系统能有效控制每个灌水管的出水量，保证灌水均匀，均匀度可达80%～90%；微灌能适时适量向作物根区供水供肥，还可调节株间温度和湿度，不会造成土壤板结，为作物提供良好的生长条件，利于提高产量和质量。三是适应性强，操作方便。可以根据不同的土壤入渗特性调节灌水速度，适用于山区、坡地、平原等各种地形条件。微灌系统无须平整土地和开沟打畦，因而可大大减少灌水的劳动强度和劳动量。微灌的不利因素在于系统建设的一次性投资大、灌水器易堵塞等。

（3）膜上灌技术

这是在地膜栽培的基础上，把以往的地膜旁侧灌水改为膜上灌水，水沿放苗孔和膜旁侧渗入进行灌溉。通过调整膜畦首尾的渗水孔数及孔的大小来调整沟畦首尾的灌水量，可获得比常规地面灌水方法高的灌水均匀度。膜上灌投资少，操作简便，便于控制水量，加速输水速度，可减少土壤的深层渗漏和蒸发，因此可显著提高水的利用率。近年来由于无纺布（薄膜）的出现，膜上灌技术应用更加广泛。膜上灌适用于所有实行地膜种植的作物，与常规沟灌玉米、棉花相比，可省水40%～60%，并有明显增产效果。

（4）地下灌技术

这是把灌溉水输入地下铺设的透水管道或采用其他工程措施普遍抬高地下水位，依靠土壤的毛细管作用浸润根层土壤，供给作物所需水分的灌溉技术。地下灌溉可减少表土蒸发损失，灌溉水利用率较高，与常规沟灌相比，一般可增产10%～30%。

（5）作物调亏灌溉技术

调亏灌溉是从作物生理角度出发，在一定时期内主动施加一定程度的有益的亏水度，使作物经历有益的亏水锻炼后，达到节水增产、改善品质的目的，通过调亏可控制地上部的生长量，实现矮化密植、减少整枝等工作量。该方法不仅适用于果树等经济作物，而且适用于大田作物。如在渭北平原进行的玉米调亏灌水的结果表明，实施苗期中度亏水，拔节期轻度亏水，既有利于提高作物水分利用效率，又可提高产量。

（二）排水技术

排水的目的在于除涝、防渍，防止土壤盐碱化，改良盐碱地、沼泽地等。通过调整土壤水分状况调整土壤通气和温湿状况，为作物正常生长、适时播种和田间耕作创造条件。排水的方法有：

1. 明沟

在田间开挖一定深度和间距的排水沟，即为明沟。明沟不需要特殊设备，施工技术简单，基建投资少；能自流排水；可以排涝排渍相结合。明沟排水的缺点是受排水沟深度的限制，排地下水效果较差；排水沟边坡易滑塌；占地多，土地利用效率低。

2. 暗管

在田间开挖一定深度和间距的排水沟，沟底铺设能进水的管道，然后回填即为暗管。暗管由于埋在地下，不占地，不影响田间耕作，可根据需要调整埋深和间距，所以排水效果比明沟好。采用暗管排水基础建设投资比明沟大，施工技术要求比明沟高。

3. 竖井

竖井排水是在田间按一定的间距打井，井群抽水时在较大范围内形成地下水位降落漏斗，从而起到降低地下水位的作用。竖井的优点是排水效果好，且能排灌结合。在旱涝相间出现的地区，抽水后等于腾出一个地下水库，雨涝季节能容纳较大的入渗水量，既减轻涝、渍危害，又在地下储备了一定的水源，可供旱季抽水灌溉。其缺点是消耗能源，运行费用高；要有一定的水文地质条件，如含水层土壤质地太黏，则渗透系数太小，效果降低；如潜水矿化度很高，则抽出的水不能用于灌溉，还需要由排水系统排出灌区，使排水成本提高。

五、作物保护及调控技术

（一）杂草防除技术

1．杂草的定义及危害

杂草一般是指农田中非有意识栽培的植物。从生态经济的角度来看，在一定的条件下，凡害大于益的植物都可称为杂草，均属防治对象。田间杂草是影响作物产量的灾害之一，防除杂草是一项艰巨而重要的工作。杂草的主要危害表现为：（1）与作物争光、争肥、争水和争空间。杂草具有密集而庞大的根系，吸水吸肥力极强。例如，生产1kg小麦干物质需水513kg，而猪殃殃则耗水912kg。很多杂草具有密集的枝叶，严密覆盖地面，与作物争光争空间。（2）一些杂草是病菌害虫的中间寄主和越冬场所。由于杂草的抗逆性强，不少是越年或多年生植物，其生育期较长，所以病菌和害虫常常是先在杂草上寄生或过冬，在作物长出后，再逐渐迁移到作物上为害。（3）影响人畜健康。农产品中如混入杂草种子，影响农产品纯度；有些杂草种子有毒，误食之后还可能造成人畜中毒。（4）增加管理用工和生产成本。

2．杂草的生物学特点

田间杂草适应了农田的栽培条件，形成了许多有别于作物的一些特点和特性，其中包括：（1）结实多，落粒性强；（2）传播方式多样；（3）种子寿命长，在田间存留时间长；（4）发芽出苗期不一致，从作物播种前到作物成熟后，都有杂草种子发芽出苗；（5）适应性强，可塑性强，抗逆性也强。生态条件苛刻时，生长量极小，而条件适宜时，生长极繁茂，且都会产生种子。（6）拟态性，与作物伴生，如稗草伴水稻，谷秀子伴谷子，亚麻荠伴亚麻等等。总之，可以说，哪里有作物，哪里就有杂草，并且年年季季铲也铲不尽。

3．杂草防除方法

防除杂草的方法很多，有农业除草法，如精选种子、轮作换茬、水旱轮作、合理耕作等；机械除草法，如机械中耕除草、化学除草法等。

化学除草是农业现代化的一项重要措施，具有省工、高效、增产的优点。除草剂的种类很多，按除草剂对作物与杂草的作用可分为选择性除草剂和灭生性除草剂。选择性除草剂利用其对不同植物的选择性，能有效地防除杂草，而对作物无害，例如敌稗、灭草灵、2，4-D、二甲四氯、杀草丹等；灭生性除草剂对植物缺乏选择性，草苗不分，不能直接喷到正在生长作物的农田，多用于播前、芽前、休闲地、田边、坝埂或工厂、仓库等处除草，如百草枯、草甘膦、五氯酚钠和氯酸钠等。此外，按除草剂在植物体内的输导性能分为输导型除草剂和触杀型除草剂；按使用方法又可分为土壤处理剂和茎叶处理剂。土壤处理是将除草剂施于土壤，药剂通过杂草的不同器官吸收而产生毒效；茎叶处理是将除草剂直接喷洒在杂草株体之上。从施药时间上分，又有播种前施药和作物生长期间施药之别。不论选择何种除草剂，也不论在何时或采用何种方式施药，均需严格按除草剂使用说明操作，切不可马虎从事。

（二）病虫鼠害防治技术

防治作物病虫鼠害，目的在于保护作物不受侵害，保证作物获得优质高产。病虫鼠害防治应贯彻预防为主、综合防治的方针，应用各种方法，把病虫鼠害限制在不致造成损失的最低限度内。

1．病虫鼠害的预测预报工作

病虫鼠害的预测预报工作是以已掌握的病虫鼠害发生规律为基础的。根据田间调查得出的当前病虫鼠害发生数量和发育状态，结合当时当地气候条件和作物生育状况等，进行综合分析，正确判断病虫鼠害未来动态的趋势，并将预测结果及时预报给有关领导、干部和广大农民，保证及时、经济、有效地防治病虫鼠害。预测预报的主要任务是预报病虫鼠害发生为害的时期，以便确定防治的有利时机；预测病虫鼠害发生数量的多少和为害性的大小，以便确定防治的规模和力量的部署；预测病虫鼠害发生的地点和轻重范围，以便按不同的地区采取不同的防治对策。病虫鼠害的预测预报种类和方法很多，这里不再赘述。作物栽培工作者要通过植保部门随时了解掌握病虫鼠害的测报结果，同时自己要经常调查了解田间的病虫鼠害的发生情况，及时采取相应对策，在关键时期采用科学的防治技术，做到治早治了。

2. 综合防治技术

病虫鼠害的防治方法，按其作用原理和应用技术可分为：植物检疫、农业防治、化学防治、生物防治和物理机械防治。防治病虫鼠害必须认真贯彻执行"预防为主，综合防治"的方针。

植物检疫至关重要。通过这项措施能够禁止或限制危险性病、虫及杂草人为地从外国或外地传入或传出。一旦发现检疫对象，就应禁止调运、禁止播种或就地销毁。

农业防治是综合防治的基本措施。主要是选用抗病虫品种、实行合理轮作换茬、深耕改土、合理施肥灌水、清洁田园和加强田间管理等。

化学防治的特点是见效快、效果好、方法简便，适用于大面积防治；其缺点是污染环境，易积累中毒，造成人畜伤亡。在进行化学防治时，必须做到对症下药、适时施药、精确掌握用药浓度和用量，采用恰当的施（用）药方法、均匀施药、科学地混用农药、交替施药和安全用药。

生物防治是利用自然界有益的生物来消灭或控制作物病虫鼠害。主要有以虫治虫，利用寄生性或捕食性天敌昆虫来杀灭害虫，如赤眼蜂防治玉米螟和稻纵卷叶螟，草蛉捕食蚜虫、介壳虫、粉虱和害螨等；以菌治虫，利用微生物的寄生和产生的毒素来杀死害虫，如苏云金杆菌可以防治稻苞虫、黏虫等，白僵菌可以防治玉米螟、大豆食心虫等；以菌治病，利用某些微生物的代谢产物——抗菌素来防治病害，如井冈霉素防治水稻纹枯病，春雷霉素防治稻瘟病，庆丰霉素防治小麦白粉病等。此外，农业生产上也常利用蜘蛛、青蛙、益鸟、蛇、猫头鹰等捕食性动物来杀灭害虫或老鼠。

物理机械防治是在掌握病、虫、鼠的生活习性和特点的基础上，利用各种物理因子、人工或器械防治病虫鼠害。物理机械防治的领域包括光学、电学、声学、力学、放射物理、航空防治等。（1）人工器械捕杀。就是利用人工或简单的器械捕杀虫鼠，如用拍板和稻梳捕杀稻苞虫等；用黏虫兜和黏虫网捕杀黏虫；用夹类、笼类、压板类和套扣类捕杀老鼠。（2）诱集和诱杀。就是利用害虫的趋性进行诱集然后集中处理，或结合化学毒剂诱杀。常用的诱集和诱杀方法有灯光（特别是黑光灯）诱集、高压电网黑光灯诱集、糖醋毒液诱杀、潜所诱集、作物诱集等。（3）阻隔分离。根据害虫的生活习性，人为设置障碍，防止害虫为害或阻止其蔓延。

（三）作物的化学调控技术

作物化控系指运用植物生长调节剂对植物生长发育进行促进和抑制，达到高产、优质、高效的目的。随着科学的发展和农业生产的需要，作物化控逐渐成为农业生产的重要措施之一。

1. 植物生长调节剂的概念、种类和作用

植物生长调节剂泛指那些从外部施加给植物，在低浓度下引起生长发育发生变化的人工合成或人工提取的化合物。属于农药的一类，一般高效低毒。植物生长调节剂主要包括4大类。

（1）植物激素及其类似物

植物激素是指由植物体内产生的，在低浓度下对植物生长发育产生特殊作用的物质。主要包括生长素类、赤霉素类、细胞分裂素类、脱落酸类和乙烯类，它们在植物生长发育中所起的作用各有不同。目前在作物生产上应用更多的还是人工合成的激素类似物，它们的分子结构与天然激素并不相同，但具有与植物激素类似的生理效能。

（2）植物生长延缓剂

系指那些抑制植物亚顶端区域的细胞分裂和伸长的化合物，主要生理作用是抑制植物体内赤霉素的生物合成，延缓植物的伸长生长。因此，可用赤霉素消除生长延缓剂所产生的作用。常用的有矮壮素、多效唑、比久（B_9）、缩节胺等。

（3）植物生长抑制剂

这类生长调节剂也具有抑制植物生长、打破顶端优势、增加下部分枝和分蘖的功效。但与生长延缓剂不同的是，生长抑制剂主要作用于顶端分生组织区，且其作用不能被赤霉素所消除。它包括青鲜素、调节磷、三碘苯甲酸和整形素等。

（4）其他植物生长调节剂

近年来发现的三十烷醇、油菜素内酯以及一些浓度极低的除草剂，也能调节植物的生长发育；另一些化合物能抑制植物的光呼吸和降低植物的蒸腾作用，称之为光呼吸抑制剂（如亚硫酸氢钠）和抗蒸腾剂（如拉索，2，4-二硝基酚）。

2．植物生长调节剂在作物上的作用

（1）打破休眠，促进发芽；（2）增蘖促根，培育矮壮苗；（3）促进籽粒灌浆，增加粒数和提高粒重；（4）控制徒长，降高防倒；（5）防止落花落果，促进结实；（6）促进成熟。

3．使用植物生长调节剂的注意事项

植物生长调节剂的种类多，性能各异，使用浓度低，而且多数药剂有着双重效应（促进和抑制），同时效应大小受多种因素的影响。为了有效地发挥其作用，在生产上应用时必须注意以下几点：（1）选择适宜的药剂；（2）确定适宜的施药时期；（3）选择适宜的浓度和剂量；（4）选择适当剂型，让药剂充分溶解或混匀；（5）确定适当的使用方法；（6）配合使用生长调节剂及与其他农药混用；（7）应用植物生长调节剂时，必须与栽培措施相结合。

（四）人工控旺技术

（1）深中耕，（2）压苗，（3）晒田，（4）打（割）叶，（5）摘心（打顶），（6）整枝。

六、收获技术

收获是作物生产的最后阶段，收获时期和收获方法不仅影响到作物的产量，还会影响到作物的品质。

（一）收获时期的确定

作物生长到一定生育期后，体内特别是收获器官中的淀粉、脂肪、蛋白质和糖类等物质的积累达到一定的水平，外观上也表现出一定的特征时，即可及时收获。适时收获是保证作物高产、优质的一个重要环节。作物收获不及时，往往会因气候条件不适，如阴雨、低温、风暴、霜雪、干旱、暴晒等引起发芽、霉变、落粒、工艺品质下降等损失，并影响到下茬作物的播种或移栽。相反，收获过早则会因作物未达到成熟期，带来作物产量下降和品质变劣。

因而，及时适时收获尤为重要。

各种作物的成熟，可分为生理成熟和工艺成熟。作物的收获期，依作物种类、产品用途、品种特性、休眠期、落粒性、成熟度、天气状况而定，但农活和劳动力松紧情况也会影响作物的收获。

1. 种子、果实的收获期

禾谷类、豆类、花生、油菜、棉花等作物其生理成熟期即为产品成熟期。禾谷类作物穗子在植株上部，成熟期基本一致，可在蜡熟末至完熟期收获。棉花、油菜等由于棉铃或角果部位不同，成熟度不一。棉花在吐絮时收获，油菜以全田70%～80%植株的角果呈黄绿色、分枝上部尚有部分角果呈绿色时为收获适期。花生、大豆以荚果饱满、中部及下部叶片枯落，上部叶片和茎秆转黄为收获时期。

2. 以块根、块茎为产品的收获期

甘薯、马铃薯、甜菜的收获物为营养器官，地上部茎叶无显著成熟标志，一般以地上部茎叶停止生长，并逐渐变黄，地下部贮藏器官基本停止膨大，干物重达最大时为收获适期。同时还应结合产品用途、气候条件而定。甘薯在温度较高条件下收获不易安全贮藏；春马铃薯在高温时收获，芽眼易老化，晚疫病易蔓延；低于临界温度收获也会降低品质和贮藏性。

3. 以茎秆、叶片为产品的收获期

甘蔗、烟草、麻类等作物的产品也为营养器官，其收获常常不是以生理成熟为标准，而是以工艺成熟为收获适期。甘蔗是在蔗糖含量最高，还原糖含量最低，蔗质最纯、品质最佳，外观上蔗叶变黄时收获，同时结合糖厂开榨时间，按品种特性分期砍收。烟叶是由下往上逐渐成熟，其特征是叶色由深绿变成黄绿，厚叶起黄斑，叶片茸毛脱落，有光泽，茎叶角度加大，叶尖下垂，主脉乳白、发亮变脆等。麻类作物等以中部叶片变黄，下部叶面脱落，纤维产量高，品质好，易于剥制，即为工艺成熟期，也是收获适期。

（二）收获方法

作物的收获方法因作物种类而异，目前主要有以下几种。

（1）刈割法　禾谷类作物多用此法收获。

（2）摘取法　主要为棉花、绿豆等一些成熟期比较长的作物所采用。

（3）掘取法　主要用于甘薯、甜菜、马铃薯等地下块根或块茎等作物的收获。

习题与思考题

一、填空

1. 决定作物布局的因素包括________、________和________。

2. 作物布局的步骤和内容包括________、________、________、________、________和________。

3. 连作存在的原因包括________、________和________。

4. 连作的危害包括________、________、________、________和________。

5. 连作技术包括________和________。

6. 影响复种的自然条件主要是________和________。

7. 在同一块田地上只种植一种作物的种植方式称为________。

8. 把两种或两种以上的作物不分行或同行混合在一起种植的种植方式称为________。

9. 培肥土壤的措施主要包括________、________、________和________。

10. 秸秆还田的方式包括________、________、________和________。

11. 作物播种或移栽前一系列土壤整地的总称叫________。整地应达到______、______、______和______。

12. 耕翻的作用主要在于________、________和________，但这项措施不适于________地区。

13. 表土耕作措施包括________、________、________、________和________。

14. 通常以当地气温或地温能满足作物________的需要时为作物最早的播种期。

15. 日平均温度稳定通过______℃的日期为水稻的播期；日平均地温稳定通过______℃为玉米播种期；日平均地温稳定通过______℃以上为棉花的适宜播期。

16. 种子清选的方法包括________、________和________三种。

17. 种子处理的方法包括________、________、________、________和________。

18. 种衣剂化学成分分为________和________两部分。

19. 播种方式分为________、________和________三种方式。

20. 种植作物分________和________两种。

21. 生产上的主要育苗方式有________、________、________、________和________。

22. 经济科学施肥应遵循________、________和________原则。

23. 科学的施肥量的确定是把土壤和植物有机地结合起来，协调作物______、______和________三方面的关系。

24. 在生产实践中，常把肥料分为________、________和________三类。

25. 在播种或移栽前施用的肥料称为________；在播种或移栽时局部施用的肥料称为________；在作物生育期间施用的肥料称为________。

26. 施肥方法可分为________、________、________和________。

27. 节水灌溉技术可分为________、________、________、________和________五种。

28. 单位面积上的灌水量称为________；单位面积上作物全生育期内的总灌水量称为________。

29. 微灌包括________、________和________。

30. 排水的方法包括________、________和________。

31. 农田中非有意识栽培的植物称为________。

32. 病虫鼠害的防治，按其作用原理和应用技术可分为________、________、________、________和________。

33. 病虫鼠害的防治方针是________。

34. 物理机械防治包括________、________和________三种。

35. 植物激素主要包括________、________、________、________和________。

36. 人工控旺技术包括________、________、________、________、______和______。

37. 各种作物的成熟可分为________和________成熟。

38. 目前常用的收获方法有________、________和________。

二、名词解释

种植制度　作物布局　轮作　连作　复种　间作　套种　复种指数　立体种植　表土耕作　少耕　免耕　种子包衣　精量播种　目标产量施肥量　微生物肥料

肥料　根外追肥　地下灌技术　调亏灌溉　植物生长调节剂　植物激素

三、简答题

1. 轮作的作用是什么？
2. 复种技术是什么？
3. 间套作的技术要点是什么？
4. 秸秆还田技术是什么？
5. 喷灌的优缺点是什么？
6. 微灌的优点是什么？
7. 杂草的危害指的是什么？
8. 病虫鼠害的生物防治指的是什么？
9. 植物生长调节剂在作物上的作用是什么？
10. 使用植物生长调节剂的注意事项是什么？
11. 适时收获的重要性是什么？

第三章　园艺作物种植技术

第一节　园艺作物的繁殖

一、种子繁殖

有性过程形成的种子播种后萌发长成幼苗的过程称种子繁殖。种子繁殖得到的苗称实生苗。

（一）种子繁殖的特点与应用

种子体积小，重量轻，在采收、运输及储藏等工作上简便易行。种子来源广，播种简便，便于大量繁殖。实生苗根系发达，生长旺盛，寿命长，对环境适应性强。

但果树、木本花卉及某些多年生草本植物采用种子繁殖开花结实较晚，后代易变异，而且不能用于繁殖自花不孕及无籽植物，如香蕉及许多重瓣花卉植物不能用种子繁殖。

大部分蔬菜、一二年生花卉及地被植物常用种子繁殖。实生苗也常用于果树及某些木本花卉的砧木。杂交育种也必须用种子繁殖。

（二）种子休眠对种子萌发的影响

种子萌发除了受环境因素如水分、温度、氧气等因素影响之外，某些园艺植物还受种子休眠因素的影响。种子休眠是指有生活力的种子，即使给予适宜的环境条件仍不能发芽的现象。种子休眠是长期自然选择的结果，在温带，秋季成熟的种子需要度过寒冷的冬季，种子的休眠特性可避免种子在冬前萌发而被冻死。如许多落叶果树的种子就具有自然休眠特性。种子的休眠有利于植物适应外界自然环境以保持物种繁衍，但对播种育苗会带来一定困难。种子需要在低温潮湿的环境中通过后熟才能萌发。

（三）层积处理

将种子与潮湿的介质（通常为湿沙）一起储放在低温条件下（0℃～5℃），以保证其顺利通过休眠或后熟的过程叫层积，落叶果树的种子常用此法促进萌芽。

层积前先用水浸泡种子5～24小时，待种子充分吸水后取出晾干，再与洁净河沙混匀。沙的用量是：中小粒种子一般为种子容积的3～5倍，大粒种子为5～10倍。沙的湿度以手握成团不滴水即可，约为沙最大持水量的50%。种子量大时用沟藏法，选择背阴高燥不积水处挖沟，沟深50～100cm，宽50～80cm，长度视种子多少而定，沟底先铺5 cm厚的湿沙，然后将已拌好的种子放入沟内，中间竖一捆秫秸以利通气，到距地面10cm处，用河沙覆盖至与地面平齐，上面再用土覆盖呈屋脊状，四周挖排水沟。种子量小时可用花盆或木箱层积。层积日数因不同种类而异，如八楞海棠40～60天，毛桃80～100天，山楂200～300天。层积期间要注意检查温度和湿度，防止霉烂、过干或过早发芽，春季大部分种子露白时及时播种。

（四）播种技术

1. 播种时期

园艺作物的播种时期很不一致，随种子的成熟期、当地的气候条件及栽培目的的不同而有较大的差异。

一般园艺作物的播种期可分春播和秋播两种。春播从土壤解冻后开始，以2～4月份为宜。秋播多在八九月份，至冬初土壤封冻前为止。温室蔬菜和花卉没有严格季节限制，常随需要而定。陆地蔬菜和花卉主要是春秋两季。果树一般早春播种，冬季温暖地带可晚秋播，亚热带和热带可全年播种，以幼苗避开暴雨与台风季节为宜。

2. 播种方式

种子播种可分为大田直播和畦床播种两种方式。大田直播可以平畦播，也可以垄播，播后不行移栽，就地长成苗或供作砧木进行嫁接，培养成嫁接苗出圃。畦床播一般在露地苗床或室内浅盆集中育苗，经分苗培养后定植田间。

3. 播种地选择

播种地应选择有机质较为丰富、土地松软、排水良好的沙质壤土。播前要施足基肥，整地作畦、耙平。

4. 播种方法

园艺作物的播种方法有三种，即撒播、条播和点播。

撒播常用于小粒种子，如海棠、山定子、韭菜、小葱等。此法比较省工，而且出苗量多。但出苗稀密不均，管理不便，苗子易生长细弱。

点播多用于大粒种子，如核桃、板栗、桃、杏、龙眼及豆类等。此法苗分布均匀，营养面积大，生长快，成苗质量好，但产苗量少。

条播适宜大多数种子，可以克服撒播和点播的缺点。

5. 播后管理

种子播入土后，发芽期要求水分充足、温度较高，可覆膜以增温保湿，当大部分幼苗出土后及时划膜或揭膜放苗。出苗前若土壤干旱，应适时喷水或渗灌，切勿大水漫灌，以防表土板结闷苗。

出苗后，如果苗量大，应于幼苗长到2～4片叶开始间苗、分苗或直接移入大田。此外，苗期还要及时松土除草、施肥灌水、防治病虫等。

二、嫁接繁殖

嫁接是将一株植物上的枝条或芽接到另一株植物的枝、干或根上，使之愈合生长在一起，形成一个新的植株。通过嫁接培育出的苗木称嫁接苗。用来嫁接的枝或芽叫接穗或接芽，承受接穗的部分叫砧木。

（一）嫁接苗的特点

1. 嫁接苗能保持优良品种接穗的性状，且生长快，树势强，结果早，因此，利于加速新品种的推广应用。

2. 可以利用砧木的某些性状如抗旱、抗寒、耐涝、耐盐碱、抗病虫等增强栽培品种的适应性和抗逆性，以扩大栽培范围或降低生产成本。

3. 果树和花木生产中，可利用砧木调节树势，使树体矮化或乔化，以满足栽培上的不同需求。

4. 多数砧木可用种子繁殖，故繁殖系数大，便于在生产上大面积推广种植。

（二）嫁接的方法

1. 芽接

凡是用一个芽片作接穗的嫁接方法称芽接。其优点是操作方法简便，嫁接速度快，砧木和接穗的利用都经济，一年生砧木苗即可嫁接，而且容易愈合，接合牢固，成活率高，成苗快，适合于大量繁殖苗木。适宜芽接的时期长，且嫁接当时不剪断砧木，一次接不活，还可进行补接。下面主要介绍"T"形芽接方法。

因砧木的切口很像"T"字，故叫"T"形芽接。又因削取的芽片呈盾形，故又称盾形芽接。"T"形芽接是果树育苗上应用最广泛的嫁接方法，也是操作简便、速度快和嫁接成活率最高的方法。芽片长 1.5～2.5 cm，宽 0.6 cm 左右；砧木直径在 0.6～2.5 cm 之间，砧木过粗、树皮增厚会影响成活。具体操作如图 1-3-1。

1. 削取芽片；2. 取下的芽片；3. 插入芽片；4. 绑缚

图 1-3-1　T 形芽接

削接芽：左手拿接穗，右手拿嫁接刀。选接穗上的饱满芽，先在芽上方 0.5 cm 处横切一刀，切透皮层，横切口长 0.8 cm 左右。再在芽子以下 1～1.2 cm 处向上斜削一刀，由浅入深，深入木质部，并与芽上的横切口相交。然后用右手抠取盾形芽片。

开砧：在砧木距地面 5～6 cm 处，选一光滑无分枝处横切一刀，深度以切断皮层达木质部为宜。再于横切口中间向下竖切一刀，长 1～1.5 cm。

接合：用芽接刀尾片的尖端将砧木皮层挑开，把芽片插入"T"形切口内，使芽片的横切口与砧木横切口对齐嵌实。

绑缚：用塑料条捆扎。先在芽上方扎紧一道，再在芽下方捆紧一道，然后连缠三四道，系活扣。注意露出叶柄，露芽不露芽均可。

芽接的其他方法还有嵌芽接、方块芽接、套芽接等。

2. 枝接

把带有数芽或一芽的枝段接到砧木上称枝接。枝接的优点是成活率高，嫁接苗生长快。在砧木较粗、砧穗均不离皮的条件下多用枝接，如春季对秋季芽接未成活的砧木进行补接。根接和室内嫁接，也多采用枝接法。枝接的缺点是，操作技术不如芽接容易掌握，而且用的接穗多，对砧木要求有一定的粗度。常见的枝接方法有劈接、切接、插皮接、腹接和舌接等。

劈接是一种古老的嫁接方法，应用很广泛。对于较细的砧木也可采用，并很适合于果树高接。

接穗削成楔形，有两个对称的削面，长 3～5 cm。接穗的外侧应稍厚于内侧。如砧木过粗，夹力太大的，可以内外厚度一致或内侧稍厚，以防夹伤接合面。接穗的削面要求平直光滑，粗糙不平的削面不易紧密结合。削接穗时，应用左手握稳接穗，右手推刀斜切入接穗。推刀用力要均匀，前后一致，推刀的方向要保持与下刀的方向一致。如果用力不均匀，前后用力不一致，会使削面不平滑，而中途方向向上偏会使削面不直。一刀削不平，可再补一两刀，使削面达到要求。

将砧木在嫁接部位剪断或锯断。截口的位置很重要，要使留下的树桩表面光滑，纹理通直，至少在上下 6 cm 内无伤疤，否则劈缝不直，木质部裂向一面。待嫁接部位选好剪断后，用劈刀在砧木中心纵劈一刀，使劈口深 3～4 cm。

用劈刀的楔部把砧木劈口撬开，将接穗轻轻地插入砧木内，使接穗厚侧面在外，薄侧面在里，然后轻轻撤去劈刀。插时要特别注意使砧木形成层和接穗形成层对准。一般砧木的皮层常较接穗的皮层厚，所以接穗的外表面要比砧木的外表面稍为靠里点，这样形成层能互相对齐。也可以木质部为标准，使砧木与接穗木质部边缘对齐，形成层也就对上了。插接穗时不要把削面全部插进去，要外露 0.5 cm 左右的削面。这样接穗和砧木的形成层接触面较大，又利于分生组织的形成和愈合。较粗的砧木可以插两个接穗，一边一个。然后，用塑料条绑紧即可。

3．根接法

根接法是以根系作砧木，在其上嫁接接穗。用作砧木的根可以是完整的根系，也可以是一个根段。如果是露地嫁接，可选生长粗壮的根在平滑处剪断，用劈接、插皮接等方法。也可将粗 0.5 cm 以上的根系，截成 8～10 cm 长的根段，移入室内，在冬闲时用劈接、切接、插皮接、腹接等方法嫁接。若砧根比接穗粗，可把接穗削好插入砧根内；若砧根比接穗细，可把砧根插入接穗。接好绑缚后，用湿沙分层沟藏，并于早春植于苗圃。

三、扦插繁殖

扦插繁殖是切取植物的枝条、叶片或根的部分，插入基质中，使其生根、萌芽、抽枝，长成为新植株的繁殖方法。扦插与压条、分株等无性繁殖方法统称自根繁殖。由自根繁殖方法培育的苗木统称自根苗，其特点是：变异性小，能保持母株的优良性状和特性；结果早，投产快；繁殖方法简单，成苗迅速，故是园艺植物育苗的重要途径。

（一）叶插

用于能自叶上发生不定芽及不定根的园艺植物种类，以花卉居多，大都具有粗壮的叶柄、叶脉或肥厚的叶片，如球兰、虎兰、千岁兰、象牙兰、大岩桐、秋海棠、落地生根等。叶插须选取发育充实的叶片，在设备良好的繁殖床内进行，维持适宜的温度及湿度，从而得到壮苗。

1．全叶插

以完整叶片为插条。一是平置法，即将去叶柄的叶片平铺沙面上，加针或竹签固定，使叶片下面与沙面密接。落地生根的离体叶，叶缘周围的凹处均可发生幼小植株（起源于所谓的叶缘胚）。海棠类则自叶柄基部、叶脉或粗壮叶脉切断处发生幼小植株。二是直插法，将叶柄插入基质中，叶片直立于沙面上，从叶柄基部发生不定芽及不定根。如大岩桐从叶柄基部发生小球茎之后再发生根及芽。非洲紫罗兰、豆瓣绿、球兰、海角樱草等均可用此法繁殖。

2. 片叶插

将叶片分切为数块，分别进行扦插，每块叶片上形成不定芽，如大岩桐、豆瓣绿、千岁兰等。

（二）茎插

1. 硬枝扦插

指使用已经木质化的成熟枝条进行的扦插。果树、园林树木常用此法繁殖。如葡萄、石榴、无花果等。

2. 嫩枝扦插

又称绿枝扦插。以生长季枝梢为插条，通常 5～10 cm 长，组织以老熟适中为宜（木本类多用半木质化枝梢），过于幼嫩易腐烂，过老则生根缓慢。嫩枝扦插必须保留一部分叶片，若全部去掉叶片则难以生根，叶片较大的种类，为避免水分过度蒸腾可将叶片剪掉一部分。绿枝剪截位置应靠近节下方，切面光滑。多数植物宜于扦插之前剪取插条，但多浆植物务使切口干燥半天至数天后扦插，以防腐烂。无花果、柑橘及花卉中的杜鹃、一品红、虎刺梅、橡皮树等可采用此法繁殖。

3. 芽叶插

插条仅有一芽附一片叶，芽下部带有盾形茎部一片，或一小段茎，插入沙床中，仅露芽尖即可，插后盖上薄膜，防止水分过量蒸发。对于叶插不易产生不定芽的种类，如菊花、八仙花、山茶花、橡皮树、桂花、天竺葵、宿根福禄考等宜采用此法。

（三）根插

这是一种利用根上能形成不定芽的能力扦插繁殖苗木的方法，用于那些枝插不易生根的种类。一些果树和宿根花卉可采用此法，如枣、山楂等果树，薯草及牛舌草、秋牡丹、肥皂草、毛恋花、剪秋罗、宿根福禄考、芍药、补血草、荷包牡丹等花卉。一般选取粗 2 mm 以上、长 5～15 cm 的根段进行沙藏，也可在秋季掘起母株，贮藏根系过冬，翌年春季扦插。冬季也可在温床或温室内进行扦插。根抗逆性弱，要特别注意防旱。

四、压条繁殖

压条繁殖是在枝条不与母株分离的情况下，将枝梢的一部分埋于土中，或包裹在利于发根的基质中，促进枝梢生根，然后再与母株分离成新植株的繁殖方法。这种方法不仅适用于扦插易活的园艺植物，对于扦插难于生根的树种、品种也可采用。因为新植株在生根前，其养分、水分和激素等均可由母株提供，故较易生根成活。其缺点是繁殖系数低。此法在果树上应用较多，而花卉中仅有一些温室花木类采用。

压条方法有直立压条、曲枝压条和空中压条。

五、分生繁殖

分生繁殖是利用特殊营养器官来完成的，即人为地将植物体分生出来的幼植体（吸芽、珠芽、根蘖等），或者植物营养器官的一部分（变态茎等）进行分离或分割，使之脱离母体而形成若干独立植株的方法。这些变态的植物器官主要功能是贮存营养，如一些多年生草本植物，生长季末期地上部死亡，而植株却以休眠状态在地下继续生存，来年有芽的肉质器官再形成新的茎叶。这些变态植物器官还具有繁殖功能。凡新的植株自然和母株分开的，称作分离（分株）；凡人为将其与母株割开的，称为分割。此法繁殖的新植株，容易成活，成苗较快，繁殖简便，但繁殖系数低。

（一）变态茎繁殖

1. 匍匐茎与走茎

由短缩的茎部或由叶轴的基部长出长蔓，蔓上有节，节部可以生根发芽，产生幼小植株，分离栽植即可成新植株。节间较短，横走地面的为匍匐茎，多见于草坪植物，如狗牙根、野牛草等。草莓是典型的以匍匐茎繁殖的果树。节间较长不贴地面的为走茎，如虎耳草、吊兰等。

2. 蘖枝

有些植物根上可以生不定芽，萌发成根蘖苗，与母株分离后可成新株，如山楂、枣、杜梨、海棠、树莓、石榴、樱桃、萱草、玉簪、蜀葵、一枝黄花等。生产上通常在春秋季节，利用自然根蘖进行分株繁殖。为促使多发根蘖，可人工处理，一般于休眠期或发芽前，将母株树冠外围部分骨干根切断或创伤，刺激产生不定芽。生长期保证肥水，使根蘖苗旺盛生长发根，秋季或来年春与母体截离。

3. 吸芽

吸芽是某些植物根际或地上茎叶腋间自然发生的短缩、肥厚呈莲座状短枝。吸芽的下部可自然生根，故可分离而成新株。菠萝的地上茎叶腋间能抽生吸芽；多浆植物中的芦荟、景天、拟石莲花等常在根际处着生吸芽。

4. 珠芽及零余子

珠芽为某些植物所具有的特殊形式的芽，生于叶腋间，如卷丹。零余子是某些植物的生于花序中的特殊形式的芽，呈鳞茎状（如观赏葱类）或块茎状（如薯芋类）。珠芽及零余子脱离母株后自然落地即可生根。

5. 鳞茎

有短缩而扁盘状的鳞茎盘，肥厚多肉的鳞叶着生在鳞茎盘上，鳞叶之间可发生腋芽，每年可从腋芽中形成 1 个至数个子鳞茎并从老鳞茎旁分离开。如百合、水仙、风信子、郁金香、大蒜、韭菜等可用此法繁殖。

6. 球茎

短缩肥厚近球状的地下茎，茎上有节和节间，节上有干膜状的鳞片叶和腋芽供繁殖用，可分离新球和子球，或切块繁殖。如唐菖蒲、荸荠、慈菇可用此法。

7. 根茎

在地下水平生长的圆柱形的茎，有节和节间，节上有小而退化的鳞片叶，叶腋中有腋芽，由此发育为地上枝，并产生不定根。具根茎的植物可将根茎切成数段进行繁殖。一般于春季发芽之前进行分植。莲、美人蕉、香蒲、紫菀等多用此法繁殖。

8. 块茎

形状不一，多近于块状，肉质，顶端有芽眼，根系自块茎底部发生。繁殖方法有整个块茎繁殖如山药、秋海棠的小块茎，可于秋季采下，贮藏到第 2 年春季种植。亦可将块茎分割繁殖，如马铃薯、菊芋等，切成 25～50g 的种块，每块带一个或几个芽或芽眼。种块不宜过小，否则会因营养不足而影响新植株的扎根和生长。

（二）变态根繁殖

块根由不定根（营养繁殖的植株）或侧根（实生繁殖植株）经过增粗生长而形成的肉质贮藏根。在块根上易发生不定芽，可以用于繁殖。既可用整个块根，如大丽花的繁殖；也可将块根切块繁殖。

六、离体繁殖与离体培育无毒苗

植物离体培养是通过无菌操作，把植物体的各类结构材料即外植体接种于人工配制的培养基上，在人工控制的环境条件下进行离体培养的一套技术与方法，通常称之为植物组织培养。

离体繁殖也称微型繁殖或快速无性繁殖，是植物离体培养在农业生产上应用最广泛、最成功的一个领域。

（一）离体繁殖的特点与应用

1．离体繁殖的特点

（1）繁殖速度快

利用植物体的繁殖器官，接种在人工培养基上进行快速增殖，反复继代培养，周年生产，通常一年内可以繁殖数以万计的、较为整齐一致的种苗，大大提高繁殖系数。特别对于难繁殖的园艺植物的名贵品种、稀优的种质、优良的单株或新育成品种的繁殖推广应用具有重要的意义。

（2）占用空间小

离体繁殖是在试管中进行的，占用的空间极小。一间 $30m^2$ 的培养室，可以放置一万多个瓶子，足以同时繁殖几万株种苗。此外，再配置 100～$200m^2$ 的移苗室，比之通常的无性繁殖法，繁殖同样数量的苗木可以节约大量的土地、人力和物力。

（3）便于种质贮存与交换

园艺植物种质保存，通常采用无性繁殖系，在田间种植保存。由于多年生无性繁殖的园艺植物个体较大，需要占用大量土地与劳力，耗资很大；而且资源交换不方便，检疫手续复杂。利用离体繁殖材料，在试管内保存种质资源，可大大节省人力、物力和土地，并方便种质交换，避免病虫人为传播扩散，防止资源丢失。

（4）离体繁殖诱变

长期无性繁殖的园艺植物，不仅存在遗传上的复杂性，而且在结构上也存在着一定的差异性。在离体繁殖下，由于不同植物生长调节剂的作用，通过多代繁殖，经常诱发分离出各种突变体。这些突变体有的在育种上是很有利用价值的基因型，它对于花卉及观赏园艺植物，更具有特殊的应用价值。

此外，离体繁殖可以进行脱毒，培育无病毒种苗。

2．离体繁殖的应用

离体繁殖园艺植物的良种种苗，最早在兰花上获得成功。众所周知，兰花成熟的种子中，大多数胚不能成活，种子不会发芽。美国 Knudson（1922）通过离体胚的培养，产生了大量的兰花试管苗。此后，法国的 Morel 通过原球茎繁殖途径，使兰花的繁殖系数大为提高，从而形成 60 年代风靡全球的“兰花工业”。

由于兰花工业的迅速发展，吸引了国际上众多的园艺科学工作者，开展了大量的园艺植物现代化离体繁殖的研究和探讨。荷兰是世界花卉生产国，也是试管苗的生产王国。英国东茂林试验站育成的苹果砧木（M_{27}）和李砧木（Pixy）很长时间一直供不应求。20世纪70年代中期，美国商用实验室采用离体繁殖法进行大规模的试管育苗，大大促进这些砧木的推广应用。意大利的离体繁殖主要生产桃、柑橘等果树砧木试管苗。在日本，花卉、果树、草种及药用植物方面的离体繁殖法已成为重要的育苗手段。

我国园艺植物离体繁殖育苗的研究与开发起步较晚，但近年来也有较大的发展。目前已建成香蕉、柑橘、葡萄、苹果、草莓、猕猴桃、枇杷、罗汉果、马铃薯、西瓜、兰花、杜鹃、水仙、月季、百合、康乃馨、菊花、唐昌蒲、小苍兰、金线莲等数十种植物离体繁殖的生产技术程序，全国各地有数百个各种类型的园艺植物试管苗生产线。有些已获得脱毒苗并进行批量生产，投放市场。如马铃薯脱毒苗，先后在内蒙古、黑龙江、河北等地建立了无病毒马铃薯原种场，为全国各地提供脱毒种薯。脱毒种薯平均增产 30%以上，经济效益十分显著。优质的草莓脱毒苗已分别向全国十多个省市提供，在草莓生产上发挥了重要作用，初步形成了我国园艺植物现代化育苗产业。

（二）离体繁殖的技术与方法

离体繁殖通常分为三个步骤，即无菌材料的建立、芽苗增殖和生根移苗。现以苹果为例说明其过程。

1. 无菌材料的建立

早春叶芽萌动后，取生长健壮发育枝中段流水冲洗后剪成单芽茎段，剥去2～4个鳞片，置于三角瓶中用 $HgCl_2$ 0.1%+吐温-20 0.1%灭菌 10～15min，用无菌水冲洗 4～5 次，在无菌条件下剥取茎尖接种在起始培养基上，在（25±2）℃，光照 1 000～3 000lx，每天光照 8～14h 的条件下培养成芽丛。

2. 芽苗的增殖

起始培养形成的芽丛生长变慢或停止时，即可切成数块，转接到继代培养基上进行继代培养。在继代培养基上，短茎伸长的同时，会在基部长出更多的芽，这些芽伸长形成新的芽丛，又可进行继代培养，从而不断扩大增殖的嫩茎数量。一般 30～40 天继代一次，每次增殖 4～5 倍。

3. 生根培养与移栽

嫩茎继代培养 35～40 天后，选用 2～3cm 的嫩茎，转接到生根培养基中，进行生根培养，20～30 天根长可达到驯化移栽的长度。生根的试管苗经过强光闭瓶炼苗和开瓶炼苗后，再移栽到营养钵中进行过渡移栽驯化，最后移入大田苗圃培养成苗。

（三）培育无病毒苗的意义

种子一般不带病毒，利用种子繁殖的作物其上一代的病毒一般不会传给下一代。而很多园艺作物是采用嫁接、扦插、压条、分株等无性方法繁殖，病毒可通过接穗、插条等营养体传给后代，因此，病毒病在园艺作物上的危害日益严重。据统计，核果类病毒 1930 年发现 5 种，1951 年发现 48 种，1976 年已多达 95 种。马铃薯病毒多达三十余种，苹果也有三十多种病毒，观赏植物的病毒已多达一百多种。

病毒病给园艺作物生产带来重大损失。草莓病毒曾使日本草莓生产受到灭顶之灾。柑桔衰退病曾使巴西圣保罗州 80%甜橙死亡，该病毒至今仍威胁世界柑桔产业。球根类花卉由于感染病毒，品种严重退化，花少且小，甚至畸形变色，变得毫无观赏价值。

病毒病害与真菌和细菌病害不同，不能用化学杀菌剂防治，迄今为止，常规的防治方法对病毒病害收效甚微。而培育无病毒苗木是目前防治园艺作物病毒病害蔓延的唯一有效途径。

（四）茎尖培养脱毒的原理与方法

实践表明，病毒在植株上的分布是不均匀的，一般种子不带病毒，幼嫩组织比成熟组织含毒量低，茎尖分生组织几乎不带病毒，切取不带病毒的茎尖分生组织培养成苗，即可获得无毒苗。

茎尖脱毒的方法，一般是将外植体消毒处理后，在解剖镜下，经无菌操作切取茎尖，接种于培养基培养成苗。切取茎尖的大小与脱毒关系极大，一般茎尖越小脱毒率越高，但茎尖越小离体培养越不易成活。一般切取 0.2～0.5mm，带 1～2 个叶原基的茎尖作培养材料。

第二节　园艺作物的定植

定植是指将育好的秧苗移栽于生产田中的过程，植株将从定植生长到收获结束。花卉从一个苗钵移栽于另一个苗钵，称之为倒钵，有时也称之为定植。

一、定植时期

定植时期早晚对园艺作物的上市期、产量、品质及成活率有着显著影响，确定适宜的定植期是生产中的重要问题。适宜定植期按不同园艺植物种类确定。

（一）果树、观赏树木及木本花卉的定植时期

一般落叶木本类的果树、花卉在秋季植株落叶后至土壤封冻前或春季土壤解冻后至发芽前定植为宜。常绿花卉、果树，在春夏秋都能移栽定植，以新稍停止生长时较好；春夏移植时注意去掉一些枝叶，减少蒸发，并要带土坨定植。

（二）蔬菜、草本花卉植物的定植时期

蔬菜和草本花卉植物定植时期变化较大，可根据需要和可能随时定植，但以春秋为主。一般露地生产时，喜温性的作物只能在无霜期内栽植，春季露地定植的最早时期是当地的终霜期（常以 20 年平均值来安排生产）过后进行，而耐寒性的园艺作物较喜温性园艺作物能够提早 1 个月定植，半耐寒性作物较喜温性作物能够提早 15～20 天定植。设施生产时，因设施的性能不同，栽培草本园艺植物可能提早或延后。

二、定植技术

（一）蔬菜及草本花卉植物的定植

草本蔬菜、花卉中育苗定植的种类很多，有些是为了调节花期，有些是为了提高土地利用率，或避开不良天气，有些是为了提早上市，或延长生育期，提高产量、品质，有时为便于集中管理，以达到省工、省力的目的。

定植前要整地作畦，一般畦向以南北向为多，畦长、畦宽因灌溉设施、栽培作物种类及品种不同而异，一般水量大的畦宜长些宽些，反之亦然。例如，以 4 英寸泵供水时，种植蔬菜的畦长为 10～15 m，畦宽以 1～1.6 m 为宜。

定植时植株正处于生长旺盛期，苗质脆嫩，蒸发快。为加快缓苗，定植前应进行炼苗。起苗时先浇水并尽量减少伤根，带土坨定植，或采用护根育苗。定植后要注意根与土的密接，防止悬根，同时注意保湿。

（二）树木的定植

果树和观赏树木定植，定植前先挖定植穴。定植穴一般 0.8～1.0m 深，直径 0.8～1.0m，

挖穴时表土置一边，深层心土放另一边。挖好后下层填原表土和肥料，或加入一些树叶、草皮、河泥等，为穴深度的 1／3～1／2。

定植时，将定植穴的一半填上表土与肥料（或树叶、草皮）并培成土丘，按品种栽植计划将苗木放入穴内土丘上，使树苗根系舒展分布，同时前后左右行与行、株与株对齐，然后理土，土中同样混入肥料。埋土过程中不断轻轻提一提树苗，并踩实土，使根系与土壤密接。最后心土填在表面，再踩实，苗木四周修水盘，备浇水用。

定植树苗，不能太深，也不能太浅，以原来树苗处于地表的位置不变为宜，定植太深则缓苗慢，定植太浅则影响成活率。

（三）定植后管理

1. 浇水

定植后随即浇第一次水，称之为定植水。定植水要浇足浇透，蔬菜及草本花卉的定植水一般不宜过大，春季浇水过大会影响地温，不利于缓苗。

浇定植水后数日（春季 5～7 天，夏季 3～5 天）植株发出新叶，为弥补定植水的不足，要浇一次大水，400～700t／hm^2，称之为缓苗水。植株缓苗后，根系进入快速生长期，这时根际环境的好坏，会对根的发生发展产生显著影响。定植前已经施肥，定植水较少，地温虽高发根快，但土壤溶液浓度易加大，损伤根系。根际缺水也直接影响根的发展，及时补水是必要的。

2. 中耕

缓苗水下渗后，人能进地时，应及时进行中耕锄地。根系在有水肥的情况下通过中耕松土，供氧充足，迅速发展，为以后快速生长打下良好基础。

3. 间苗、补栽

定植后，出现缺苗、死苗现象时，在缺苗处补栽同一品种的苗。补栽的苗是定植时留下的备用苗。

4. 防风和防寒

定植浇水后，土壤较松软，遇风苗木易倒伏，尤其大型木本植物，为防风应用支架固定。

在秋季定植的多年生树木，应考虑到越冬的保护问题，尤其是我国北方地区。秋栽的幼树，入冬前可以压倒埋土防寒，春季再扒土扶直；也可以培土堆或包扎（用农作物秸秆或塑料膜）树干防寒。无论采用哪种防寒技术，都要灌足冻水，以减少冻害或冻旱的发生。园艺植物种植园应有良好的防风林网，使越冬安全性有一定保证。

第三节　种植园土肥水管理

土壤是园艺植物根系生长、吸取养分和水分的基础，土壤结构、营养水平、水分状况直接影响到园艺植物生长发育。种植园土肥水管理的目的就是人为地创造良好的土壤环境，促进植物根系生长及其对水分、养分的吸收，进而促进地上部的生长发育，达到高产、稳产、优质、低耗的目的。

一、土壤改良

土壤改良，包括土壤熟化、不同土壤类型改良等。

（一）土壤熟化

一般果树、观赏树木、深根性宿根花卉应有 80～120 cm 的土层，蔬菜的根系 80%集中在 0～50 cm 范围内，其中 50%分布在 0～20 cm 的表土层，因此在有效土层浅的果园、菜地、花圃土壤进行深翻改良非常重要。深翻可改善根际土壤的通透性和保水性，从而改善园艺植物根系生长和吸收的环境，促进地上部生长，提高园艺作物产量和品质。在深翻的同时，施入腐熟有机肥，土壤改良效果更为明显。一年四季均可进行深翻，但一般在秋季结合施基肥深翻效果最佳，且深翻施肥后立即灌透水，有助于有机物的分解和园艺作物根系的吸收。果园、木本花卉翻耕的深度应略深于根系分布区，一般深翻达到 80 cm 以上，菜地和多年生花卉花圃一般深翻至 20～40 cm。

（二）不同类型土壤的改良和配制

不论果树、蔬菜还是观赏植物的栽培，都要求土壤团粒结构良好，土层深厚，水、肥、气、热协调，一般壤土、沙壤土、黏壤土都适合果、菜、花的栽培，但遇到理化性状较差的黏性土和沙性土时就需要进行土壤改良。

1．黏性土

土壤空气含量少。应掺沙，并在掺沙的同时混入纤维含量高的作物秸秆、稻壳等有机肥，可有效地改良此类土壤的通透性。

2．沙性土

保水、保肥性能差，有机质含量低，土表温度和湿度变化剧烈。常采用“填淤”（掺入塘泥、河泥）结合增施纤维含量高的有机肥来改良。近年来国外已有使用“土壤结构改良剂”的报道。改良剂多为人工合成的高分子化合物，施用于沙性土壤作为保水剂或促使土壤形成团粒结构。

在观赏植物的生产中，盆栽是主要方式之一，而盆栽基质（或称盆土）一般是由人工配制的，常用材料有：园土、腐叶土、堆肥土、塘泥、泥炭、珍珠岩、蛭石、苔藓、木炭、椰壳纤维、砻糠灰（稻壳灰）、黄沙等。如一般观赏植物盆土配比为：园土: 腐叶土: 黄沙: 骨粉=6: 8: 6: 1。

二、土壤消毒

土壤消毒是用物理或化学方法处理耕作的土壤，以达到控制土壤病虫害、克服土壤连作障碍、保证园艺作物高产优质的目的。尤其在保护地栽培中，由于复种指数高，难以合理轮作，加之常处于高温、高湿环境下，病虫害极易发生和发展，且一旦发生了病虫害，其蔓延的速度很快，常造成比露地更严重的损失。因此，土壤消毒是保护地果、菜、花栽培中一项非常重要和常见的土壤管理措施。土壤消毒的方法有物理消毒和化学消毒两种。

1．物理消毒

多用蒸汽消毒，结合温室加温进行。将带孔的钢管或瓦管埋入地下 40 cm 处，地表覆盖厚毡布，然后通入高温蒸汽消毒。

2．化学消毒

即化学药剂消毒法。常用的药剂有 40%甲醛（福尔马林）、溴甲烷等。

三、营养和施肥

对于果树、蔬菜、花卉三大类园艺植物来说，由于其生长发育特性的不同及对产品的要求不同，因而施肥时期、施肥量、施肥方法等存在着差异。下面就果树、蔬菜、花卉植物的施肥技术分别作简要介绍。

（一）果树施肥

1. 施肥时期

（1）基肥时期　自采果后到萌芽前施用，以秋施为好，且宜早不宜晚。因为这时正值根系再次生长的高峰期，适时施基肥有助于伤口的愈合，发生新根，而且肥料经过冬、春两季分解可及时满足生长、开花和坐果的需要，对果树当年树势的恢复及次年的生长发育起着决定性的作用。

（2）追肥时期　① 花前追肥，一般在4月中下旬果树萌芽前后进行，促进萌芽整齐一致，有利于授粉，提高坐果率。肥料以氮肥为主，适量加施硼肥；② 花后追肥，一般在5月中下旬落花后进行，加强营养生长，减少生理落果，增大果实。这个时期也以氮肥为主，适量配施磷、钾肥；③ 催果肥，一般在6月份果实膨大和花芽分化期进行，促进果实膨大、花芽分化及枝条成熟，以氮、磷、钾肥三要素配合追施；④ 果实生长后期追肥，也就是果实着色到成熟前的两周进行，补充果树由于结实造成的营养亏缺，并满足花芽分化所需要的大量营养，追肥以氮、磷、钾配合施用效果为佳。

2. 施肥量

果树的施肥量应根据果树种类与品种、发育状况、土壤条件、肥料特性、目标产量、管理水平和经济能力等多种因素综合考虑确定，非常复杂。因此不同地区、不同果树很难确定一个统一的精确施肥量标准，可以参照一定的方法，但无一成不变的模式。一般情况下，幼年果树新梢生长量和成年果树果实年产量是确定施肥量的重要依据。为确定某一果园的正确施肥量，科学的方法是通过土壤分析或叶片分析来确定，即分析该园土壤和果树叶片中各营养元素的含量状况，缺什么补什么，缺多少补多少。近三十年来，国外广泛应用的是叶分析法来确定和调整果树的施肥量。但是，在我国叶分析法还没有广泛地应用于生产实践中，尚有待于进一步研究和推广实践。

3. 施肥方法

果树施肥的方法主要有两种：土壤施肥和根外追肥，其中土壤施肥是目前应用最为广泛的施肥方法。

（1）土壤施肥将肥料施在根系分布层以内，有利于根系吸收，并诱导根系向纵深与水平方向扩展，从而获取最大肥效。

土壤施肥的方法有环状沟施、辐射状沟施、条施、穴施、撒施等。

（2）根外追肥是利用叶片、嫩枝及幼果具有吸收肥料的能力将液体肥料喷施于树体表面的一种追肥方法。其优点是：操作简便，用量少，见效快，减少某些元素在土壤中被固定，提高利用率。根外追肥所施用的肥料主要以尿素、磷酸二氢钾、硼酸、硫酸亚铁、硝酸钙为主。一般情况下，叶面喷施应选无风、晴朗、湿润的天气，最好在上午 10 时以前或下午 4 时以后。同时由于果树的幼叶比老叶、叶背面比叶正面吸收肥料更快，效率更高，枝梢的吸收能力也较强，因此多均匀喷在叶背面或新梢上半部。

（二）蔬菜施肥

1. 施肥时期

确定适宜的施肥时期，首先应了解不同营养类型蔬菜的生长发育特性。蔬菜大致分为以下三类营养类型。

第一类是以变态的营养器官为养分贮藏器官的蔬菜，如结球白菜、花椰菜、萝卜、洋葱、姜、山药、茭白、结球莴苣、西瓜等。这类蔬菜从播种到产品采收的整个生长周期中，分为发芽期、幼苗期、扩叶期和养分积累期4个时期，其中扩叶期较长，营养供应是否充足直接影响着后期养分积累的多少，是管理的关键。养分不足时，生长势弱或过早进入养分积累期，从而影响到产品器官中养分积累。因此，在扩叶期后期与养分积累期前期，均衡施肥是十分重要的。

第二类是以生殖器官为养分贮藏器官的蔬菜，如番茄、辣椒、菜豆、黄瓜、丝瓜等。这类蔬菜的生长发育分为发芽期、幼苗期、开花着果期和结果期4个时期。一般情况下花芽分化在幼苗期已经开始，产品器官的雏形已经开始形成，叶片生长与果实发育同步进行，因而在幼苗后期平衡调节营养生长与生殖生长的需肥矛盾是管理的关键。

第三类是以绿叶为产品的蔬菜，如菠菜、生菜、茼蒿、苋菜等，这类蔬菜的生长发育分为发芽期、幼苗期和扩叶期3个时期，一般生长期短，单位时间内生长速度快，产量高，肥水管理比较简单。

下面是蔬菜生育期中发芽期、幼苗期、扩叶期以及养分积累期4个阶段的重点施肥时期。

（1）发芽期　对绿叶菜类蔬菜来说，在种子直播后施肥，以补充苗期营养需要。

（2）幼苗期　以量少质精、薄肥勤施为原则，一般在幼苗后期，当植株没有封行、操作方便时进行一次性施肥，如番茄、菜豆、黄瓜在立架前，西瓜等在甩蔓后。

（3）扩叶期　第一类蔬菜在扩叶后期节制用肥，第二类型在坐果后补充营养，如茄果类在果径达 3 cm 左右时，菜豆类在果长达 5cm 以上时进行，第三类型从苗期进入扩叶期后，营养供应一促到底。

（4）养分积累期　第一类型蔬菜要在产品器官形成后大量补充营养。

2. 施肥量

施肥量应根据蔬菜种类、物候期、土壤情况、气候条件及肥料种类来确定。基肥以有机肥为主，一般施用 75 000～150 000kg／hm^2·季，基肥施用量为总施肥量的50%～60%，通常情况下菜地土壤中有机质的含量要在3%左右。如果有机质含量超过3%，只补充矿质营养；如果有机质含量低于 3%，则同时补充有机质和矿质营养。追肥可施用稀薄粪尿肥或化肥，也可采用0.2%～0.5%浓度尿素进行根外追肥。

3. 施肥方法

（1）土壤施肥　因基肥和追肥而不同。基肥在播种或定植前整地做畦时施入。追肥的施肥方式以穴施、条施、随水追施等应用较多。追肥时要保持肥料与根系的距离，以免烧根。

（2）根外追肥　蔬菜上主要是利用叶面喷施，见效快。

（三）花卉施肥

1. 露地花卉的施肥

（1）施肥时期　植物大量需肥期是在生长旺盛或器官形成的时期，一般来说春季要大量施用肥料，尤其是氮肥，夏末秋初则不宜多施氮肥，否则会引起新梢生长易发生冻害。秋季当花卉顶端停止生长时施入完全肥，对冬季或早春根部急需生长的多年生花卉有促进作用。冬季或夏季进入休眠期的花卉，应减少或停止施肥。根据花卉生长发育的物候期、环境气候及土壤营养状况，适时适量追肥，一般在苗期、叶片生长期及花前、花后施用追肥。

（2）施肥量　施肥量因花卉种类、物候期、肥料种类、土壤状况及气候条件不同而异，所以也无统一的标准。施肥前要通过土壤分析或叶片分析来确定土壤所能供给的营养状况及植物营养供给水平，据此选用相应的肥料种类及施肥量。

（3）施肥方法　包括土壤施肥和根外施肥两种方式。一二年生草花的土壤施肥方法大体与蔬菜相似，多年生草花在定植或更新时要施足基肥，多行沟施，以有机肥为主，生长期间适当情况下进行追肥；根外追肥多采用叶面喷施，一般在早晨或傍晚较宜。开花时不能进行根外追肥。

2．盆栽花卉的施肥

盆栽花卉的养分来源除了培养土以外，还在上盆或换盆时施入基肥，以及上盆后生长期间的多次追肥。不同花卉种类、不同观赏目的以及不同生长阶段施肥是不同的。苗期多施氮肥，花芽分化和孕蕾期多施用磷、钾肥。观叶植物如绿萝不能缺氮肥，观茎植物如仙人掌不能缺钾肥，观花植物如一品红不能缺磷肥。有些花卉还需要特殊的微量元素，喜微酸性土壤的花卉如杜鹃要补充施用铁素。

（1）施肥时期　一般情况下，一年中生长旺盛期和入室前要追肥，生长期间根据生长状况每 6～15 天追施一次肥，以氮肥为主。夏季或冬季室内养护阶段处于休眠或半休眠状态的盆花少施或不施肥；一年中多次开花的花卉，如月季、香石竹等，花前、花后要重施肥；一天中施肥应在晴天傍晚进行，且施肥前松土，施肥后浇少量水即可。

（2）施肥量　基肥以有机肥为主，施入量一般不超过盆土总量的 20%；追肥以“薄肥勤施”为原则，通常采用腐熟的液肥为主，也可以用化肥或微量元素溶液追施或叶面喷施。有机液肥的浓度不超过 5%，一般化肥的浓度不超过 0.3%，微量元素的浓度一般不超过 0.05%，过磷酸钙追肥时浓度可达 1%～2%。

（3）施肥方法　盆栽花卉的施肥常常结合浇水进行或直接施用液体薄肥，操作简便易行。根外追肥也以叶面喷施为主，在缺少某种元素或根部营养吸收不足时采用此种方法，切忌浓度过高。

（四）果树与蔬菜绿色食品生产中的施肥技术

果树和蔬菜是重要的生活物质，其产品主要是供人们食用的。随着菜篮子工程建设的发展和人民生活水平的日益提高，目前正大力倡导绿色食品的生产与加工，而合理施肥无疑是绿色食品生产中的一个重要环节。

绿色食品是安全优质营养类食品的统称，在国外又称为健康食品、有机食品、天然食品、生态食品或无公害食品。

生产绿色食品的肥料使用要求，根据中国绿色食品发展中心规定，绿色食品分为 AA 级和 A 级，生产 AA 级绿色食品要求施用农家有机肥（如堆肥、厩肥、沤肥、沼气肥、绿肥、作物秸秆、未污染的泥肥、饼肥等）和非化学合成的商品性肥料（如腐植酸类肥料、微生物肥料、无机矿质肥料、添加有机肥料等）。这里添加有机肥料又称为有机复合肥，例如，经无害处理后的畜禽粪便加入适量的锌、锰、硼等元素制成的肥料或发酵肥液干燥后制成的复合肥料等。无机肥料是矿质经物理或化学工业方式制成的无机盐形式的肥料。此外生产 AA 级绿色食品还可应用一些叶面肥料（如微量元素肥料或发酵液配加腐植酸、藻类、氨基酸、维生素、糖等元素制成的肥料）。生产 A 级绿色食品则允许限量使用部分化学合成的肥料，如尿素、硫酸钾、磷酸二铵等，但施用时必须与有机肥料配合使用，有机氮与无机氮之比为 1∶1，相当于 1 000 kg 厩肥加 20 kg 尿素的施用量。注意在化肥中禁止施用硝态氮。

果品、蔬菜绿色食品生产中，对施肥有严格的要求。不但界定肥料的种类，而且对天然肥料的处理技术和施用技术也有严格的要求，具体详见《绿色食品标准》中“生产绿色食品的肥料使用准则”的内容。对于肥料施用时期及施用方法则基本上与普通果树、蔬菜的施肥管理一致。

四、灌溉与排水

（一）灌溉

1. 灌溉时期

不同园艺植物由于生育特性不同、环境因素不同、栽培条件不同等原因，造成适宜灌溉期之间存在着差异。

（1）果树灌溉时期　一般为萌芽开花期、花后幼果膨大期（果树需水的临界期）、果实生长期。

（2）蔬菜灌溉时期　不同种类、品种的蔬菜对水分需求差异较大，但不同蔬菜在生长的各个时期对水分的要求也有一定的规律。一般灌溉时期为种子发芽期、幼苗期、养分积累期及开花期。

（3）花卉灌溉时期　花卉灌水与季节及生长发育有着密切的关系。通常在春天每隔一两天浇一次水即可。入夏以后需要较多的灌水，宜在每天早上和中午稍后各浇一次水。冬季应少浇水或停止浇水，若需要浇水，一般视情况三四天或更长时间浇一次。

花卉浇水还要本着“见干见湿”的原则，即不干不浇，浇则浇透。盆栽花卉多为表土发白时浇水，浇至盆底渗出水为止。另外，花卉品种繁多，种类各异，不同品种对水分的要求有很大的差异，还要因品种、生活习性、生长发育特性而适时、适量浇水。

2. 灌水量

灌水量应根据植物的种类、品种、季节、土壤含水量、降雨、空气湿度、生长发育特点、生态习性等多方面因素来确定，所以很难有一个统一的标准，并且不同灌溉方式间灌水量也不尽相同。果树灌水量一般遵循以下原则：适宜的灌水量要在一次灌溉中浸湿根系主要分布区域的土壤，并达到田间最大持水量的60%～80%。现代化果园土壤中装有张力计，用以指示土壤的含水量，使灌水更加科学化。

3. 灌溉方式

灌溉方式主要有地面灌溉、喷灌、滴灌及地下灌溉等，详见本篇第一章。

（二）排水

园艺作物正常生长发育需要不断地供给水分，在缺水的情况下生长发育不良，但土壤水分过多时影响土壤通透性，氧气供应不足又会抑制植物根系的呼吸作用，降低根系对水分、矿物质的吸收功能，严重时可导致地上部枯萎，落花、落果、落叶，甚至根系或植株死亡。所以处理好排水问题也是植物正常生长发育的重要内容，在容易积水或排水不良的种植园区，要在建园时就进行排水工程的规划，修筑排水系统，做到及时排水。

第四节　园艺作物的植株管理

一、植株管理的意义

（一）调节作物与环境之间的关系

园艺作物自然生长中容易出现枝梢密集、植株内部枝叶光照不良、无效枝叶增多，导致低产并增加病虫害的发生。而果树的整形、树冠内枝梢密度调整、蔬菜的支架等都是为了让作物获得充足的光照条件，达到通风透光，以充分利用光能，并减少病虫危害，获得高产优质。

（二）调节作物营养生长与生殖生长之间的关系

果树的生长与结果之间容易出现矛盾，当生长过强、过弱时都不利于开花结果。只有将树体生长势调节至中度健壮才能早果高产。瓜果类蔬菜的摘心、打杈，也都是为了控制营养生长，促进开花结果。

（三）均衡树木各枝条间的生长

树木枝条间长势不均会扰乱树形，必须抑强扶弱，均衡长势，以维持良好的树形。

（四）控制果树大小年

果树易发生“大小年”现象，即大年时结果过量，树体营养消耗大、积累少，使当年花芽形成减少，导致来年的小年；小年时结果少，营养积累多、花芽形成也多，会导致又一个大年。依此反复，对生产极为不利。通过疏除大年时过多的花果，可有效控制大小年的发生。

（五）提高观赏价值

观赏植物通过植株控制，可美化树形，提高观赏价值。如绿篱的修剪、草坪的刈割、园林树木的整形等。

二、果树与观赏树木的修剪技术

对果树与观赏树木，幼树修剪的主要目的是造就树形，特称整形。成年树修剪的主要目的是保持树形以获取优质高产，而老年树修剪的主要目的则是恢复树形，以尽量保持较大的树体积和延长结果年限。

（一）修剪的时期

多年生木本植物修剪时期主要分冬剪和夏剪。

1. 冬剪

落叶果树或观赏树木，秋末冬初落叶后至第2年春季萌芽前，或常绿树木冬季生长停止的时期，这一段时间即休眠期，休眠期进行的修剪称为冬剪。在生产上这是最重要的修剪时期，一是因为这个时期劳动力便于安排，无其他活茬挤占，易从容进行；二是落叶后树冠内清清爽爽，便于辨认和操作；三是这个时期修剪，果树的营养损失少，即使是常绿果树也如此。另外，果园土壤管理上，不论是生草或种间作物，以冬剪影响最小。

2. 夏剪

除冬剪的时间外，由春至秋季末的修剪都称夏剪。夏剪容易削弱树势，多用于幼树或生长旺盛的树。

3. 有“伤流现象”树木的修剪时期

葡萄、核桃等果树每年有个固定的时期出现剪口的“伤流现象”，这个时期称“伤流期”。伤流是树体营养物质的损失，因此这类果树修剪应避开“伤流期”。葡萄的“伤流期”是春季萌芽前后，约两三周；核桃的“伤流期”是秋季落叶后至春季萌芽前，达数个月之久。“伤流期”修剪果树，剪口愈合慢，剪口下芽的生长势弱。

（二）修剪的基本手法及其功能

果树修剪的方法或称手法有很多种，最基本的有以下几种。

1. 短截

短截亦称短剪，即剪去一年生枝的一部分，剪得多称重短截（如剪去 1/2～2/3）；剪得少称轻短截（如剪去 1/3 或更少些）；居中者称中短截。短截的特点是对剪口下芽的刺激性大，以剪口下第一芽（常称剪口芽）受刺激作用最大，发出的新梢生长势最强，离剪口越远刺激作用越小。短截后枝的萌芽力提高，成枝力增强，以中短截的效果最好。短截对母枝的增粗有削弱作用。

短截常用于树冠中骨干枝延长枝的修剪，特别是幼树的整形修剪，能明显地增加分枝量。

2. 疏剪

疏剪是将一年生枝或多年生枝从基部疏除。疏剪对剪口上部枝梢成枝力和生长势有削弱作用，而对剪口下部芽和枝梢有促进萌芽、成枝和生长的作用。疏除弱枝和结果枝对全树生长有促进作用，而疏除壮枝对全树生长有抑制作用。疏剪能减小枝梢密度，改善树冠内光照，促进结果和提高果实品质。

3. 缩剪

缩剪是指对多年生枝的剪截。缩剪的特点是对剪口后部的枝梢生长和潜伏芽的萌发有促进作用，而对母枝起较强的削弱作用。这种修剪不宜在幼树上应用，常用于大树、老树的更新复壮修剪。

4. 长放

长放即对一年生的长枝不修剪。枝条长放后可形成许多短枝，对于以短果枝结果的果树种类和品种，如苹果、梨、山楂及北方品种群的桃，在修剪中有选择地长放一些枝，可以促成多的结果枝组或结果部位，对幼年树宜多用，以利于提早结果。树冠中的直立枝、徒长枝，应在夏剪中配合拉枝、曲枝等措施长放。

5. 开张枝梢角度

幼年果树的枝条，一般较直立，生长势强旺，不易早结果。所以幼年树枝条开张角度很重要；开张角度的修剪方法有很多种，这里介绍常用的几种。

（1）拉枝　用绳子把枝角拉大，绳子一端固定到地上或树上；或用木棍把枝角支开；或用重物把枝下坠。拉枝的时期以春季树液流动以后为好，拉一两年生枝，这时枝较柔软，开张角度易到位而不伤枝。复季修剪中，拉枝是一项不可少的修剪工作。

（2）拿枝　对一年生枝用手从基部起逐步向上捏拿弯曲，伤及木质部又不折断，并使枝条呈水平状态或先端略向下。

（3）留外芽剪　枝条短截时，剪口下芽留向外的，萌发的新梢向外生长，角度较大。

6. 刻伤、环剥、倒贴皮

刻伤是在芽上方，用剪刀刻一下，深至木质部，以此来刺激这个芽萌发成枝。环剥是从枝基部整齐地剥下一圈皮。剥皮的宽度约为枝条直径的 1/10。倒贴皮与环剥相似，不同处是剥下的皮倒过来贴回原处。刻伤应在春季发芽前进行。环剥和倒贴皮的时期分两种情形：一是控制生长为促进坐果的，宜在花期前后；一是控制生长为促进花芽分化的，宜在花芽生理分化期进行。

刻伤阻止了顶端生长素向侧芽的输运，解除了顶端优势，因而促进侧芽萌发。环剥、倒贴皮的作用机理是暂时阻断皮部向下的运输通道，叶片光合产物在上部积累， 抑制生长而促进坐果和花芽分化。刻伤、环剥和倒贴皮只能用于旺树旺枝上。

7. 除萌和疏梢

萌芽后抹去嫩芽叫除萌或抹芽，新梢开始迅速生长时疏除过密的新梢叫疏梢。其作用一是选优汰劣，节省养分，改善光照，提高留用枝质量；二是早去无用枝，避免将来造成大伤口。

8. 摘心、剪梢

摘心是指摘除幼嫩的梢尖，剪梢比摘心手重一些，还包括部分成龄叶在内。摘心和剪梢能暂时抑制新梢生长，促进其下侧芽萌发生长，增加分枝。摘心和剪梢的反应，越是在新梢生长旺盛时，反应越强烈，即增加分枝的效果明显。

9. 扭梢

扭梢是对一些直立旺梢用手将新梢基部 5～6 cm 处（半木质化）扭曲 180 度，呈下垂或水平生长。作用是缓和生长，促进花芽分化。

三、草本植物的植株调整技术

草本的园艺植物植株调整，主要是整枝、支架和引蔓，具体内容包括：摘心、打杈、摘叶、引蔓、压蔓、支架等。

（一）摘心和打杈

摘除植株的顶芽叫摘心，摘除侧芽叫打杈。番茄、茄子、瓜类等蔬菜，任其自然生长，枝蔓繁生，营养生长旺而形成花少、结果少。通过摘心、打杈，可以有效地抑制枝蔓的生长，使植株的营养更好地集中到果实的生长发育上。

（二）摘叶、束叶

摘叶是摘取光合效率低下的老叶片，如黄瓜生长到 45～50 天的叶片，番茄植株长到 50 cm 高以后，下部叶片已变黄和衰老，及时摘除有利于果实的生长，也改善了植株的通风透光条件，减轻病虫害。

束叶是把叶片包扎起来，主要适用于十字花科的大白菜和花椰菜，能促使叶球或花球软化，又使植株间的通风透光条件改善。

（三）支架

许多瓜类、豆类蔬菜，植株蔓生生长或匍匐生长，支架栽培条件下，植株受光良好，管理方便，促进果实生长发育，产量高，品质优良。黄瓜、菜豆、山药、冬瓜、丝瓜等都是支架栽培好。番茄、牡丹、芍药等虽然植株可以直立，但支架栽培更好。以上园艺作物支架栽培还能增加抗风、抗涝的能力。

支架有多种形式，有为单株插的小三角支架（如番茄用的），有连片插的篱架、人字架、各种棚架等。

（四）压蔓和引蔓

有些匍匐生长的瓜类，不用支架而压蔓栽培，压蔓的同时引蔓，使植株排列整齐，实现密植优质高产，也便于管理。压蔓就是待蔓长到一定长度时用土将一段蔓压住，并使其按一定方向和分枝方式生长。压蔓处能发生不定根，增加植株的养分吸收能力，增加防风能力。

第五节　园艺作物的花果管理

一、花卉花期调控技术

花卉花期调控技术是指在花卉生产中，用人工方法控制花卉的开花时间和开花量的技术。“催百花于片刻，聚四季于一时”，就是我国古人对花卉花期调控技术的精辟概括，也是当今现代化规模生产花卉中极为重要的关键技术。

花卉花期调控主要通过对光照、温度条件的调控来实现。

（一）控光控花法

1. 短日照处理法

此法用于长日照花卉延迟开花或短日照花卉提前开花。即用黑布或黑色塑料膜遮光，使其在花芽分化和花蕾形成过程中人为地制造短日照条件，从而达到调控花期的目的。

2. 长日照处理法

在冬季短日照条件下，采用人工辅助补光措施，促使长日照花卉提前开花或延迟短日照花卉开花的技术方法。最有效的方法是半夜辅助加光1～2小时，以中断暗期，达到调控花期的目的。

3. 遮光延长开花时间法

在花卉植物开花期间，用遮阳网适当遮光，或者将植株移至光照较弱处，均可延长开花时间。如比利时杜鹃、牡丹、月季花、康乃馨等花期适当遮光，可将每朵花观赏寿命延长1～3天。

4. 昼夜颠倒法

昙花等花卉植物夜间开花，从绽开到凋谢最多3～4小时，给人们观赏带来诸多不便。为此，可采用昼夜颠倒法处理，让人们在大白天能欣赏到昙花开放的艳丽丰姿。

（二）控温控花法

1. 加温调节法

冬春寒冷季节，增加温度可阻止一些热带花卉植物进入休眠，防止其受冻害，并提早开花。如牡丹、杜鹃、瓜叶菊、绣球花等经加温处理后，能提早花期。

2. 降温调节法

（1）冷藏处理　球根花卉除少数几个品种外，绝大多数品种均需在花芽发育阶段低温处理，才能提前开出高质量的鲜花。

（2）低温处理，延迟花期　利用低温使花卉植株产生休眠的特性，一般2℃～4℃低温条件下，大多数球根花卉的种球可以较为长期贮藏，以推迟花期。当需要开花时，进行促成栽培，即可达到控制花期的目的。

二、保花保果与疏花疏果

（一）保花保果

落花落果是园艺植物的一种普遍现象。如枣的花量很大，自然坐果率仅为1%左右；脐橙和温州蜜柑只有0.5%～3%；豆类蔬菜落花落荚也很多，生产上若能争取60%的坐荚率就可丰产。

1. 落花落果原因

（1）没有授粉受精或受精不充分　正常的授粉受精可以使子房内产生大量激素，激素可将大量的营养物质调运至子房，从而导致坐果。没有授粉受精的花，子房中激素含量少，容易引起脱落。不能授粉受精的原因主要有：花器发育不良或花器受损；缺乏授粉条件，如一些异花授粉的果树类无授粉树，或环境条件不利于授粉，如花期遇干热风、暴雨等。

（2）营养不足引起落果　经过授粉受精坐果后，果实生长一段时间还会脱落，这时脱落的原因主要是营养不足。这一方面可能由于植株体内储藏营养少，对果实供给不足；另一方面可能是结果过量，营养不能满足所有果实的需要，必然要落掉一部分；也可能由于枝条生长过旺，夺取果实营养而导致落果。

除上述内因外，光照不良、高低温危害及干旱等因素也会引起落果。

2. 提高坐果率的措施

（1）采取综合措施，促使植株生长健壮，花芽发育良好，花器发育正常。

（2）保证授粉条件，对异花授粉的果树类，要合理配置授粉树。在此基础上还应采取花期放蜂、高接花枝、人工授粉等措施确保正常授粉。

（3）控制过旺的枝条生长，使营养更多地流向果实，如对结果枝摘心、花期环剥等。

（4）应用生长调节剂和微量元素，如花期喷硼或赤霉素对提高坐果率有效。

（二）疏花疏果

1. 意义

疏花疏果是果树栽培的重要措施，其意义如下：

（1）使果树连年稳产　大小年是果疏生产上存在的主要问题之一，通过在大年时疏除过多花果，可抑制大小年发生，使果树稳产。

（2）提高坐果率　疏除部分花果，节省了养分，增加有效花，从而提高了坐果率，即所谓“满树花，半树果；半树花，满树果”。

（3）提高果实品质　由于减少了果数，促进留下的果实肥大，并增进其整齐度；由于疏掉了病虫果、畸形果，因而也提高了好果率。

（4）使树体健壮　疏花疏果可避免树体营养过度消耗，因而可防止树势衰弱，减少冻害、病害的发生，使树体健壮，延长果树结果年限。

2. 留果量的确定

确定适宜的留果量是疏花疏果的首要问题。其主要方法有：

（1）叶果比法，如红富士苹果为 50～60 片叶留一个果。

（2）枝果比法，如红富士苹果枝果比为 3 比 1，枝果比法较之叶果比法更便于操作。

（3）干截面积法，树体大小一般与干截面积成正相关，因此可用干截面积确定留果量。如红富士每平方米干截面积留果 0.45kg。

（4）距离法，一般按一定距离留果，每 20～25cm 留一个果。这是目前最简单的方法。

3. 疏花疏果方法

主要有手工疏除和化学疏除两种。化学疏除方法的优点是省工，但其效果受许多因素影响，不够稳定，我国生产上目前尚未广泛应用。

手工疏除效果可靠，但费工。山东提出的以花定果技术，简便易行，其方法是：从花序分离至始花期这段时间进行，每隔 20～25cm 留一个花序，每个花序留一个中心花（苹果）或留一个边花（梨），苹果中的国光留两朵边花。用此技术应保证三个条件。一是采取综合措施使树体健壮，花芽饱满；二是冬剪时细致去除弱花芽，保留壮花芽；三是保证授粉受精条件。

习题与思考题

1. 园艺作物繁殖的主要方式有哪些？简述它们的特点与应用。
2. 芽接和枝接各有何优缺点？
3. 简述叶插和枝插的方法。
4. 什么是压条繁殖？
5. 变态茎分生繁殖的类型有几种？
6. 培育无病毒苗木的意义是什么？
7. 怎样确定园艺作物的定植时期？
8. 说明果树和观赏树木定植穴的规格与挖掘方法。
9. 园艺作物的土壤改良方法有几种？
10. 果树、蔬菜、花卉的施肥时期有何不同？
11. 生产绿色食品在施肥技术上的特点是什么？
12. 园艺作物植株管理的意义是什么？
13. 简述果树及观赏树木的修剪时期、修剪方法及其作用。
14. 草本园艺作物的植株调控技术有哪些？
15. 如何用光照和温度调控花卉的花期？
16. 园艺植物落花落果原因及提高坐果率的措施是什么？
17. 果树疏花疏果的意义是什么？
18. 如何确定果树的适宜留果量？

第四章　设施农业与无土栽培

第一节　设施栽培类型

一、温室栽培

设施农业的设施包括简易设施（如地面简易覆盖）、地膜覆盖、塑料薄膜中小拱棚、塑料大棚及温室等。其中温室是农业设施中最完善的类型。温室可按照其透明屋面的形式分为单屋面温室、双屋面温室、连接屋面温室和多角屋面温室等。

（一）单屋面温室

1．单屋面塑料薄膜日光温室

单屋面温室可分为玻璃温室和塑料薄膜温室两种。单屋面玻璃温室自20世纪50年代后期至70年代在生产中应用较多，但进入80年代以来，逐渐被塑料薄膜日光温室所取代。

单屋面塑料薄膜温室包括加温温室和日光温室。因日光温室不仅白天的光和热是来自于太阳辐射，而且夜间的热量也基本上是依靠白天贮存的太阳辐射热量来供给，所以日光温室又叫做不加温温室。目前日光温室已成为我国温室的主要类型。

现以辽沈Ⅰ型日光温室介绍单屋面日光温室主要结构（图1-4-1）。该温室由沈阳农业大学设计，为无柱式第二代节能型日光温室。这种温室在结构上有如下一些特点：跨度7.5m，脊高3.5m，后屋面仰角30.5°，后墙高度2.5 m，后坡水平投影长度1.5 m，墙体内外侧为37cm砖墙，中间夹9～12 cm厚聚苯板，后屋面也采用聚苯板等复合材料保温，拱架采用镀锌钢管，配套有卷帘机、卷膜器、地下热交换等设备。在北纬42°以南地区，冬季基本不加温可进行育苗和生产。

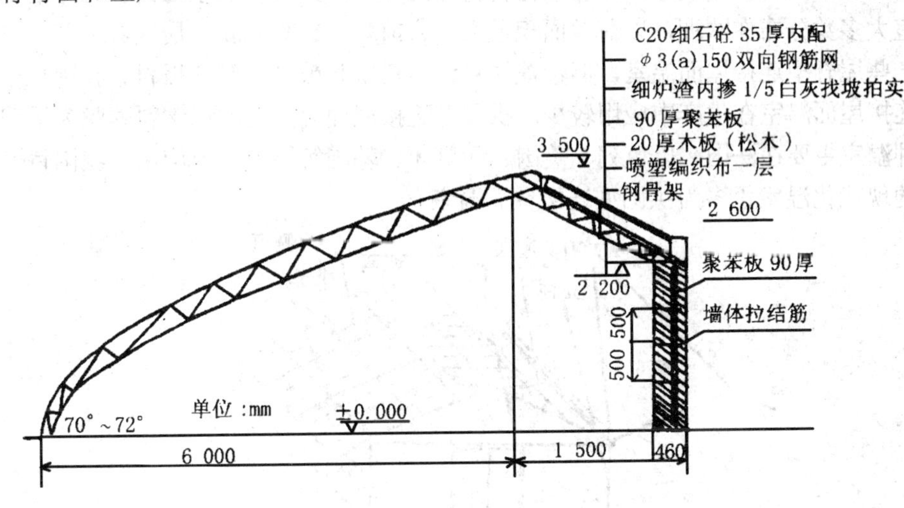

图1-4-1　辽沈Ⅰ型日光温室结构示意图

2. 单屋面日光温室在作物生产中的应用

（1）园艺作物育苗　可以利用日光温室为大棚、小棚和露地果菜类蔬菜栽培培育幼苗，还可以培育草莓、葡萄、桃、樱桃等果树幼苗和各种花卉苗。

（2）蔬菜周年栽培　目前利用日光温室栽培蔬菜已有几十种，其中包括瓜类、茄果类、绿叶菜类、葱蒜类、豆类、甘蓝类、食用菌类、芽菜类等蔬菜的春茬、冬春茬、秋茬、秋冬茬栽培。各地还根据当地的特点，创造出许多高产、高效益的栽培茬口安排，如一年一大茬，一年两茬，一年多茬等。日光温室蔬菜生产，已成为我国北方地区蔬菜周年均衡供应的重要途径。

（3）花卉栽培　日光温室花卉生产也得到了快速发展。除了生产盆花以外，还生产各种切花，如玫瑰、菊花、百合、康乃馨、剑兰、小苍兰、非洲菊等，目前仍在发展之中。

（4）果树栽培　近年来，日光温室果树生产也不断发展，如日光温室草莓、葡萄、桃、樱桃等，都取得了很好的效益。

（二）双屋面温室

双屋面温室的特点是两个采光屋面朝向相反、长度和角度相等，四周侧墙均由透明材料构成。双屋面单栋温室比较高大，一般都具有采暖、通风、灌溉等设备，有的还有降温以及人工补光等设备，因此具有较强的环境调节能力，可周年应用。双屋面单栋温室的规格、形式较多，跨度小者 3～5 m，大者 8～12m，长度 20～50 m 不等，一般 2.5～3.0m 需设一个人字梁和间柱，脊高 3～6m，侧壁高 1.5～2.5 m。

双屋面单栋温室的用途目前主要用于科学研究。

（三）现代化温室（连接屋面温室）

现代化温室主要指大型的（覆盖面积多为 1 hm^2）、环境基本不受自然气候的影响、可自动化调控、能全天候进行作物生产的连接屋面温室，是设施的最高级类型。荷兰是现代化温室的发源地，其代表类型为芬洛型温室。

1. 现代化温室的类型

现代化温室按屋面特点主要分为屋脊型连接屋面温室和拱圆型连接屋面温室两类。屋脊型连接屋面温室主要以玻璃作为透明覆盖材料（图 1-4-2），其代表型为荷兰的芬洛型温室。这种温室大多数分布在欧洲，以荷兰面积最大，目前为 12 000hm^2，居世界之首。日本也设计建造一些屋脊型连接屋面温室，但覆盖材料为塑料薄膜或硬质塑料板材。我国自行设计的屋脊型连接屋面温室在生产中应用较少。拱圆型连接屋面温室主要以塑料薄膜为透明覆盖材料，这种温室主要在法国、以色列、美国、西班牙、韩国等国家广泛应用。我国目前自行设计建造的现代化温室也多为拱圆型连接屋面温室。

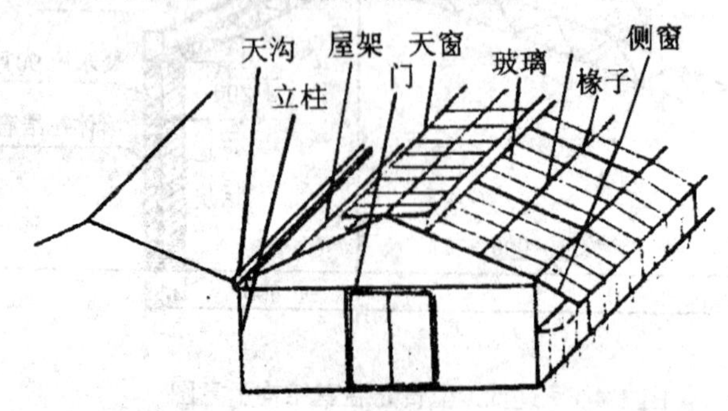

图 1-4-2　连栋玻璃温室结构示意图

2. 现代化温室的生产系统

现以荷兰屋脊型连接屋面温室为代表，介绍现代化温室的生产系统。

（1）框架结构

① 基础：框架结构的组成首先是基础，它是连接结构与地基的构件，它将风荷载、雪载、作物吊重、构件自重等安全地传递到地基。基础由预埋件和混凝土浇注而成，塑料薄膜温室基础比较简单，而玻璃温室较复杂，且必须浇注边墙和端墙的地固梁。

② 骨架：荷兰温室骨架分两类：一类是柱、梁或拱架都用短形钢管、槽钢等制成，经过热浸镀锌防锈蚀处理，具有很好的防锈能力；另一类是门窗、屋顶等为铝合金型材，经抗氧化处理，轻便美观、不生锈、密封性好，且推拉开启省力。目前，大多数荷兰温室厂家都采用并安装铝合金型材和固定玻璃。

③ 排水槽：又叫"天沟"，它的作用是将单栋温室连接成连栋温室，同时又起到收集和排放雨（雪）水的作用。排水槽自温室中部向两端倾斜延伸，坡度多为0.5%。

为防止冬季寒冷夜晚覆盖物内表面形成冷凝水而滴到作物上或增加室内湿度，在排水槽下面还安装有半圆形的铝合金冷凝水回收槽，将冷凝水收集后排放到地面，或将该回收槽同雨水回收管相连接，直接排到室外或蓄水池。

（2）覆盖材料　理想的覆盖材料应具有透光性、保温性好，坚固耐用，质地轻，便于安装，价格便宜等特点。屋脊型连栋温室的覆盖材料主要为平板玻璃（西欧、北欧、东欧使用较多），塑料板材（FRA 板、PC 板等，美国、加拿大多用）和塑料薄膜（亚洲、以色列、西班牙等多用）。寒冷地区、光照条件差的地区，玻璃仍是较常用的覆盖材料，其保温透光好，但价格高（约是薄膜温室的 5 倍），且易损坏，维修不方便。玻璃重量大，要求温室框架材料强度高，从而会增加投资。

塑料薄膜价格低廉，易于安装，质地轻，但不适于犀脊型屋面，且易污染老化，透光率差；故屋脊型连接屋面温室少用。近年来新研究开发的聚碳酸酯板材（PC 板），兼有玻璃和薄膜两种材料的优点，且坚固耐用不易污染，是理想的覆盖材料，惟其价格昂贵，还难以大面积推广。

（3）自然通风系统　有侧窗通风、顶窗通风或两者兼有等三种类型。通风窗面积是自然通风系统的一个重要参数。玻璃温室开窗常采用联动式驱动系统，工作原理是发动机转动时带动纵向转动轴，并通过齿轴－齿轮机构，将转动轴的转动变为推拉杆在水平方向上的移动，从而实现顶窗启闭。

（4）加热系统　现代化温室因面积大，没有外覆盖保温防寒，只能依靠加温来保证寒冷季节作物正常生产。加温系统采用集中供暖分区控制，有热水管道加温和热风加温两种方式。

热水管道加温主要是利用热水锅炉，通过加热管道对温室加温。热风加热主要是利用热风炉，通过风机将热风送入温室加热。温室面积大时，一般采用热水管道加温。热风加温适用于面积比较小的连栋温室。

荷兰目前多利用白天 CO_2 施肥时燃烧天然气或重油放出的热量将水加热，然后将热水贮存在地下蓄热罐中，晚间让热水通过管道循环，达到温室加温的目的。

（5）帘幕系统　帘幕系统具有双重功能，即在夏季可遮挡阳光，降低温室内的温度，一般可遮荫降温 7℃左右；冬季可增加保温效果，降低能耗，提高能源的有效利用率，一般可提高室温 6℃～7℃。

（6）计算机环境测量和控制系统　计算机环境测控系统，是创造符合作物生育要求的生态环境，从而获得高产、优质产品不可缺少的手段。调节和控制的气候目标参数包括温度、湿度、CO_2浓度和光照等。针对不同的气候目标参数，宜采用不同的控制设备。

（7）灌溉和施肥系统　完善的灌溉和施肥系统，通常包括水源、贮水及供给设施、水处理设施、灌溉和施肥设施、田间网络、灌水器如滴头等。其中，贮水及供给设施、水处理设施、灌溉和施肥设施构成了灌溉和施肥系统的首部，首部设施可按混合罐原理制作成一个系统。在土壤栽培时，作物根区土层下需铺设暗管，以利于排水。在基质栽培时，可采用肥水回收装置，将多余的肥水收集起来，重复利用或排放到温室外面。

灌溉和施肥系统设有电子调节器及电磁阀，通过时间继电器，调整成时间程序，可以定时、定量地进行自动灌水。如果是无土栽培，则可以定量灌液，并能自动调节营养液中各种元素的浓度。在寒冷季节，可以根据水温控制混合阀门调节器，把冷水与锅炉的热水混合在一起，以提高水的温度。喷灌系统也可进行液肥喷灌和喷施农药，并在控制盘上测出液肥、农药配比的电导度和需要稀释的加水量。

（8）二氧化碳气肥系统　大型连栋温室因是相对封闭的环境，CO_2浓度白天低于外界，为增强温室作物的光合作用，需补充CO_2进行气体施肥。大型温室多采用CO_2发生器，将煤油或天然气等碳氢化合物通过充分燃烧产生CO_2。一般通过电磁阀、鼓风机和管道，输送到温室各个部位。为了控制CO_2浓度，需在室内安置CO_2气体分析仪等设备。

（9）温室内常用作业机具

① 土壤和基质消毒机　温室长年使用，作物连作较多，土壤中有害生物容易积累，影响作物生长，甚至使作物发生严重病虫害。无土栽培的基质在生产和加工的过程中也常会携带各种病菌，因此采用土壤消毒方法，消除土壤中的有害生物十分必要。土壤和基质的消毒方法主要有物理和化学两种。

物理方法以高温蒸汽消毒较为普遍，一般采用土壤和基质蒸汽消毒机消毒。采用化学方法消毒时，利用土壤消毒机使液体药剂直接注入土壤，到达一定深度，使其汽化和扩散。

② 喷雾机械　在大型温室中，使用人力喷雾难以满足规模化生产需要，故需采用喷雾机械防治病虫害。荷兰温室多采用 Enbar LVM 型低容量喷雾机，可定时或全自动控制，无须人员在场，因此安全省力。

3．现代化温室的性能

（1）光照　现代化温室全部由透明覆盖物——塑料薄膜、玻璃或塑料板材（PC 板）构成，全面进光采光好，透光率高，光照时间长，而且光照分布比较均匀。光照充足与否，直接影响着作物生长的好坏、产量的高低和品质的优劣，所以这种全光型的大型温室，即使在最冷、日照时间最短的冬季，仍然能正常生产喜温瓜果、蔬菜和鲜花，且能获得很高的产量。在荷兰，温室黄瓜产量为 70 kg / m^2，番茄为 54 kg / m^2，上海孙桥园艺公司引进的荷兰温室，黄瓜产量也达到 30 kg / m^2，比小型单屋面温室高几倍。

双层充气薄膜温室由于采用双层充气膜，因此透光率较低。北方地区冬季室内光照较弱，对喜光的园艺作物生长不利。发达国家在温室内配备了人工补光设备，在光照不足时进行人工光源补光，保证园艺作物尤其是花卉的优质丰产。

（2）温度　现代化温室有热效率高的加温系统，在最寒冷的冬春季节，不论晴好天气还是阴雪天气，都能保证作物正常生长发育所需的温度。12 月至翌年 1 月份，夜间最低温度不低于 15℃，上海孙桥荷兰温室中气温甚至达到 18℃，地温均能达到作物要求的适温范围和持续时间。在炎热的夏季，采用外遮阳系统和湿帘风机降温系统，保证温室内达到作物对温度的要求。北京顺义区台湾三益公司建造的现代化温室，在1999年夏季室外温度高达38℃时，室内温度不高于28℃，蝴蝶兰生长良好，在北京花卉市场的销售量始终处于领先地位。

（3）湿度　塑料薄膜连栋温室，由于薄膜的气密性强，尤其双层充气结构气密性更强，因此空气湿度和土壤湿度均比玻璃连栋温室高。连栋温室空间高大，作物生长势强，代谢旺盛，作物叶面积指数高，通过蒸腾作用释放出大量水汽进入温室空间，在密闭情况下，水蒸气经常达到饱和。但现代化温室有完善的加温系统，加温可有效降低空气湿度，比日光温室因高湿环境给作物生育带来的负面影响小。

夏季炎热高温时，现代化温室内有湿帘风机降温系统，使温室内温度降低，而且还能保持适宜的空气湿度，为园艺作物尤其是一些高档名贵花卉创造了良好的生态环境。

现代化的温室越来越多地采用无土栽培技术，即使土壤栽培也都采用喷灌、滴灌、渗灌等先进技术，取代传统的平畦漫灌，从而不仅节水，还减少了温室的空气湿度和土壤湿度，防止作物表面特别是叶片濡湿，对减轻病害有利。

（4）气体　现代化温室的CO_2浓度明显低于露地，不能满足园艺作物的需要，白天光合作用强时常发生CO_2亏缺，所以须补充CO_2，进行气体施肥。

（5）土壤　国内外现代化温室为解决温室土壤的连作障碍、土壤酸化、土传病害等一系列问题，越来越普遍地采用无土栽培技术，尤其是花卉生产，已少有土壤栽培。果菜类蔬菜和鲜切花生产多用基质栽培，水培主要生产叶菜，以生菜面积最大。无土栽培克服了土壤栽培的许多弊端，同时通过计算机自动控制，可以为不同作物、不同生育阶段以及不同天气状况下，准确地提供园艺作物所需的大量营养元素及微量元素，为作物根系创造了良好的土壤营养及水分环境。国内外现代化温室的蔬菜或花卉高产样板，几乎均出自无土栽培技术。

现代化温室是最先进、最完善、最高级的园艺设施，机械化、自动化程度很高，劳动生产率很高。它是用工业化的生产方式进行作物生产，因而也被称为工厂化农业。

4．现代化温室的应用

现代化温室主要应用于高附加值的园艺作物生产上，如喜温果类蔬菜、切花、盆栽观赏植物、果树、园林设计用的观赏树木的栽培及育苗等。其中具有设施园艺王国之称的荷兰，其现代化温室的60%用于花卉生产，40%用于蔬菜生产，而且蔬菜生产中又以生产番茄、黄瓜和青椒为主。在生产方式上，荷兰温室基本上实现了环境控制自动化，作物栽培无土化，生产工艺程序化和标准化，生产管理机械化、集约化。因此，荷兰温室黄瓜大面积产量可达到 $800\ t/hm^2$，番茄可达到 $600\ t/hm^2$。不仅实现了高产，而且达到了优质，产品行销世界各地。设施园艺已成为荷兰国民经济的支柱产业。

我国引进和自行建造的现代化温室除少数用于培育林业上的苗木以外，绝大部分也用于园艺作物育苗和栽培，而且以种植花卉、瓜果和蔬菜为主。

二、塑料薄膜拱棚栽培

（一）塑料薄膜小、中拱棚栽培

用细竹竿、毛竹片、荆条或由6～8 mm的钢筋弯成弓形的材料做骨架，上面覆盖塑料薄膜，即成为塑料小棚。其高度大多在1.0～1.5m左右。其结构简单，负载轻，取材方便。

塑料小棚主要用于耐寒园艺植物如芹菜、韭菜、油菜等的早熟栽培及耐寒花卉、果树苗木的繁育。由于小棚可以采用草帘防寒，因而早春栽培期可早于大棚。此外，小棚还常作为喜温植物（如黄瓜、番茄、甜椒等）的春提前和秋延后栽培以及春播露地园艺植物的短期覆盖，提早定植，提早收获。南方地区常用双斜面小棚进行早春育苗。

塑料中棚为小棚和大棚的中间类型，一般宽 3～6 m，中高 1.5～2.3 m，长度 30～40 m。骨架材料与塑料小棚基本相同，棚外无覆盖物。塑料中棚性能比小棚好，较大棚差。主要用于耐寒园艺植物春提早栽培或供露地栽培育苗用。也可在棚内定植喜温作物进行春提前、秋延后栽培。

（二）塑料大棚栽培

塑料大棚是一种大型拱棚，与温室相比，具有结构简单、建造和拆卸方便、一次性投资较少等优点；与中小棚相比，又具有坚固耐用、使用寿命长、空间大、作业方便及利于作物生长、便于环境调控等优点。

1965 年我国开始应用塑料大棚栽培，迄今它已成为仅次于日光温室栽培的主要设施栽培类型。塑料大棚用竹木、钢材或钢管等材料支成拱形或屋脊形骨架，上覆盖塑料薄膜而成。棚高一般 2.5～3.0 m，宽 6～15 m，棚长 40～60 m，单棚面积 300～1000 m^2。塑料大棚从造型上可分为拱圆形大棚和屋脊形大棚，前者建造容易，抗风力强，坚固耐用，因而应用较广。由两栋或两栋以上的拱圆形或屋脊形单栋大棚连接在一起即成为连栋大棚。目前我国作物生产应用最普遍的是拱圆形单栋大棚，依材料不同，其棚形结构又可分为几类。

1. 塑料大棚的种类与结构

（1）竹木结构　为大棚原始类型，现仍广泛使用。大棚骨架材料为杨柳木、硬杂木、竹竿等，可就地取材，因陋就简，造价较低。大棚骨架主要由立柱、拉杆、拱杆、压杆等组成（图 1-4-3）。

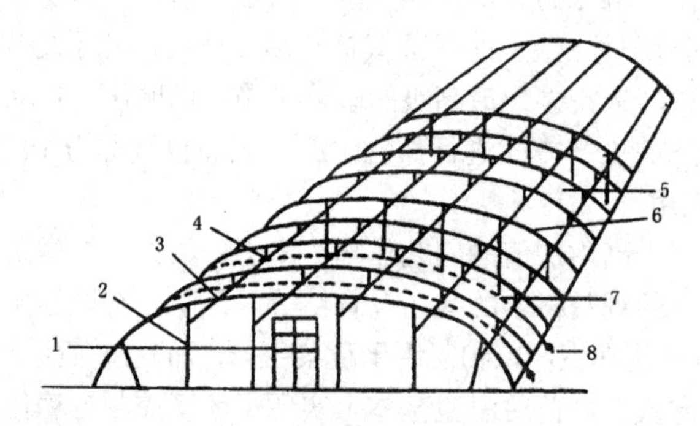

1. 门；2. 立柱；3. 拉杆（纵向拉梁）；4. 吊柱；
5. 棚膜；6. 拱杆；7. 压杆（或压膜线）；8. 地锚

图 1-4-3　竹木结构大棚示意图

立柱：立柱是大棚的主要支柱，承受棚架、棚膜重量及雨、雪的负荷和受风压与引力的作用。因此，立柱要垂直，基部要用砖、石等做柱脚石。立柱纵横成直线排列，横向 4～8 排，纵向间隔 3m 一根。

拱杆：拱杆是支撑棚膜的骨架，横向固定在立柱上，呈自然拱形。多用竹竿或竹片二端插入地内，间距为 1m。

拉杆：拉杆是纵向连接立柱，固定拱杆的“拉手”，多用粗竹竿、木杆等为材料，以加固大棚，防止大棚骨架变形、倒塌。

压杆：棚架覆盖薄膜后，于两拱杆之间加一根压杆，将薄膜压平，压紧，以利抗风、排水。压杆应选用顺直光滑的细竹竿，也可用聚丙烯压膜线、聚丙烯包扎绳等。

门窗：门设在大棚的两端，作为出入口及通风口。门的下半部应挂半截塑料门帘，以防早春开门时冷风吹入。通风窗在北方地区宜采用扒缝放风方式。

（2）钢材结构大棚　大棚骨架采用圆钢、小号扁钢、角钢、槽钢等轻型钢材，骨架结构与竹木结构基本相同，但可焊接成平面或三角形拱架或拱梁，取消立柱，建成无柱大棚，具有抗风雪能力强、操作便利、适宜机械化作业等特点。由于钢材易锈，因此需间隔2～3年防腐维修。

（3）混合结构大棚　棚型结构与竹木结构相同，但为兼顾节约钢材与棚架坚固耐用，用钢材做成平面或三角形拱架。两拱架之间用竹竿做拱杆，建成无柱混合结构塑料大棚，具有节约钢材、降低造价、操作便利等特点，是广泛应用的大棚类型之一。

（4）装配式钢管结构大棚　按标准规格，由工厂进行专业化生产，采用薄壁镀锌钢管组装而成。一般拱杆多用直径25 mm×1.2 mm内外镀锌薄壁管；纵向拉杆为22 mm×1.2mm薄壁镀锌管，所用部件用承插、螺钉、卡销、弹簧卡具等连接。这种棚型结构合理，耐锈蚀，安装拆卸方便，坚固耐用，是今后塑料大棚发展的方向。

2．塑料大棚的应用

（1）育苗

① 早春果菜类蔬菜育苗　在大棚内设多层覆盖（如加保温幕、小拱棚、小拱棚上再加防寒覆盖物如稻草苫、保温被等），或采用大棚内加温床以及苗床安装电热线加温等办法，于早春进行果菜类蔬菜育苗。

② 花卉和果树的育苗　可利用大棚进行各种草花及草莓、葡萄、樱桃等作物的育苗。

（2）蔬菜栽培

① 春季早熟栽培　这种栽培方式是早春利用温室育苗，大棚定植，一般果菜类蔬菜可比露地提早上市 20～40 天。主要栽培作物有：黄瓜、番茄、青椒、茄子、菜豆等。

② 秋季延后栽培　大棚秋季延后栽培也主要以果菜类蔬菜为主，一般可使果菜类蔬菜采收期延后 20～30 天。主要栽培的蔬菜作物有黄瓜、番茄、菜豆等。

③ 春到秋长季节栽培　在气候冷凉的地区可以采取春到秋的长季节栽培。这种栽培方式其早春定植及采收与春茬早熟栽培相同，采收期直到9月末，可在大棚内越夏。作物种类主要有茄子、青椒、番茄等茄果类蔬菜。

除此之外，一些地区还创造了大棚蔬菜多茬利用的方式。

（3）花卉、瓜果和某些果树栽培　可利用大棚进行各种草花、盆花和切花栽培。也可利用大棚进行草莓、葡萄、樱桃、猕猴桃、柑橘、桃等果树和甜瓜、西瓜等瓜果栽培。

三、地膜覆盖和其他设施栽培

（一）地膜覆盖栽培

地膜覆盖栽培是将专用塑料薄膜（通称地膜）贴盖于栽培畦（或垄）表面，以促进作物生长的简易覆盖栽培方法。地膜覆盖栽培可增温保墒，促进土壤微生物活动，加速有机物分解，避免土壤养分被淋溶流失，提高和保持土壤肥力。同时，依靠地膜的反光作用，能增强植株中、下部光照强度，提高光合作用，延长生育期，取得早熟、丰产、优质的栽培效果。

地膜覆盖所用薄膜以无色透明聚乙烯膜为主，通用厚度为 0.015～0.02 mm，超薄膜为0.003～0.006 mm。其透光好，增温快，但覆盖膜下易生杂草。除无色透明膜外，各种有色膜及特制薄膜也有应用。黑色膜透光率低，可防除杂草及用于夏季覆盖；银灰色反光膜因具有隔热和较强的反光作用，可增强下部叶片光强及高温季节降温栽培。同时有避蚜作用，可减轻病毒病害；为克服黑色膜的缺点，应用双色膜既可透光增温，又能抑制杂草生长。此外，杀草膜、红外增温膜、光解膜等特制薄膜也已开始应用。由于一个生产季节之后光解膜可自行降解消失，避免了对土壤和农业环境的污染，因此符合可持续农业的需求，但因目前受成本因素制约而尚未广泛应用。

（二）风障畦栽培

多风季节或地区，在栽培畦迎风面设有挡风屏障，构成风障畦。风障具有削弱风速、提高风障畦土温和气温、减弱作物和土壤蒸散量的作用。现代风障畦除采用竹竿、芦苇、玉米秸、谷草外，还采用塑料网、塑料薄膜和塑料板材等。

我国北方应用风障畦栽培蔬菜园艺作物历史较长。小风障畦主要用于瓜类、豆类春季提早直播或定植，进行早熟栽培；简易风障用于小白菜、小萝卜、油菜、茴香等半耐寒植物提早播种，或提早定植春、夏季叶菜及果菜类；完全风障用于耐寒园艺植物越冬栽培、种苗防寒越冬及春早熟栽培。

（三）冷床栽培

冷床是利用太阳光热来保持畦温的一种保护设施，又名阳畦。冷床是由风障畦演变而来的，即将风障畦的畦埂增高而成为畦框，并在畦面增加防寒保温和采光覆盖物构成冷床（阳畦）。

阳畦主要用于冬春季培育甘蓝、莴笋、芹菜等耐寒性作物幼苗；也可进行秋延后栽培及冬季生产耐寒性园艺作物，还可进行喜温性园艺作物春提早栽培。

（四）温床栽培

温床是在冷床基础上增加人工加温条件，以提高床内地温和气温的保护设施。温床热源除太阳辐射热外，还有酿热热源、电热、地热（温泉地热水）、气热及火热等，尤以酿热温床和电热温床应用最为广泛。

1. 酿热温床

酿热温床是利用好气性微生物（如细菌、真菌、放线菌等）分解有机物时产生的热量加温的一种苗床或栽培床。一般采用新鲜马粪、羊粪等作酿热材料，将其放于床土下面，分解时放热增温。它适合培育喜温园艺作物幼苗。

2. 电热温床

电热温床是利用电流通过电热线产生的热能来提高床内温度的温床。一般在塑料大、中棚，改良阳畦及温室内的栽培床上，做成育苗用平畦，在育苗床内铺设电加温线后形成电热温床。电热加温设备主要有：电热加温线、控（测）温仪、继电器（交流接触器）、电闸盒、配电盘（箱）等。利用电热线加温具有升温快、地温高、温度均匀、调节灵敏、使用时间不受季节的限制等特点。同时又能根据不同作物种类和不同天气状况调节控制温度和加温时间，通过仪表可以自动调控，有利于幼苗发根壮棵，以缩短苗龄，培育适龄壮苗。因此，电热温床广泛用于冬季和春季为温室、大棚、中小棚培育喜温园艺植物幼苗以及快速扦插繁殖葡萄、月季、番茄、甜椒、甘蓝等优良种苗。

（五）网室栽培

1. 遮阳网覆盖栽培

为克服夏季强光、高温、大风、暴雨等不利条件，保障盛夏季节园艺植物正常生长，20世纪80年代初期，我国自行研制成功遮阳网并应用于夏季覆盖栽培。其后又试制成功高强度、抗老化、耐候遮阳网，建立了以遮阳网代替苇帘用于抗高温、暴雨、冰雹及热带风暴的设施栽培技术体系。一般利用温室、塑料大棚骨架，揭除边膜围裙幕，仅覆盖顶幕（天幕），然后在顶幕上面覆盖遮阳网，即可进行遮阳网覆盖栽培。因此，遮阳网的问世，为温室和大、中、小棚骨架的夏季再利用，以及建立园艺植物周年系列保护设施栽培提供了条件。

遮阳网的突出特点是具有遮强光、降高温、防暴雨性能。一般遮光率为 35%～75%，可按需要选择相应系列产品；降温效果为 4℃～6℃，最大降温效果可达 12℃以上。目前，遮阳网广泛应用于我国南北各地越夏防雨栽培、园艺植物无土栽培及解决夏秋淡季蔬菜供应、均衡生产优质园艺产品的生产实践中。

2. 防虫网栽培与应用

防虫网是以优质聚乙烯（PE）为原料，添加防老化、抗紫外线等化学助剂，经拉丝制成形似窗纱的一种新型农用覆盖材料。防虫网是采用物理防治技术，即以人工构建的隔离屏障，将害虫拒之网外，从而实现防虫栽培的生产目的。采用防虫网栽培可大幅度减少化学药剂用量和对农药的依赖性，是农业无公害生产的一项重要技术措施。因此，一些发达国家和地区在蔬菜和果品生产中广泛使用防虫网栽培技术，以获取优质无公害产品。我国从 20 世纪 90 年代开始推广应用该项技术，已取得了较好的经济效益和生态效益。

（1）防虫网覆盖形式

① 大棚覆盖　直接将防虫网覆盖在大棚架上，四周用土或砖压严封实，拱杆架用压膜线扣紧，留大棚正门揭盖，便于进棚作业。

② 小拱棚覆盖　在大田畦面扣小拱棚，将防虫网覆于拱架顶上，进行全封闭覆盖，直到采收后揭网。

③ 水平棚架覆盖　将一适度大小的田块，全部用防虫网覆盖起来，以达到节约网和棚架，便于作业的目的。

（2）防虫网应用范围

①培育壮苗　一般 6～8 月份，正值高温暴雨、虫害频发期，尤以蚜虫危害并迅速传染病毒病最为严重，因此，难以培育优良壮苗。采用防虫网加地膜覆盖可有效抑制虫害，培育优良园艺植物种苗。

②保护地防虫生产　炎夏高温季节，设施栽培蔬菜、果树、花卉虫害严重，采用防虫网栽培可以减少多种害虫危害，实现高效优质生产目标。

第二节　作物设施栽培概述

一、蔬菜设施栽培概述

（一）国内外蔬菜设施栽培概况

目前，世界上发达国家的蔬菜设施栽培技术日趋成熟。例如，荷兰是世界上温室生产技术最发达的国家，其现代化玻璃温室生产蔬菜和花卉的面积达到 12 000 hm^2。荷兰经营温室蔬菜的农场有 4 400 个，其中超过 3 hm^2 的农场 150 个，温室种植蔬菜占荷兰农业产值的 7.5%（12 亿美元），其中 86%销往世界各地，出口创汇额占蔬菜总产值的 3/4；温室种植番茄 1 100 hm^2，平均产量为 52 kg/（m^2 • 年）；甜椒 1 000 hm^2，平均产量为 24 kg/（m^2 • 年）；黄瓜 800 hm^2，平均产量为 63 kg/（m^2 • 年）；其他种类还有：草莓、茄子、萝卜、生菜、西葫芦等，果菜类大都为一年一茬基质栽培。加拿大的温室面积 2 100 hm^2，其中一半以上进行蔬菜的无土栽培。丹麦的温室总面积 600 hm^2，其中 130 hm^2 用于生产蔬菜。在亚洲，日本、韩国的设施栽培发展很快，至 1995 年，日本的设施栽培面积已超过 51 000 hm^2，加上防雨设施和浮动覆盖共计 62 000 hm^2。

我国设施蔬菜生产发展迅速，目前全国的蔬菜设施栽培面积已超过 1 400 000hm^2，比 10 年前增加了 12 倍，居世界第一。河北、河南、沈阳等省市，均已形成了蔬菜设施栽培的生产基地。蔬菜设施栽培改善了其赖以生存的小气候环境，为蔬菜生长发育创造了良好条件，使蔬菜生产能抗灾保收、周年供应，并提高了蔬菜生产的产量和质量。

在蔬菜生产的设施栽培过程中，随着科学技术的进步和发展，夏季遮荫降温技术设备的改善，反季节和长周期栽培技术成果的应用，设施环境和肥水调控技术的不断优化和改善，人工授粉技术的应用，病虫害预测、预报及防治等综合农业高新技术的应用等，将使蔬菜设施栽培的经济效益和社会效益不断提高。

（二）设施栽培蔬菜的主要种类

适于设施栽培的蔬菜主要有茄果类、瓜类、豆类、绿叶菜类、芽菜类和食用菌类等。其中芽菜类和食用菌类以设施栽培和工厂化栽培为生产特色，对提高温室、塑料大棚的利用率、反季节栽培和周年均衡供应有重要作用。

1. 茄果类

茄果类蔬菜主要有番茄、茄子、辣椒等，茄科类蔬菜产量高，供应期长，南北各地普遍栽培。设施栽培条件下，这类蔬菜在我国的大部分地区能实现多季节生产和周年供应，其中栽培面积最大的是番茄。

2. 瓜类

设施栽培的瓜类蔬菜主要是黄瓜，面积居瓜类之首；南瓜、冬瓜、丝瓜、甜瓜、西瓜、西葫芦、苦瓜，虽也可设施栽培，但面积远不及黄瓜。由于西瓜、甜瓜反季节栽培价值高，所以设施栽培面积不断增加。

3. 豆类

适于设施栽培的豆类蔬菜主要有菜豆、豌豆，对保证蔬菜的“夏淡”供应作用重大。豆类蔬菜中豌豆品种十分丰富，而且豆苗、嫩荚及种子均可食用。

4. 绿叶菜类

绿叶蔬菜的种类十分丰富，有莴苣、芹菜、油菜、小萝卜、菠菜、芫荽、冬寒菜、落葵、紫背天葵、菊花菜、荠菜、豆瓣菜等。绿叶菜类在设施栽培中既可单作也可间作套种。北方单作面积较大的绿叶菜为芹菜、莴苣（结球），而油菜、菠菜、芫荽、荠菜等多采用间作套种。

5. 芽菜类

豌豆、萝卜、苜蓿、香椿、花生、荞麦、葵花籽等种子遮光发芽培育成黄化嫩苗或在弱光条件下培育成绿色芽菜，作为蔬菜食用称为芽菜类。芽菜含丰富的维生素、氨基酸，质地脆嫩容易消化，在设施栽培条件下适于工厂化生产，是提高设施利用率、补充淡季的重要蔬菜。

6. 食用菌类

大部分的食用菌类需要设施栽培，其中大面积栽培的食用菌种类有双孢蘑菇、香菇、平菇、金针菇、草菇等；特种食用菌鸡腿菇、鸡松茸、灰树花、木耳、银耳、猴头、茯苓、口蘑、竹荪等近年来设施栽培面积也不断扩大；双孢蘑菇、金针菇、灰树花、杏鲍菇等工厂化生产技术发展很快。

（三）蔬菜设施栽培的作用

1．育苗

秋、冬及春季利用风障、阳畦、温床、塑料棚及温室为露地和设施栽培培育各种蔬菜幼苗，或保护耐寒性蔬菜的幼苗越冬，以便提早定植，获得早熟产品。夏季利用荫障、荫棚等培育秋菜幼苗。

2．越冬栽培

冬前利用风障、塑料棚等栽培耐寒性蔬菜，在保护设施下越冬，早春提早收获，如风障根茬菠菜、韭菜、小葱等，大棚越冬菠菜、油菜、芫荽，中小棚的芹菜、韭菜等。

3．早熟栽培

利用保护设施进行防寒保温，提早定植，以获得早熟的产品。

4．延后栽培

夏季播种，秋季在保护设施内栽培果菜类、叶菜类等蔬菜，早霜出现后，仍可继续生长，以延长蔬菜的供应期。

5．炎夏栽培

高温、多雨季节利用荫障、荫棚、大棚遮荫及防雨棚等设施，进行遮荫、降温、防雨，于炎热的夏季进行栽培。

6．促成栽培

在最寒冷的冬季，利用温室（日光或加温）栽培喜温果菜类蔬菜，促使形成产品。

7．软化栽培

利用棚、室（窖）或其他软化方式，为形成的鳞茎、根、植株或种子创造条件，促其在遮光的条件下生长，生产出青韭、韭黄、青蒜、蒜黄、黄葱（羊角葱）、豌豆苗、萝卜芽、苜蓿芽、菊苣、香椿芽等芽菜。

8．假植栽培（贮藏）

秋、冬期间利用保护设施把在露地已长成或半长成的蔬菜连根掘起，密集囤栽在阳畦或小棚中，使其继续生长，如油菜、芹菜、莴笋、甘蓝、小萝卜、花椰菜等，经假植后于冬、春供应新鲜蔬菜。

9．利用园艺设施进行无土栽培

10．为种株进行越冬贮藏或采种

二、花卉设施栽培概述

我国花卉商品化生产起步于20世纪80年代初，设施栽培的面积在60%以上。90年代以后，花卉业开始呈现快速发展的势头，与国际花卉业间的交流也与日俱增。花卉业已成为我国农业中最具发展潜力的朝阳产业，为我国农村产业结构调整提供了新的经济增长点。目前，花卉已经成为我国主要大中城市及沿海发达地区中小城市居民的消费热点之一。为保证花卉产品的质量，做到四季供应，提高市场竞争能力，温室设施栽培面积越来越大。

（一）设施栽培在花卉生产中的作用

1．加快花卉种苗的繁殖速度，提早定植

在阳畦、塑料大棚、日光温室或玻璃温室内进行三色堇、矮牵牛等草花的播种育苗，可以提高种子发芽率和成苗率，使花期提前。在设施栽培的条件下，菊花、香石竹可以周年扦插，其繁殖速度是露地扦插的 10～15 倍，扦插的成活率提高 40%～50%。组培苗的炼苗和驯化也多在设施栽培条件下进行，可以根据不同种类、品种以及瓶苗的长势对环境条件进行人工控制，有利于提高成苗率、培育壮苗。

2. 进行花卉的花期调控

花卉的周年供应以前一直是一些花卉生产中的“瓶颈”，现在随着设施栽培技术的发展和花卉生理学研究的深入，满足植株生长发育不同阶段对温度、光照、湿度等环境条件的需求，已经实现了大部分花卉的周年供应。

3. 提高花卉的品质

花卉的原产地不同，具有不同的生态适应性，只有满足其生长发育不同阶段的需要，才能生产出高品质的花卉产品，并延长其最佳观赏期。如高水平的设施栽培，温度、湿度、光照的人工控制，解决了上海地区高品质蝴蝶兰生产的难题。与露地栽培相比，设施栽培的切花月季也表现出开花早、花茎长、病虫害少、一级花的比率提高等优点。

4. 提高花卉对不良环境条件的抵抗能力，提高经济效益

花卉生产中的不良环境条件主要有夏季高温、暴雨、台风，冬季冻害、寒害等，不良的环境条件往往给花卉生产带来严重的经济损失，甚至毁灭性灾害。如广东地区 1999 年的严重霜冻，种植业损失上百亿。陈村花卉世界种植在室外的白兰、米兰、观叶植物等损失超过 60%，而大汉园艺公司的钢架结构温室由于有加温设备，各种花卉几乎没有损失，取得了良好的经济效益和社会效益。

5. 打破花卉生产和流通的地域限制

花卉和其他园艺作物的不同在于观赏上人们追求“新、奇、特”，各种花卉栽培设施在花卉生产、销售各个环节的运用，使原产于南方的花卉如猪笼草、蝴蝶兰、杜鹃、山茶等顺利进入北方市场，丰富了北方的花卉品种。在设施栽培条件下通过温度和湿度控制，也使原产于北方的牡丹花开南国。

6. 进行大规模集约化生产，提高劳动生产率

设施栽培的发展，尤其是现代温室环境工程的发展，使花卉生产的专业化、集约化程度大大提高。目前，在荷兰、美国、日本等发达国家从花卉的种苗生产到最后的产品分级、包装均可实现机器操作、自动化控制，提高了单位面积的产量和产值，人均劳动生产率大大提高。

我国花卉的设施栽培近年来发展很快，栽培设施从原来的防雨棚、遮荫棚、普通塑料大棚、日光温室，发展到加温温室和全自动智能控制温室。

我国的花卉种植面积居世界前列，而贸易出口额还不到荷兰的 1 / 100，这和我国的花卉生产盲目追求数量、忽视质量有很大的关系。另外，我国的花卉生产结构性、季节性和品种性过剩问题非常突出。为了解决这些问题，生产出高品质的花卉成品，提高中国花卉在世界花卉市场中的份额，都必须充分利用我国现有的设施栽培条件，并继续引进、消化和吸收国际上最先进的设施及栽培技术。

（二）设施栽培花卉的主要种类

根据花卉的种类和用途不同，作为商品出售的花卉绝大多数在生产过程中都进行阶段性的或全生育期的设施栽培。设施栽培的花卉种类十分丰富，栽培数量最多的是切花和盆花两大类。

1．切花花卉

切花花卉是指用于生产鲜切花的花卉，它是国际花卉生产中最重要的组成部分。切花类花卉又可分为切花类、切叶类和切枝类。切花类如非洲菊、菊花、香石竹、月季、唐菖蒲、百合、安祖花、鹤望兰等；切叶类如文竹、肾蕨、天门冬、散尾葵等；切枝类如松枝、银牙柳等。

2．盆栽花卉

盆栽花卉是国际花卉生产的第二个重要组成部分，盆栽花卉多为半耐寒和不耐寒性花卉。半耐寒性花卉包括金盏花、紫罗兰、桂竹香等，具有一定的耐寒性，在北方冬季需要在冷床或温室中越冬。不耐寒性花卉多原产于热带及亚热带，在生长期间要求高温，不能忍受 0℃以下的低温。这类花卉也叫做温室花卉，如一品红、蝴蝶兰、花烛、球根秋海棠、仙客来、大岩桐、马蹄莲等。

多数一二年生草本花卉可作为园林花坛花卉，如三色堇、旱金莲、矮牵牛、五色苋、银边翠、万寿菊、金盏菊、雏菊、凤仙花、鸡冠花等。许多多年生宿根和球根花卉也进行一年生栽培用于布置花坛，如四季海棠、地被菊、芍药、美人蕉、大丽花、郁金香、风信子、喇叭水仙等。这些花卉进行设施栽培，可以人为控制花期。

三、果树设施栽培概述

（一）果树设施栽培的作用

果树的设施栽培已有一百余年的历史，但较大规模的发展是在 20 世纪 70 年代至今的 20～30 年间，随着果树栽培的集约化发展，世界各国设施果树生产的面积逐步增加。设施栽培果树的作用主要表现在以下 5 个方面。

1．调控果实成熟，调节果品供应期

设施栽培可以人为调控果实成熟期，提早或延迟采收期，还可使一些果树四季结果，周年供应。

2．改善果树生长的生态条件

设施栽培可以根据果树生长发育的需要，调节光照、温度、湿度和二氧化碳等环境生态条件。

3．提高果树的经济效益

虽然设施栽培成本较高，但其目的是以淡季水果供应和提高果品品质为目标，因此同露地相比其经济效益要高得多。

4．提高抵御自然灾害的能力

通过设施栽培能克服南方炎热多雨和北方冬季寒冷给生产带来的影响。日本的设施栽培最初就是从防雨、防风为目的开始的。通过设施栽培可以防止果树花期的晚霜危害和幼果发育期间的低温冻害，还可以极大地减少病虫危害。

5．扩大果树的种植范围

设施栽培条件下由于人工控制各种生态因素，可使一些热带和亚热带果树向北迁移，如番木瓜在山东日光温室栽培条件下引种成功；欧亚种葡萄在高温多雨的南方地区种植获得成功。

（二）设施栽培果树的主要种类

目前，世界各国进行设施栽培的果树已达 35 种，其中落叶果树 12 种，常绿果树 23 种。

在落叶果树中，除板栗、核桃、梅等寒地小浆果等未见报道外，其他果树种类均有栽培，其中以多年生草本的草莓栽培面积最大，葡萄次之，此外还有桃（含油桃）、苹果、柿、樱桃、枣、无花果、梨、李、杏等。常绿果树中主要包括香蕉、柑橘、杧果、枇杷、杨梅等。

世界上以日本果树设施栽培面积最大，技术最为先进，其果树设施以塑料大棚为主，至1986年已达 8 545 hm^2，另有草莓 5 000 hm^2。近十年来每年以 10%的速度递增。目前设施栽培面积占果树生产总面积的3%～5%。

目前我国设施栽培的果树主要有草莓、葡萄、樱桃、李、桃、枣、柑橘、无花果、番木瓜、枇杷等树种。

四、工厂化育苗

工厂化育苗是以先进的温室和工程设备装备种苗生产车间，以现代生物技术、环境调控技术、施肥灌溉技术、信息管理技术贯穿种苗生产过程，以现代化、企业化的模式组织种苗生产和经营的过程。

（一）工厂化育苗的特点

1. 节省能源与资源

工厂化育苗又称为穴盘育苗，与传统的营养钵育苗相比较，育苗效率由100株/m^2提高到 700～1 000株/m^2；能大幅度提高单位面积的种苗产量，节省电能2/3以上，显著降低育苗成本。

2. 提高秧苗素质

工厂化育苗能实现种苗的标准化生产，育苗基质、营养液等采用科学配方，实现肥水管理和环境控制的机械化和自动化。穴盘育苗一次成苗，幼苗根系发达并与基质紧密黏着，定植时不伤根系，容易成活，缓苗快，能严格保证种苗质量和供苗时间。

3. 提高种苗生产效率

工厂化育苗采用机械精量播种技术，大大提高了播种率，节省种子用量，提高成苗率。

4. 商品种苗适于长距离运输和成批出售

这对发展集约化生产、规模化经营十分有利。

（二）工厂化育苗技术流程

将泥炭与蛭石等基质在播种室由搅拌机搅拌均匀并装入育苗盘中；育苗盘经洒水、播种、覆盖基质、再洒水等工序完成播种；运至恒温、恒湿催芽室催芽出苗；当80%～90%幼苗出土时，及时将苗盘运至绿化室（温室或大棚），绿化成苗；将绿化后的小苗移入成苗室，室内可自动调温、调光，并装有移动式喷雾装置，可自动喷水、喷药或喷营养液。当幼苗达到成苗标准时，将苗盘运至包装车间滚动台振动机上，使锥形穴中的基质松动，便于取苗包装。整个过程均采用机械化操作。目前日本、荷兰等国家蔬菜、花卉育苗已广泛应用工厂化生产。我国北京丰台区花乡育苗场利用先进设施与技术，已实现了工厂化规模育苗，运营状况良好。

第三节　无土栽培

无土栽培是指不用天然土壤而用基质或仅育苗时用基质，在定植以后用营养液进行灌溉的栽培方法。由于无土栽培可人工创造良好的根际环境以取代土壤环境，有效防止土壤连作病害及土壤盐分积累造成的生理障碍，充分满足作物对矿质营养、水分、气体等环境条件的需要，栽培用的基本材料又可以循环利用，因此具有省水、省肥、省工、高产优质等特点。特别是受区域、土壤、地形等条件限制较少，可在空闲荒地、河滩地、盐碱地、沙漠以及房前屋后、楼顶阳台等栽培应用，这对我国这样一个人多地少、农用耕地日益减少的农业大国尤为重要。现在无土栽培已广泛应用于世界各地，并将成为太空农业的主要组成部分。

一、无土栽培技术的特点

（一）产量高、品质好

无土栽培能充分发挥作物的生产潜力，与土壤栽培相比，产量可以成倍或几十倍地提高，如荷兰温室番茄无土栽培年产量高达 600 000kg / hm^2，中国农业科学院蔬菜花卉研究所采用有机生态型无土栽培技术生产番茄，年产量达到 300 000kg / hm^2。日本筑波科学城一株水培番茄，自 1980 年播种以来一直生长不衰，成了一棵番茄树，结了几万个果实。一株厚皮甜瓜结果近百个，而土栽培每株仅能结瓜一两个。

无土栽培不仅产量高而且品质好。例如，番茄的外观形状和颜色好，维生素 C 的含量可增加 30%，矿物质含量增加近一倍。

花卉无土栽培质量也有了提高。例如，香石竹的香味变得浓郁、花期长、开花数多，单株开花数为 9 朵，而土栽培只有 5 朵。无土栽培时香石竹裂萼率仅 8%，而土栽培高达 90%，明显提高了商品质量。

（二）节约水分和养分

土壤种植时灌溉的水分养分大量流失渗漏，浪费很多，无土栽培可以避免养分、水分的流失，充分被作物吸收和利用，可节水 50%～66.7%，是发展节水型农业的有效措施之一。

无土栽培不但省水，而且省肥，据统计土栽培养分损失比率约 50%。我国农村由于科学施肥技术水平低，肥料利用率更低，仅达 30%～40%，一半多的养分都损失了。无土栽培作物种在栽培槽中，作物不同生育阶段所需要的各种营养元素，是人工配制成营养液施用的，不仅不会损失，而且能保持平衡，所以作物生长发育健壮，生长势强，增产潜力可充分发挥出来。

（三）省力省工、易于管理

无土栽培不需中耕、翻地、锄草等作业，省力省工。浇水追肥同时解决，由供液系统定时、定量供给，管理十分方便。一些发达国家已进入微电脑控制时代，供液及营养液成分的调控全用计算机管理，与工业生产的方式相似，日本称之为“健幸乐美”农业。

（四）避免土壤连作障碍

设施栽培中，如果多年栽培相同作物，则易造成土壤养分失衡，发生连作障碍，这一直是个难以解决的问题。而应用无土栽培则从根本上解决了此问题。土传病害也是土培的难点，土壤消毒不仅成本可观，且难以消毒彻底。若用药剂消毒则还会污染环境，而无土栽培则可避免或杜绝土传病害。

（五）不受地区限制、充分利用空间

无土栽培使作物彻底脱离了土壤环境，因而也就摆脱了土地的约束。耕地被认为是有限的、最宝贵的、又是不可再生的资源，尤其对一些耕地缺乏的地区和国家，无土栽培就更有特殊意义。无土栽培进入生产领域后，地球上许多沙漠、荒原、海岛等难以耕种的地区，都可采用无土栽培。此外，无土栽培还不受空间限制，可以利用城市楼房的平面屋顶种菜、种

花，无形中扩大了栽培面积，改善了生态环境。

（六）清洁卫生

无土栽培的生产场地没有土壤，作物生长在栽培槽或容器内，水分、养分均通过管道或专用的供液系统供应，现场清洁卫生。因水培施用的是无机肥料，故没有臭味污染环境。这对室内种花尤为适宜。

（七）有利于实现农业现代化

无土栽培使农业生产摆脱了自然环境的制约，可以按照人的意志进行生产，所以是一种受控农业。它有利于实现农业机械化、自动化，从而逐步走向工业化、现代化。在奥地利、荷兰、前苏联、美国、日本等都有水培“工厂”。水培是现代化农业的标志。我国进入20世纪90年代以后，也先后引进了许多现代化温室，同时也引进了配套的无土栽培技术，如北京中以示范农场无土栽培月季、上海孙桥现代农业公司无土栽培黄瓜、甜椒。北京顺义区顺想长青蔬菜有限公司从加拿大引进深池浮板水培技术，成功地实现了波士顿生菜周年的工厂化生产，有力地推动了我国农业现代化进程。

但无土栽培也存在着一些问题，诸如：一次性投资高；技术要求严格，因此管理人员素质也要高；无土栽培尤其是水塔缓冲能力差，水肥供应不能出现任何障碍，必须有充足的能源保证；运行成本较高等。

对无土栽培技术也要客观评价。土壤是人类赖以生存的物质基础，人类不能没有它。人类可以用无土栽培代替部分土培，但不能完全取代土壤。

二、无土栽培的类型

无土栽培在世界各国的分类有很多种，但概括起来可分为基质栽培和无基质栽培两大类，每一类又有多种栽培方法。

（一）基质栽培

基质栽培是指在容器或栽培床内装填一定数量的基质，通过浇灌营养液栽培作物的方法。基质在无土栽培中起支持和固定作物的作用，同时具有保持水分、吸附营养液、改善根际透气性等功能。因此，要求基质具有良好的物理性质与稳定的化学性质，取材方便，价格低廉。基质有多种分类法，按来源不同可分为天然基质、人工合成基质；按性质不同分为惰性基质和活性基质。实际应用时，多以基质组成进行分类，可分为无机基质和有机基质两类。沙、石砾、岩棉、蛭石和珍珠岩等都是由无机物组成的，为无机基质；而泥炭、锯木屑、稻壳、树皮、蔗渣等是由有机残体组成的，为有机基质。基质栽培常用的种植方法有以下几种。

1. 槽栽培法

将基质装入一定容积的栽培槽中用以种植作物，称槽栽培法。该系统由栽培槽（床）、贮液池、供液管、泵和时间控制器等组成。栽培槽可用红砖直接垒成，也可用混凝土或木板条制成永久或半永久性槽。通常在槽基部铺一两层塑料薄膜，以防止渗漏并使基质与土壤隔离。栽培槽深度以 15 cm 为宜，长度与宽度因栽培作物、灌溉能力、设施结构等而异。一般槽的坡度至少应为0.4%。将基质混匀后立即装入槽中，铺设滴液管，开始栽培（图 1-4-4）。

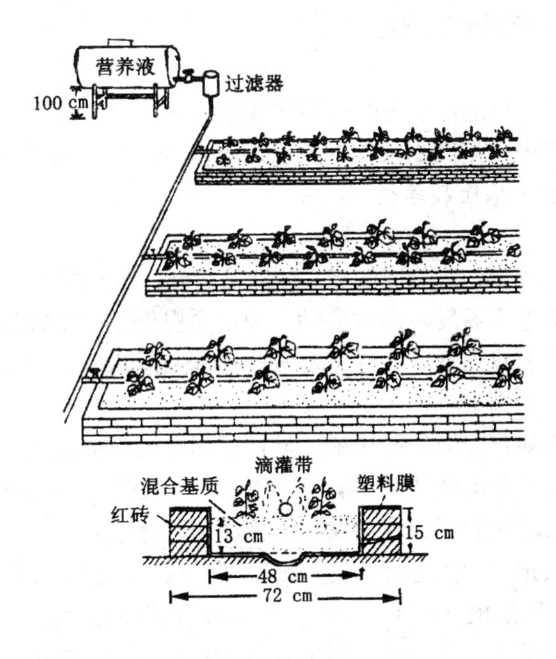

图 1-4-4　槽培示意图

2. 袋培法

在塑料薄膜袋内填充泥炭、珍珠岩、树皮、锯木屑等基质栽培作物，用开放式滴灌法供液，简单实用。塑料袋应选用抗紫外线的聚乙烯薄膜为材料，严寒季节以黑色为好，高温季节以白色较宜。通常袋培方式有开口筒式袋培与枕头式袋培两种方式。

3. 盆（钵）栽法

在栽培盆或钵中填充基质栽培作物。从盆或钵的上部供营养液，下部设排液管，排出的营养液回收于贮液器内再利用，适用于小面积分散栽培园艺植物，如楼顶、阳台种植茄果类蔬菜、花卉、草莓、葡萄等。

4. 岩棉培

岩棉培是将作物种植于一定体积的岩棉块中，使其在岩棉中扎根锚定，吸水吸肥，生长发育。通常将切成定型的岩棉块，用塑料薄膜包住，或装入塑料袋，制成枕头袋块状，称为岩棉种植垫。常用岩棉垫长 70～100cm，宽 15～30 cm，高 7～10 cm。放置岩棉垫时，要稍向一面倾斜，并朝倾斜方向把包岩棉的塑料袋钻两三个排水孔，以便将多余的营养液排除，防止沤根。种植时，将岩棉种植垫的面上薄膜割 1 小穴，种入带育苗块的小苗，而后将滴液管固定到小岩棉块上，7～10 天后，作物根系扎入岩棉垫，将滴管移置岩棉垫上，以保持根基部干燥，减少病害。

岩棉栽培宜以滴灌方式供液。按营养液利用方式不同，岩棉培可分为开放式岩棉培和循环式岩棉培两种。开放式岩棉培通过滴灌滴入岩棉种植垫内的营养液不循环利用，多余部分从垫底流出而排到室外。该方式设施结构简单，施工容易，造价低廉，营养液灌溉均匀，一旦水泵或供液系统发生故障，对作物产生影响较小，不会因营养液循环导致病害蔓延。目前我国岩棉栽培多以此种方式为主。但其存在营养液消耗较多、废弃液会造成环境污染等问题；与此相反，循环式岩棉栽培可克服上述缺点，其营养液滴入岩棉后，多余营养液通过回流管道，流回地下集液池中循环使用，不会造成营养液浪费及环境污染。但其设计复杂，建设成本高，易传播根际病害，应因地制宜选用。

（二）无基质栽培

无基质栽培不用基质，而是将植物的根连续或断续浸在营养液中生长，又称水培。此外，将作物根系悬挂在栽培槽内，用间断喷雾的方法供给营养液，称为雾培。雾培也属于无基质栽培。以下介绍几种主要无基质栽培类型。

1．深液流栽培

循环流动的营养液层较深，营养液浓度（包括总盐分、各矿质元素浓度、溶存氧等）、酸碱度、温度以及水分存量等不易发生急剧变动，为根系提供了一个较稳定的生长环境，生产安全性较高。该方式较适于我国现阶段经济及农业技术发展水平，也是发展中国家广泛使用的类型。

深液流水培设施由盛栽营养液的种植槽、悬挂或固定植株的定植板块、地下贮液池、营养液循环流动系统等4大部分组成（图1-4-5）。种植槽一般长10～20 m，宽 60～90 cm，深度为 12～15 cm，可用水泥预制板块或水泥砖结构加塑料薄膜构成；定植板用硬泡沫聚苯乙烯板块制成，板厚2～3 cm，宽度与种植槽外沿宽度一致，以便架在种植槽壁上。定植板面开若干定植孔，孔内嵌一只定植杯，杯下半部及底部开有许多孔，这样就构成了悬杯定植板。幼苗定植初期，根系未伸展出杯外，提高液面使其浸住杯底 1～2cm，但与定植板底面仍有3～4 cm空间，这样既可保证吸水吸肥，又有良好的通气环境。当根系扩展伸出杯底进入营养液后，相应降低液面，使植株根颈露出液面，也解决了通气问题。地下贮液池则是为增加营养液缓冲能力、创造根系相对稳定的环境条件而设计的，取材可因地制宜，一般1 000 m^2的温室需设 30 m^2左右的地下贮液池；营养液循环系统由供液管道、回流管道、水泵及定时控制器等组成。所有管道均用硬塑料制成。每茬作物栽培完毕，全部循环管道内部须用0.3%～0.5%有效氯的次氯酸钠或次氯酸钙溶液循环流过 30 min，以彻底消毒。

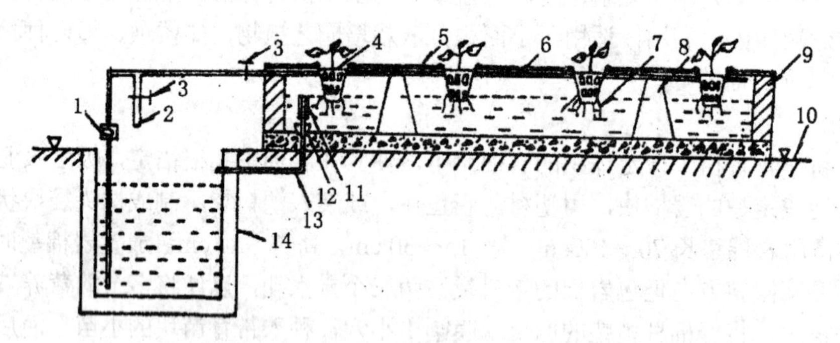

1. 水泵；2. 充氧支管；3. 流量控制阀；4. 定植杯；5. 定植板；
6. 供液管；7. 营养液；8. 支撑墩；9. 种植槽；10. 地面；
11. 液层控制管；12. 橡皮塞；13. 回流管；14. 贮液池

图1-4-5　深液流水培设施组成示意图纵切面

2．营养液膜栽培（NFT）

这是一种将植物种植在浅层流动的营养液中的水培方法。其一次性投资少，施工简单；因液层浅，可较好地解决根系需氧问题，但要求管理精细。目前，NFT系统广泛应用于叶用莴苣、菠菜等速生性园艺植物生产。

营养液膜栽培设施主要由种植槽、贮液池、营养液循环流动装置三个主要部分组成（图

1-4-6）。种植槽一般用玻璃钢制成波纹瓦，波纹瓦谷深 2.5～5.0 cm，宽 100～120 cm，可种 6～8 行小株形作物。通常种植槽全长 20 m 左右，坡降 1∶75，将槽架设在木架或金属架上，高度以便于操作为宜。定植前在用硬泡沫塑料板制作的板盖上打定植孔，板盖长宽应与波纹瓦槽相匹配，盖上后，使其下营养液完全不见光。贮液池设于地平面以下，上覆盖板，以减少水分蒸发。贮液池容量以足够供应整个种植面积循环供液之需为宜。营养液循环流动系统由水泵、管道及流量调节阀门等组成。水泵要严格选用耐腐蚀的自吸泵或潜水泵，水泵功率大小应与整个种植面积营养液循环流量相匹配。为防止腐蚀，管道均采用塑料管道，安装时要严格密封。此外，根据生产实际和技术要求，为减轻劳动强度，提高营养液调节水平，可选用相应的自动化控制辅助设施——主要有间歇供液定时器、电导率（EC）自控装置、pH 自控装置、营养液加温与冷却装置及防止一旦停电或水泵故障影响循环供液的安全报警装置等。

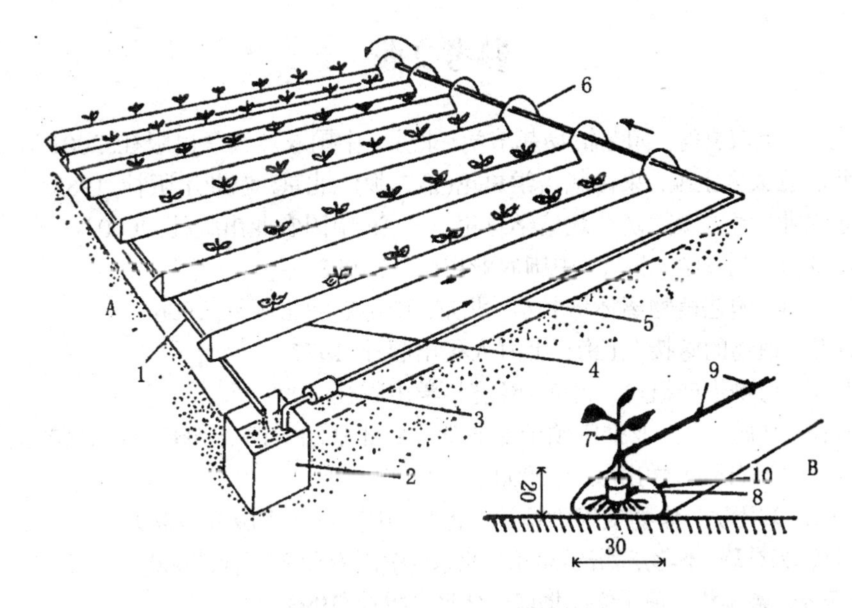

A. 全系统示意图　B. 种植槽剖视图

1. 回流管；2. 贮液池；3. 泵；4. 种植槽；5. 供液主管；

6. 供液支管；7. 苗；8. 育苗钵；9. 木夹子；10. 聚乙烯薄膜

图 1-4-6　NFT 设施组成示意图（单位：cm）

3. 雾培

雾培是利用喷雾装置将营养液雾化，使植物的根系生长在黑暗条件下，悬空于雾化后的营养液环境中，保证根系处于黑暗及高湿环境中，是根系正常生长的必备条件。一般将预先打好定植孔的聚苯乙烯泡沫塑料板竖立成“A”状，在温室内整个封闭系统呈三角形。通常喷雾管设于封闭系统内，按一定间隔设喷头，喷头由定时器调控，定时喷雾。观赏花卉、观叶植物及小株形蔬菜喷雾立体栽培已在国内外推广应用。

习题与思考题

1．农业设施主要有哪些？

2．现代化温室的生产系统由哪些部分组成？

3．试说明现代化温室的性能及应用。

4．塑料拱棚有哪些主要种类？各有何特点？

5．简述冷床与温床的特点与应用。

6．网室栽培的内容与特点是什么？

7．设施栽培在蔬菜栽培中的作用有哪些方面？

8．工厂化育苗的优点是什么？

9．无土栽培的优点及存在的问题是什么？

10．基质栽培有哪几种方法？

11．深夜流栽培技术有何特点？适用性如何？

12．试述营养液膜栽培技术要点。

参考文献

[1] 李光晨，范双喜等. 园艺植物栽培学. 北京：中国农业大学出版社, 2001

[2] 河北农业大学主编. 果树栽培学总论(第二版). 北京：农业出版社, 1988

[3] 山东农业大学主编. 蔬菜栽培学总论. 北京：中国农业出版社, 2000

[4] 鲁涤非等. 花卉学. 北京：中国农业出版社, 1998

[5] 陈振光等. 园艺植物离体培养学. 北京：中国农业出版社, 1996

[6] 李建华. 植物的嫁接. 上海：上海人民出版社, 1977

[7] 徐楚年. 植物生产概论. 北京：经济科学出版社, 1997

[8] 郝晋民，马履一. 农业推广硕士专业学位农业基础知识全国统一(联合)考试大纲及复习指南. 北京：中国农业大学出版社, 2000

[9] 杨守仁，郑丕尧. 作物栽培学概论. 北京：中国农业出版社, 1989

[10] 董钻，沈秀瑛. 作物栽培学总论. 北京：中国农业出版社, 2000

[11] 毕辛华，戴辛维. 种子学. 北京：农业出版社, 1993

[12] 翟虎渠. 农业概论. 北京：高等教育出版社, 1999

[13] 王树安. 作物栽培学各论(北方本). 北京：中国农业出版社, 1995

[14] 王维金. 作物栽培学. 北京：科学技术出版社, 1998

[15] 杜相革，王慧敏. 有机农业概论. 北京：中国农业大学出版社, 2001

[16] 张福墁等. 设施园艺学. 北京：中国农业大学出版社, 2001

第二篇　现代农业养殖技术

第一章　现代农业养殖技术概述

第一节　养殖业生产概况

一、养殖业的概念

一般来说，养殖是指在人工管理下将动、植物性的饲草饲料转化为所需要的动物性产品的过程，人们的专业化、商品化养殖活动就形成了养殖业。

二、养殖业的养殖范围

随着我国经济的发展及人们生活水平的不断提高，人们对动物性产品的需求也越来越广泛，市场经济体制的形成，极大地促进了养殖业的发展。目前的动物养殖对象主要有：

（1）家畜类：牛，羊，猪，马，兔等。

（2）家禽类：鸡，鸭，鹅，鸽等。

（3）特种经济动物：水貂，银狐，鹌鹑，火鸡，珍珠鸡，雉鸡，乌鸡，鹧鸪等。

（4）伴侣动物：犬，猫，国外把豚鼠作为伴侣动物者也大有人在。

（5）观赏鸟类：金丝雀，画眉，百灵鸟，八哥等。

（6）鱼虾类：鲤鱼，草鱼，鲢鱼，鳙鱼，鲂鱼及各种虾类。

（7）家蚕。

（8）蜜蜂。

（9）昆虫类：蝎子，蚂蚁等。

（10）野生动物：受非典影响，一些野生动物的养殖将会受到限制。

目前我国养殖业规模化程度较高的主要是畜、禽和水产养殖业。

三、养殖业与社会和经济发展的关系

动物养殖业始终是伴随着社会的进步和经济的发展而前进的。原始社会人们以狩猎方式获取动物，以满足最基本的生存要求。随着捕猎能力的提高，人们开始把不能完全吃掉的动物圈养起来，留作后用。实际上这就是原始畜牧业的开端。经过几千年的进步，人们把许多野生动物驯化为家畜家禽，并逐渐形成了一定规模的养殖业。

（一）20 世纪养殖业发展状况

20 世纪，家畜存栏量不断增加，生产效率逐步提高，畜产品产量得到了较快增长。50 年代后，畜产品生产年增长逐步超过了人口增长速度，对于改善了人们的膳食结构，平衡营养，提高人类健康水平发挥了一定的作用。然而，目前全球仍有 9 亿多人口因粮食总产量不足和农作物分配不均而导致营养不良。加快畜产品生产将对解决以上问题起到关键性作用。

1．家畜存栏量不断增加

（1）牛：在 1939～1997 年近六十年的时间里，全世界牛的存栏量几乎翻了一番，年均增长率达 1.29%。在发展中国家，牛除了提供畜产品外还可使役，增长较发达国家更为迅速，1997 年，南美洲年增长率达 1.8%，非洲达 1.72% 。

（2）羊：1939～1997 年期间，绵羊和山羊增长较快。绵羊和山羊主要饲养地是亚洲和大洋洲，其次是非洲。1997 年亚洲、大洋洲绵羊年增长率分别为 1.31%和 1.25%，山羊年增长率分别为 2.40%和 1.78%。山羊存栏量占全球比例分别为 66%和 26%，合计占到了了 92%。

（3）猪、鸡：过去近六十年，全球猪和鸡的存栏量分别增长了 3 倍和 6 倍多。20 世纪末，非洲已成为增长最快的地区，年增长率达 11%，亚洲、大洋洲次之（3.26%），第三为欧洲（1.23%）。然而猪饲养最发达地区是亚洲、大洋洲（60%），第二是欧洲（18%），非洲仅占 2%。从有关鸡的资料可以发现，虽然非洲的年增长最高，但存栏量亚洲、大洋洲最高（占全球的 50%），非洲最少（8%），另外南美洲也有较高的存栏量。

2．畜产品生产增长较快

20 世纪下半叶，畜产品生产年增长超过了人口的增长。近十多年来，由于人口增加，高收入阶层人均消费增长较快，致使社会需求增加，发达国家畜产品生产一直保持平稳增长。与此同时，发展中国家畜产品年增长更为迅速，其中较多产品来自小家畜。据统计，1997 年发展中国家猪肉生产的年增长率达 8.5%。

3．生产效率逐步提高

近几十年来，肉牛、奶牛、猪、肉鸡和蛋鸡品质资料（主要来自美国）显示，由于饲喂和管理技术以及遗传改良技术的进步，家畜的生产品质一直在不断改善。40 年代肉牛日增重为 604g，90 年代达到了 1 348g，提高了 123%，饲喂效率提高了 70%；40 年代，猪日增重为 580g，80 年代达到了 870g，同时饲喂效率从 0.28%提高为 0.37%；90 年代，肉鸡日增重远远超过了 30 年代的水平，提高了 24.8g，饲喂效率也从 30 年代的 0.148%增加为 0.719%，提高了 385.8%；90 年代蛋鸡产蛋量几乎超过了 20 年代的两倍，产蛋率从 41.4%，增加到 92.5%；20 世纪，奶牛的泌乳性能也有了明显的改善，平均产奶量由 20 年代的 3 446 kg / 年增加到 90 年代的 11 844 kg / 年，提高了 242%。

4．人均畜产品消费明显上升

20 世纪食品的消费结构一直都在变化。初期，全球大部分地区畜产品的消费量低于禾谷等农产品；随着收入的增加，人们对畜产品的消费也相应增加，现已大大超过了农作物。发达国家对各种畜产品（鸡除外）的人均消费在 80 年代达到了最高点，其后有所下降。然而发展中国家对各类畜产品的人均消费水平一直逐年提高，各种畜产品的人均消费（包括牛和鱼）增长率已明显高于发达国家。据统计，过去 50 年，发达国家鸡肉消费年增长为 3.36%，是各种畜产品中增长最快的。而发展中国家鸡肉消费年增长达 5.37%。发达国家对猪肉消费的年增长为 1.87%，而发展中国家平均高达 6.53%。当然，目前发达国家对各种畜产品的实际消费量仍远远高于发展中国家。

5. 畜产品消费价格变化平稳

1909～1989年，畜产品价格不断有所提高，但与同期其他商品价格的普遍增长相比，畜产品价格增加并不高。

（二）养殖业与人类生活水平

人类寿命在20世纪一直是平稳增加的。50年代人类平均寿命仅为46.4岁，而1995年已接近65岁，增加了近二十岁。影响人类寿命的因素很多，但食物明显是关键性因素之一。统计资料表明，动物性蛋白摄入量或国内生产总值（GNP）与人类寿命关系极为密切。尽管有人认为畜产品中含有大量的脂肪，过多摄入有害健康，然而畜产品所提供的蛋白质是平衡营养的重要因素之一，它可以增进人类健康，延长寿命。发达国家人均消费大量的动物性蛋白质，平均寿命高于发展中国家。

（三）21世纪养殖业的作用与发展预测

据统计，1950年世界人口为25亿，2050年估计将增至100亿。届时，农作物生产将很难满足高度膨胀的社会需求，禽、畜、鱼类产品将用于解决人类食品短缺问题，维持人类的基本生存需要。近年来，科学家已经在动物遗传与改良、疾病防疫与检测、禽畜加工、代谢活性物质与人工合成氨基酸的利用等高效动物生产技术领域取得了重大进展；多数禽畜产品的品质已经或有望获得明显改善，动物还将会用作器官、皮肤的主要供体以及药物或功能食品的制造原料，养殖业可望在提高人类健康水平等方面发挥不可或缺的作用。此外，动物还可为人类导盲、保护或者作为动物伴侣。可以断言，21世纪动物与人类的关系将会更加密切，养殖业将会得到进一步的发展。

1. 禽、畜存栏量预测

有资料显示，21世纪全球牛存栏量将有所下降，而鸡存栏量将稳步增长。由于发达国家人口数量趋于稳定，禽、畜存栏量与市场需求基本达到了平衡，未来50年，禽、畜存栏量的增长仍会以发展中国家为主。93个发展中国家中，牛、水牛、绵羊和山羊存栏量在2010年前可能增长缓慢，但是猪、鸡存栏量，特别是在近撒哈拉的非洲地区以及近东、北非将会稳步增长。

2. 禽、畜产品生产预测

与近二十年情况相似，由于需求的增长，今后10年，发展中国家各种禽、畜产品的年增长率仍将高于发达国家，而生产技术的进步、生产效率的提高也会对生产起到一定的促进作用。

发展中国家牛、水牛、绵羊和山羊肉的产量会迅速增长，中国的牛肉增长可能最快，前苏联地区和巴西社会需求的增加也将促进畜牧业生产的发展。但是，欧共体国家对牛肉消费的减少、生产的衰退将影响全球牛肉生产的增长。

饮食习惯限制了猪肉的消费，而且有价格低廉的鸡肉与之竞争，可以预言，全球猪肉生产与前十多年相比，其增长速度会显著放慢，亚洲与墨西哥将是主要的猪肉生产国。

经济的增长与低廉的价格都是刺激全球鸡肉需求的重要因素，加之发达国家对饮食需要和健康的考虑，将会增加对鸡肉的需求量，但鸡肉生产的增长速度可能会低于七八十年代。美国仍将保持最大鸡肉生产国的地位，接着依次是欧盟、中国和巴西。

3. 禽、畜产品人均消费预测

过去二十多年，发展中国家畜产品人均消费量平均增加了3.46%，特别是对鸡肉、奶和猪肉的消费。虽然21世纪的增长率可能会有所降低，但是在2020年之前，禽、畜产品消费增长的大趋势不会改变。尤其可以预言，到2020年中国的人均消费量将会高于世界平均水平。同发展中国家相比，发达国家收入增长速度放慢而且对健康的考虑越来越强烈，这些因素可能导致其人均禽、畜产品消费年增长速度更为缓慢（低于0.2%）。

4．对某些肉类全球性贸易的预测

20世纪70年代以来，禽、畜产品价格略有降低。据世界银行和Rosegrant等（1997年）预测，今后一段时期，禽、畜产品及鱼类价格仍将保持这一走势。

太平洋沿岸地区以及正在调整政策以减小市场压力的俄罗斯等国对肉类进口的需求将会给出口国提供良机，美国、澳大利亚和阿根廷的牛肉出口有望增加，但由于欧盟的牛肉出口减少，因而世界牛肉贸易增长的步伐将会放慢。

在几个主要的猪肉进口国（或地区），包括墨西哥、日本和香港需求不断增长的驱使下，世界猪肉贸易有望增加。与以前相比，虽然格局有所变化，但是前苏联和中东欧地区仍会对世界市场产生重大影响，美国仍会在未来的全球猪肉贸易中保持主导地位。

鸡肉的全球贸易将会以每年4%的速度递增，到2005年将超过700万吨，但同80年代的高增长率相比可能有所下降。一些大的进口市场（包括中国、日本、前苏联、墨西哥、加拿大和中东）的进口量将会增加。

四、养殖业在农业中的地位

农、林、牧、副、渔和乡镇企业是国民经济的基础，其中畜牧和渔业是重要的组成部分。发达国家的牧业产值占农业总产值的50%～70%，2000年我国畜牧业产值占农业总产值的比重达到36%。鉴于动物性食物、衣着原料以及动物性药品对人类生活的极端重要性，畜牧业一直是各国着力发展的一个领域。

农、林、牧结合发展，是农业生态平衡的需要。动物生产学的发展原理是：通过农、林等栽培业，将太阳能与空气中的氮素固定于植物中，取得植物性（第一性）收获；通过牧、渔等养殖业将上述第一性产品转化为动物性（第二性）产品。也就是说，畜牧业实际上就是饲料转化业。

一般来讲，经过植物的光合作用同化合成的淀粉和糖相对较少，大多为纤维素和木质素，人类一般只能直接利用植物性收获中的20%～25%的营养物质；余下的75%～80%是不能被利用的，而这部分的30%～50%可为畜、禽、鱼等动物所利用，并转化为高级的动物性产品。因此，发展畜牧业可提高植物资源的利用率，提高农业的经济效益。

五、养殖业的繁育体系

随着我国养殖业的发展，不同的养殖对象都有了相对成熟的繁殖体系，对保证养殖业的规模化生产起到了非常重要的作用。其基本的繁殖体系如下：

（1）养猪业：基本繁殖体系是原种猪场，种猪场，育肥猪场。原种猪场为种猪场提供优良的种猪，种猪场则为育肥猪场提供优良的仔猪进行育肥。原种猪场必须是纯种间的繁育，种猪场则可以进行不同品种间的杂交，以便生产出生长速度快、抗病力强的育肥仔猪。

（2）养禽业：基本繁殖体系是祖代鸡场，种鸡场，蛋鸡场。其循环模式同养猪业。

（3）养牛业：养牛业的繁育体系与养禽业和养猪业有些不同。整个后备牛的繁殖皆在牛场里完成。目前我国奶牛的繁殖方法都实行人工授精的方法，冻精来自规模大小不同的种公牛站，种公牛站均在农业部的严格行业管理下工作，可确保冻精质量，对我国奶牛业的健康发展起到了重要的作用。

（4）养羊业：目前我国养羊业的繁殖体系似乎不像养猪业和养禽业那样规范，尚没有特别规范的原种羊场，虽已经陆续建了一些种羊场，但均处在发展的过程中。

（5）其他养殖业：由于养殖特点及其规模化程度的差别，因此繁育体系各有不同。

六、养殖业内的主要产业

近些年来，整个养殖业内的功能划分越来越细，许多中间环节都形成了单独的产业，在整个养殖业的链条里发挥着重要的功能，同时也获取了丰厚的经济效益。这些环节均有其一定的技术内涵。

（1）饲料业：饲料是动物养殖的必备要素之一，实际上动物养殖就是把饲料转化为动物产品的过程。饲料的质量好坏，决定了养殖业能否获取最佳的经济效益。十几年来，我国的饲料行业飞速发展，规模大小不一的饲料厂全国有数百家。其中一些大的饲料集团有自己的研究所，并在全国各地建有生产车间，有庞大的营销队伍，也有健全的服务体系。饲料行业也成了行业尖端人才的聚集点。

（2）动物药业：养殖业的迅速发展必然带动动物药业的发展。动物药品对于保障养殖业的健康发展至关重要。目前我国的动物药厂发展很快，形成规模的药厂均有自己的研发中心和精干的营销队伍，伴随着我国养殖业的发展及广大消费者对动物产品的要求越来越严格，尤其是我国加入 WTO 之后，我国的动物药业还有很大的发展空间。

（3）养殖机械制造业：随着养殖业的现代化水平越来越高，养殖机械制造也成了一个重要环节，并已具产业化的雏形。

（4）动物产品加工业：这是一个更加朝阳的产业，如各种乳制品的加工、羊肉的加工、肉鸡的屠宰与加工均在向规模化、产业化、自动化的方向发展。

七、畜牧兽医技术推广服务体系

经过四十多年的努力，我国的畜牧兽医技术推广服务体系建设取得了长足的发展，特别是《农业法》、《农业技术推广法》的颁布实施，确立了各级畜牧兽医技术推广服务机构的法律地位，畜牧兽医技术服务网络基本形成。

（一）畜牧兽医技术推广机制有效形成

1. 畜牧兽医技术推广机构基本健全

截止 1998 年，全国已建立乡级以上畜牧兽医技术推广机构（畜牧兽医站、畜禽品种改良站、畜禽疫病防检站、饲草饲料站、草原工作站、推广站、经管站及畜牧兽医技术服务中心等）56 574 个，其中省级机构 203 个，地级机构 1 298 个，县级机构 8 824 个，乡级机构 46 249 个。在乡级以上的机构中畜牧兽医站 4 516 个，占机构总数的 7.98%，畜禽品种改良站 2 998 个，占机构总数的 5.3%，兽医防检站 2 012 个，占机构总数的 3.6%，推广站、经管站、畜牧兽医技术服务中心等 5 158 个，占机构总数的 9.1%。

2. 畜牧兽医技术推广队伍逐步壮大，人员素质有所提高

目前，全国拥有畜牧兽医技术推广人员 1 080 000 人，其中省级 8 909 人，地级 20 535 人，县级 108 509 人，乡级 345 128 人，村级繁改、防疫人员有 600 000 人。乡级以上技术人员总数 347 276 人，其中省级 5005 人，地级 12 445 人，县级 66 755 人，乡级 263 071 人，省、地、县、乡技术推广机构中技术人员结构是：高级技术职务 34 033 人，占技术人员总数

9.8%；中级技术职务 98 626 人，占技术人员总数 28.4%；初级以下技术职务 214 617 人，占技术人员总数 61.8%。

3. 乡镇畜牧兽医站的“三定”工作取得较大突破

全国有 30 524 个乡镇畜牧兽医站被定为全额或差额拨款单位，占机构总数的 66%，比“三定”前提高了 59 个百分点。管理体制也渐趋理顺。75%的乡镇畜牧兽医站实行了“条块结合、双重领导、以条为主”的管理体制，保证了技术推广工作的正常开展。

（二）基础设施建设初步得到了改善

为加强各级畜牧兽医技术推广机构的基础设施建设，改善推广服务手段，自 1983 年开始，农业部利用基本建设资金支持地方畜牧兽医技术服务中心建设，至 1988 年，中央支持建设省、地、县畜牧兽医技术服务中心 423 个，利用世界银行贷款建立省、地、县、乡四级畜牧兽医技术服务中心 391 个，从而不仅使地方畜牧兽医技术推广机构的办公条件得到改善，而且装备了必要的仪器设备，技术推广手段有所加强，疫病监控和防治能力有所提高。

（三）技术推广与防检工作成效显著

推广机构的不断完善和推广队伍的加强促进了科技推广和畜禽疫病防治工作，畜牧业发展中科技进步份额由“六五”期间的 34%提高到“七五”期间的 41%，“八五”末达到 45%，“九五”达到 54%。良种畜禽饲养、秸杆过腹还田、机械化养鸡、寒冷地区暖棚饲养畜禽、配合饲料应用等技术取得了突破性进展。各级畜牧兽医技术推广机构坚持“预防为主”的方针，实行畜禽预防注射制度和大区联防协作制度，推行防疫承包制和畜禽保险制，使猪瘟、马传贫等几十种对畜牧业生产危害严重的传染病得到了有效的控制。在检疫方面，以产地检疫和屠宰检疫为基础、市场和运输监督为保障，层层把关，有效提高了产品质量。目前，已初步形成了以防保检、以检促防、防检结合的运行机制。

第二节　养殖业发展趋势

我国的养殖业经过近二十年的高速发展，取得了显著的成绩，在国际上的地位日益提高，现已经成为世界第一猪肉和禽蛋生产大国，第二禽肉生产大国，但在近期内我国养殖业的小生产模式与国际大市场之间的矛盾仍会相当突出。目前，我国养殖业生产仍以传统的农户分散饲养方式为主，市场信息不灵，技术落后，生产率低，生态环境破坏严重。养殖业龙头加工企业少，规模小，带动力弱，企业与农民的利益机制不完善，难于形成集团优势，禽、畜、水产品商品率低下。与国际市场接轨后，这种落后的模式必将逐渐被先进的模式所取代，不难预测，我国的养殖业将呈现下述发展趋势。

一、产业化程度将逐步提高

养殖业的产业化是指根据市场需求把良种繁育、饲料供应、疾病防治、技术咨询、产品回收、加工、储运、销售等各个相关环节连在一起，利益同享，风险共担。实现养殖业现代化，产业化是基础，提高产业化程度乃养殖业发展之必然。

二、产品的质量与安全性成为关键

随着我国人民生活水平的不断提高，动物产品的质量与安全问题正日益受到人们的关注。尤其是在加入 WTO 之后，我国的动物产品将面临严重的国际市场竞争，生产品质高、安全性强的动物产品，已经是亟待解决的问题。

三、产加销一条龙模式渐成主流

产加销一条龙的模式日趋成熟，并以集团的形式出现。如天津的金威集团，有自己的规模牛场、科研管理开发机构、现代化的乳品加工企业和乳品销售网络。这种产加销一条龙的模式由于把握了养殖业的销售龙头，不仅可以使养殖业获取最大的经济效益，也把养殖业的风险性降到了最低程度。

四、养殖小区模式在探索中完善

养殖小区是 20 世纪初出现的一种新的养殖模式，对奶牛业的发展起到了一定的促进作用。其核心内容是，小区统一建设一定规模的牛舍、机械化挤奶间、疾病诊疗、产品检测等硬件设施和机构。养殖户自己负责牛的日常管理，机械化挤奶间供大家轮流使用，每户牛的产奶量在挤奶过程中自动登记。小区提供疾病诊疗及人工授精等服务，并负责乳品检测和销售。这种模式通过资源整合，较好地解决了小养牛户的挤奶、交奶、繁殖、防疫等困难。但由于小区里养牛户人员素质参差不齐，容易造成一些疾病的发生与流行。这一模式有待进一步探索改进。

习题与思考题

1. 何为养殖业？
2. 养殖业的主要养殖对象有哪些？
3. 近些年动物科学有哪些新的进展？
4. 养殖业的大致繁殖体系如何？
5. 养殖业内主要包括哪些产业？
6. 养殖业与社会经济发展关系如何？
7. 养殖业的发展趋势如何？

第二章　畜禽养殖技术

第一节　畜禽的营养与饲料

一、畜禽的营养需要

（一）水分

饲料在105℃下烘干至恒重，逸失的重量为水分，剩下的残渣为干物质。水分既是重要的营养成分，又是畜禽消化、吸收和代谢必需的稀释剂，因为所有营养成分必须溶解后才能被吸收利用。

（二）粗蛋白质

测定饲料中蛋白质含量时，通常先测定样品中氮的含量，然后乘上6.25，得出蛋白质含量。这样算出的蛋白质实际是饲料中的总含氮物，不仅包括蛋白质，而且包括非蛋白质的含氮物（NPN），如氨基酸、多肽、尿素及其他氨化物，所以叫粗蛋白质（CP）。

蛋白质的组成单位为氨基酸。氨基酸有二十余种，两个氨基酸结合组成的化合物叫肽，即二肽。多个氨基酸结合组成多肽链。当一个多肽链中氨基酸个数超过300时，就可以算作一个蛋白质分子，少于此数的只能叫多肽，不算蛋白质，所以蛋白质属于高分子化合物。按其满足畜禽需要的程度，氨基酸可分为以下三类：

1．必需氨基酸

在畜禽体内不能合成，或合成的速度与数量不能满足需要，必须由饲料供给的氨基酸叫必需氨基酸。必需氨基酸一般有十种，即：组氨酸、精氨酸、异亮氨酸、亮氨酸、赖氨酸、蛋氨酸、苯丙氨酸、苏氨酸、色氨酸和缬氨酸。对鸡来说，甘氨酸也是必需的，而胱氨酸、酪氨酸、丝氨酸则分别相当于50%的蛋氨酸、苯丙氨酸和甘氨酸的营养价值。

2．非必需氨基酸

指能在畜禽体内自行合成或由其他氨基酸转化而来、不必由饲料供给的氨基酸。

3．限制性氨基酸

相对于畜禽需要量，饲料中含量最少的必需氨基酸称为限制性氨基酸，这种氨基酸不足会限制其他氨基酸的利用。限制性氨基酸的等级因畜禽种类而异，如玉米豆饼型饲料中的赖氨酸对生长猪是第一限制氨基酸，对鸡则是第二限制氨基酸，而蛋氨酸则相反。

（三）粗脂肪

粗脂肪也叫乙醚浸出物，除脂肪外还包括其他能溶于乙醚的物质，如脂肪酸、固醇、蜡质及叶绿素等。脂肪是由三分子脂肪酸和一分子甘油组成的，分子中碳、氢的比重大，含氧很少，所以能量丰富。另外脂肪也是脂溶性维生素的重要溶剂，能帮助脂溶性维生素的吸收利用。脂肪酸有饱和及不饱和两类，其中不饱和的十八碳二烯酸（又叫亚麻油酸）及十八碳三烯酸（又叫次亚麻油酸）都是必需脂肪酸，必须从饲料中获得。

（四）粗纤维

饲料样品经稀酸、碱处理后，剩下的物质为粗纤维。它主要包括纤维素、半纤维素及木质素等。反刍畜禽和草食畜禽靠胃肠中微生物的作用可以消化利用粗纤维作能源，猪、鸡等单胃畜禽则基本不能消化利用粗纤维。

（五）无氮浸出物

无氮浸出物是畜禽最主要和最经济的能源。它除淀粉、双糖、单糖等易消化物质外，也含有极少量的半纤维素和木质素。无氮浸出物是碳水化合物去除粗纤维后的剩余部分，因而也叫可溶性碳水化合物。

（六）粗灰分

将饲料样品置于 550℃的电炉中灼烧到有机物被完全燃尽时剩下的物质为粗灰分，它主要是各种矿物元素的化合物。粗灰分中的矿物元素种类很多，畜禽营养所必需的主要有钙、磷、钾、钠、氯、镁等常量元素，及铁、铜、锰、锌、钴、碘、硒等微量元素。饲料中常量元素含量较多，畜禽需要量也大，通常以百分量（%）计，而微量元素含量和需要量均很微少，通常以百万分量（ppm 或 mg / kg）计。

二、饲料

（一）饲料的分类

饲料种类很多，我国习惯上将饲料分为青绿植物、树叶、青贮饲料、根茎瓜果、十草、秸秆农副产品、谷食、麸糠、豆类、饼粕、糟渣、草籽树实、畜禽性饲料、矿物质饲料、维生素饲料、添加剂及其他共 16 类。而国际上，为了生产、交易和利用的方便，则常把饲料分为八大类，如表 2-2-1 所示，其中每大类又分若干亚类。

表 2-2-1　国际通用的饲料分类及依据

饲料类别	饲料类名	分类依据		
		自然水含量（%）	干物质中粗纤维含量(%)	干物质中粗蛋白质含量（%）
1	粗饲料	<45	≥18	
2	青绿饲料	≥45		
3	青贮饲料	≥45		
4	能量饲料	<45	<18	<20
5	蛋白饲料	<45	<18	≥20
6	矿物质饲料			
7	维生素饲料			
8	添加剂			

1．粗饲料

粗饲料主要包括干草、干草粉及农副产品秸秆等。此外，有的糟渣含水量达 90%以上，但属非自然水，有些带壳饼粕尽管粗蛋白含量超过 20%，但其干物质中粗纤维含量等于或超过 18%，故仍都划为粗饲料。

2．青绿饲料

自然水含量≥45%的野生或栽培的植株为青绿饲料，鲜树叶和菜叶也属青绿饲料。

3. 青贮饲料

青绿饲料经发酵制成青贮饲料和半干贮饲料。

4. 能量饲料

干物质中粗纤维低于18%，同时干物质中粗蛋白又低于20%，如谷实类、糠麸类、草籽树实类、富含淀粉的根茎、瓜果类和脂肪均属能量饲料。

5. 蛋白质饲料

干物质中粗纤维低于18%，而干物质中粗蛋白等于或超过20%的豆类、饼粕类、畜禽性蛋白饲料。合成或发酵生产的氨基酸和非蛋白氮类也被划分为蛋白饲料类。

6. 矿物质饲料

指天然或工业生产的矿物添加剂预混料，如贝粉和骨粉之类。

7. 维生素饲料

包括工业合成的或原料提纯的单一的或多种维生素，也包括自然富含维生素的饲料。

8. 添加剂

主要指非营养性添加剂，如抗生素、益生素、抗氧化剂、防霉剂、黏结剂、着色剂和调味剂等。生产中也常把氨基酸、微量元素和维生素当作添加剂，或叫营养性添加剂。

（二）主要饲料的营养特点

1. 青饲料的营养特点

（1）水分含量高　陆生的含水75%～90%，水生的含水最高可达95%。

（2）粗蛋白含量居中　禾本科的含粗蛋白13%～15%，豆科的含粗蛋白18%～24%。

（3）富含维生素　每千克干物质含胡萝卜素50～80毫克、V_{B1} 15毫克、V_{B2} 4.6毫克。

（4）矿物质含量丰富　干物质中含钙0.20%～0.22%，含磷0.06%～0.13%。

（5）粗纤维含量较多　干物质中含粗纤维18%～30%，比较容易被消化。

（6）含能量低　含能1 255～2 510千焦 / 千克。

2. 粗饲料的营养特点

（1）不同的粗饲料，含粗蛋白及矿物元素差异很大。豆科的含粗蛋白10%～20%，含钙1.5%。禾本科的含粗蛋白6%～10%，含钙0.2%～0.4%，二者含磷都较少。

（2）一般豆科的比禾本科的饲料品质好，绿色的比黄色的好，收刈及时的比木质化的好。

（3）粗纤维含量高，营养较全面，如干草含粗纤维32%～36%，用于喂奶牛，有提高乳脂率的作用，是奶牛日粮必含饲料。在单胃畜禽饲料中加入3%～5%的干草粉，特别是苜蓿干草粉，效果良好。需要注意，不同调制方法对于干草养分的影响差别很大（见表2-2-2）。

表2-2-2　不同调制方法对干草养分的影响

调制方法	胡萝卜素存留（mg/kg）	可消化粗蛋白质存留（%）
地面晒制	15	50～80
草架晒干	40	80～85
烘干机烘干	120~350	9

3. 能量饲料的营养特点

能量饲料有玉米、高粱、米糠和麦麸等。其特点是：能量高，粗纤维少，体积小，适口性好，消化率高，粗蛋白占 8%～15%，但缺乏一些必需的氨基酸，蛋白品质不好，矿物质含量不平衡，尤其是钙少磷多。

（三）饲料资源的开发与利用

1. 青贮饲料

（1）青贮饲料类型 青贮饲料是青绿饲料经微生物发酵后的产物，它有三种类型：普通青贮饲料含水分65%～75%；半干青贮饲料含水分45%～55%，也称为低水分青贮；特种青贮饲料加酸、糖蜜、谷物和尿素等制成。

（2）青贮设备 发达国家多使用不锈钢板或塑料板制成的青贮塔，容积为400～600立方米，青贮过程和取用均为机械化作业。我国多使用砖石水泥建筑的青贮塔、青贮栏和青贮窖，也有用土窖内衬塑料布或用塑料袋进行青贮的。

（3）青贮饲料的特点 青贮营养损失少，一般不超过10%，密封严密的，可贮存20～30年不坏；青贮饲料具有浓厚的醇香味，柔软多汁，适口性好，畜禽喜食；青贮贮存效率高，每立方米可贮存450～700千克，而干草仅为70千克；制作青贮时，受天气影响较小，阴雨天可青贮，而晒干草则不行；青贮可扩大饲料来源，除专为青贮而种的玉米和高粱外，还可以青贮牧草、蔬菜、野草、野菜、树叶、秸秆、葵花盘、菊芋秆、甘薯和胡萝卜等。此外，青贮对平衡淡旺季和丰欠年余缺、提高各种营养成分的消化率有不可或缺的作用。

（4）普通青贮原理 青贮过程实际上就是乳酸菌的发酵过程。乳酸菌基本属于厌氧菌。含糖适中的原料填进青贮塔或窖后，植物细胞还都是活的，通过其呼吸耗尽了料中残留的氧，产生大量的热，提高了料中的温度，这就造成了适合乳酸菌发酵的条件，于是乳酸菌大量繁殖，产生大量的乳酸，抑制了其他杂菌的繁殖。乳酸菌继续繁殖，产酸量继续增加，pH值继续下降。当pH值下降到4以下时，乳酸菌也停止繁殖，发酵过程终止，以后如无空气侵入，青贮饲料就可以保持长期不坏。

（5）普通青贮的技术关键 ① 青贮原料要有适当的含糖量，供乳酸菌发酵产生乳酸。全株玉米、高粱或去穗的秸秆含糖量都较高，青贮很易成功；而苜蓿及其他豆科牧草含糖低，青贮则不易成功。② 原料水分含量适中（65%～80%），要铡短、压实（每25厘米厚压实一次），角落上不留空隙，然后封严。

2. 氨化饲料

一般粗饲料如麦秸和玉米秸含纤维多（30%～40%），含粗蛋白少（3%～6%），饲喂效果差。氨化可提高粗纤维及其他营养成分的消化率，并增加粗蛋白含量。

（1）氨化原理 氨化实质为碱化，氨化物遇水后形成氢氧化铵，氢氧离子使粗纤维膨胀，便于纤维素酶直接进入纤维素之中，提高消化率（20%左右），同时，增加粗蛋白含量（5%～6%）。

（2）氨化方法 ① 堆垛法 将粗饲料堆成长立方形，宽1.5～2.0米（不超过2.0米），高1.5米，长视原料多少而定，用塑料布蒙严，四周压紧，通入氨气。每100千克粗饲料，通入3～3.5千克的无水氨，经4～6周即可氨化成功。② 氨化池法 通常用水泥池，挖土池应衬上塑料。原料切碎（1～2厘米），每100千克加水30千克，尿素3.5千克或碳酸氢铵13.5千克，拌匀填入池内，压紧封严，夏季5～15天、春秋30天、冬季两个月后可用。③ 氨化炉法 此法已在部分地区开始推广，其最大特点是可以人工控温，用电热4～6小时即可使料中温度达70℃～80℃，24小时即可氨化一炉，速度快，不受季节和气温影响，缺点是消耗能源，生产成本较高。④ 塑料袋法 将粗饲料铡碎装入大型塑料袋内封口氨化，适用于个体养殖户应用。

3．利用工业废弃物生产单细胞蛋白饲料

主要利用制造酒精的废醪液、味精的菌丝体废液、造纸的红液等作酵母菌发酵的原料，来生产单细胞蛋白饲料。其主要蛋白源为非病原细菌、真菌（包括酵母菌）和简单的多细胞（如小球藻等）的菌体蛋白质。

4．天然矿物资源利用

利用麦饭石矿床开发麦饭石矿物质微量元素添加剂，促进畜禽生长。麦饭石主要成分为：氧化硅（SiO_2）及三氧化二铝（$A1_2O_3$）（约占 80%），并含有钾、钠、钙和镁等大量元素，以及铁、铜、锰、锌、硒、铬和钼等微量元素。

5．再生饲料

再生饲料是由畜禽粪便经发酵、脱水、脱臭和灭菌等处理加工而成的饲料。再生饲料可用来饲喂各种畜禽，例如，牛粪可喂鸡，鸡粪可喂牛喂鸡，猪粪可喂鱼，鱼粪可喂虾等。用天津研制的鸡粪动态充氧发酵机生产的发酵鸡粪适口性好，含蛋白质丰富。用占猪日粮 20%～30%鸡粪再生饲料喂猪，猪的增重效果良好。

6．水生饲料

利用渠道、河流、湖泊、水塘和水库等水面生产水葫芦、水花生、水杂草和水浮萍等，既可清淤，又可获得饲料。除青饲外，还可制成草粉，做饲料工业原料。

7．树叶的利用

山区、堤岸和路边的树木合理开发利用可生产大量的绿叶饲料，制成叶粉是很好的蛋白质和维生素来源。如华北地区生产的大象牌槐叶粉大宗出口日本，深受欢迎。

8．建立巩固的饲草饲料基地

利用低洼地、沿海滩涂、撂荒地引种苜蓿草、大米草和象草等高产牧草作物。现有良田采用三元（粮食、饲料和经济作物）种植结构，实现现代化的草田轮作制，促进农牧结合，使养殖业建立在有可靠的饲料资源的基础上。

9．开发利用有抗营养因子的饲料

（1）大豆冷榨和生浸生产的大豆饼粕　含有抗胰蛋白酶、尿素酶、血球凝集素等有害因子，严重影响蛋白质的消化、吸收、利用。不过这些抗营养因子大多不耐热，在 105℃～135℃加热半小时即可使其分解。但加热过高，可使饼粕产生褐变反应；使蛋白的营养价值降低，特别是赖氨酸损失严重。

低温（40℃～60℃）浸提，浸后再辅以湿热处理，可以彻底破坏抗胰蛋白酶因子和血球凝集素等抗营养因子，并可使赖氨酸免遭破坏。

（2）棉籽饼粕　含有游离棉酚，对单胃畜禽有较强毒性，对反刍畜禽有轻微的毒性，主要抑制生长，降低繁殖力及产品质量。长期大量喂蛋鸡，可使蛋黄颜色变褐，蛋清煮熟变硬、像橡皮，俗称“橡皮蛋”，难看又难咽。

棉籽饼粕喂猪、鸡需要先脱毒，最简单的脱毒方法是加硫酸亚铁，一般每 100 千克加硫酸亚铁 1～2 千克。反刍畜禽瘤胃可以解毒，将棉籽饼粕作为蛋白质补充饲料饲喂不会中毒。

（3）菜籽饼粕　含有硫葡萄糖甙（本身无毒），经芥子酶水解后，生成有毒的异硫氰酸盐及噁唑烷硫酮等，能引起肠炎、甲状腺肿大、代谢紊乱等中毒症状，并有辛辣味，适口性较差。最简便而经济的脱毒方法是坑埋脱毒法：坑宽不超过 1 米，深不超过 1.2 米，长视原料多少而定。将菜籽饼打碎以 1∶1 加水拌匀，放入坑中，利用坑壁土壤的吸附作用，而达到脱毒的目的。

（4）胡麻籽饼（粕）及亚麻籽饼（粕）　是用胡麻（或亚麻）籽为原料，经机榨法或有机溶剂浸提法取油后的副产品。我国总产量相当于世界总产量的十分之一，居第四位。亚麻籽饼（粕）与胡麻籽饼（粕）在营养特性上没有大的差别，粗蛋白、粗脂肪、粗纤维、无氮浸出物、粗灰分分别约含 32%、8%、34%、6%和 9.8%，赖氨酸、硫氨酸、色氨酸等含量与菜籽饼近似。粕类在粗脂肪含量上略高于饼类。胡麻籽饼（粕）中有时混有少量菜籽或芸芥籽中含有硫葡萄糖甙，它们在介子酶的作用下会产生噁唑烷硫酮（OZT）和异硫氰酸脂（ITC）。OZT 对畜禽甲状腺有致肿作用，使分泌失调、代谢紊乱。一般胡麻籽饼（粕）在饲料中的配比按 20%计不会出现中毒问题。亚麻籽饼（粕）中含有里那苦甙，又叫亚麻苦甙，经酶分解后，产生氰氢酸可引起中毒。在正常的配合饲料中增加与氨基酸代谢有密切关系的吡哆醇（即维生素 B_6）的用量，有利于有毒物质从体内排出。一般亚麻籽饼可生成的氰氢酸量约为 12 毫克 / 千克，又可变动于 5～21 毫克 / 千克之间。在应用亚麻籽饼（粕）或胡麻籽饼（粕）时，其质量必须达到国家饲料用行业标准要求，详见表 2-2-3。

表 2-2-3　饲料用亚麻籽饼（粕）与胡麻籽饼（粕）的行业标准

饲料名	质量标准	一级	二级	三级	备注
亚麻籽饼	粗蛋白（%）	≥32.0	≥30.0	≥28.0	根据中华人民共和国行业标准
	粗纤维（%）	<6.0	<9.0	<10.0	
	粗灰分（%）	<6.0	<7.0	<8.0	
亚麻籽粕	粗蛋白（%）	≥35.0	≥32.0	≥29.0	
	粗纤维（%）	<9.0	<10.0	<11.0	
	粗灰分（%）	<8.0	<8.0	<8.0	
胡麻籽粕	粗蛋白（%）	≥34.0	≥32.5	≥31.0	
	粗纤维（%）	<9.0	<10.0	<11.0	
	粗灰分（%）	<7.0	<8.0	<9.0	
胡麻籽饼	粗蛋白（%）	≥32.0	≥30.0	≥28.0	
	粗纤维（%）	<10.0	<11.0	<12	
	粗灰分（%）	<8.0	<9.0	<10.0	

第二节　营养需要与饲养标准

一、营养需要与饲养标准的定义

（一）营养需要

营养需要是指畜禽维持生命活动和进行生产活动所需要的各种营养成分的质量和数量。营养需要一般都是在实验条件下测定的，与生产条件下畜禽的实际营养需要相比有些偏低，所以，美国国家研究委员会（NRC）特别说明美国现行 NRC 建议值，即营养需要量，是在特定畜禽、特定状态下的“最低需要量”。就是说，根据此建议量为畜禽配合饲料时（美国直接根据营养需要配料，不另定饲养标准），必须留出一定保险系数。

（二）饲养标准

饲养标准是根据实验测定的平均营养需要量，并参考实验生产条件为畜禽确定的营养供应定额。按照标准配料，基本能满足大多数畜禽的营养需要。

二、维持需要

（一）维持需要的概念及意义

“维持”指体重不增不减、也不生产的休闲状态。畜禽在维持状态下对能量和营养成分的需要叫做“维持需要”。维持需要的营养只能用以维持畜禽的正常生命活动，即维持心跳、呼吸、饮食、消化和营养代谢，以及保持体温和自由活动等，并不能用于生产产品。所以在生产中应尽量缩小维持需要，因为它是一种无偿的消耗。单产水平越高，维持需要的比例越小，生产成本越低。例如一头奶牛，日产标准奶 20 千克，维持需要只占 1/3；若日产 10 千克，则维持需要就占 1/2。因此，为了压缩这一无偿消耗，在宏观指导上，要压缩头数，提高单产，缩短饲养周期，并尽可能地为畜禽创造适宜生活环境，如搭凉棚、建暖圈，以减少维持消耗。

（二）牛维持状态饲养标准

牛在维持状态时的饲养标准如表 2-2-4 所示。

表 2-2-4　成年母牛（2 胎以上）维持状态的营养需要

体重（kg）	400	450	500
日粮（干物质，kg）	5.55	6.06	6.56
NND*（奶牛能量单位）	10.13	11.07	11.97
产奶净能（MJ）	31.80	34.73	37.57
DCP（可消化粗蛋白，g）	268	293	317
CP（粗蛋白，g）	413	451	488
Ca（钙，g）	24	27	30
P（磷，g）	18	20	22
V_A原（胡萝卜素，mg）	42	48	53

* 一个 NND（中国奶牛能量单位）等于 3 138 kJ 产奶净能。这是根据 1 kg 标准乳所含的能量接近 3 138 kJ 而定的。

三、产奶需要

（一）奶的成分

产奶畜禽的生理特点是代谢旺盛，每形成一千克奶就有 500～600 升血液流过乳房；一个泌乳期（305 天）高产奶牛所泌出的干物质相当于自身体重的 4～5 倍。各种畜禽乳的营养成分如表 2-2-5 所示。

（二）奶牛的营养标准

奶牛每产一千克奶的的营养标准如表 2-2-6 所示。

表 2-2-5　各种畜禽乳的营养成分（%）

乳类	水分	脂肪	蛋白	乳糖	灰分
牛乳	87.8	3.5	3.1	4.9	0.7
猪乳	80.4	7.9	5.9	4.9	0.9
水牛乳	76.8	12.6	6.0	3.7	0.9
山羊乳	88.0	3.5	3.1	4.6	0.8
绵羊乳	78.2	10.4	6.8	3.7	0.9
马乳	89.4	1.6	2.4	6.1	0.5

表 2-2-6　奶牛每产一千克奶的营养需要

乳脂率（%）	日粮（干物质，kg）	NDN（奶牛能量单位）	DCP（可消化粗蛋白，g）	CP（粗蛋白，g）	Ca（钙，g）	P（磷，g）
3.0	0.34～0.38	0.87	48	74	3.9	2.6
3.5	0.37～0.41	0.93	52	80	4.2	2.8
4.0	0.40～0.45	1.00	55	85	4.5	3.0

四、生长和肥育的需要

（一）生长和肥育的概念与意义

生长可简单地理解为蛋白质和钙、磷化合物的沉积，伴有能量消耗和少量脂肪的沉积，表现为肌肉和骨骼在数量上的增长。肥育可以简单理解为脂肪的沉积，是传统畜牧业的主要目的。

在畜禽生长过程中肉和脂肪的生长基本是同时进行的，初期主要长肉，即沉积蛋白质；中期肉、脂并长，后期主要沉积脂肪。生长和肥育皆用体重的增加来表示。生长初期和中期增重相对快、瘦肉多，利用饲料经济；后期增重相对缓慢，肥肉多，利用饲料不经济。当代畜牧业的主要目的是生长畜禽蛋白质。

（二）瘦肉型生长肥育猪的饲养标准

1985 年瘦肉型生长肥育猪的国际饲养标准如表 2-2-7 所示。

表 2-2-7　瘦肉型生长育肥猪的国际饲养标准

营养水平（含量 / 千克饲粮）	体重　（kg）	
	20~60	60~90
DE（消化能）（MJ / kg）	12.97	12.97
ME（代谢能）（MJ / kg）	12.47	12.47
CP（粗蛋白）（%）	16.0	14.0
LYS（赖氨酸）（%）	0.75	0.63
Met+CYS（蛋氨酸+精氨酸）（%）	0.38	0.32
Ca（钙）（%）	0.60	0.50
总 P（总磷）（%）	0.50	0.40
食盐（%）	0.23	0.25

（三）提高商品猪瘦肉率的有效途径

提高商品猪瘦肉率的有效途径如下：

（1）选用名种瘦肉猪，如大约克夏、长白、杜洛克或汉普夏等。

（2）利用杂种优势，如进行杜×长×大三元杂交，利用其杂种进行育肥。

（3）运用“前高后低”饲养法。以 60 千克体重为界，前期高水平饲养，后期限制到85%，可提高瘦肉率 5 个百分点。直线育肥法和吊架子育肥法都不适于养瘦肉型猪。

（4）稀释饲粮能量浓度，粗纤维从 4%提高到 7%，瘦肉率可提高 3.55%。

（5）提高饲粮蛋白水平，可提高瘦肉率。

（6）提高饲粮赖氨酸水平（占饲粮 0.8%～0.9%）可提高瘦肉率。

（7）力争在舒适温度区饲养瘦肉猪。

（8）选择适当屠宰佳期。

五、产蛋的需要

（一）集约化饲养蛋鸡的营养特点

（1）所需各种养分和能量全靠人为供给。

（2）产蛋母鸡代谢强度大，在产蛋年内，所产的蛋重相当于其体重的 8 倍，而且体重还将增加 25%。因此，蛋鸡必须吃掉相当于其体重 20 倍的配合饲料，才能满足需要。

（3）产蛋期内，必须保证养分供给合理，能量供应平衡，一方面应能维持生命、生长和产蛋，另一方面又要防止蛋鸡过于肥胖，降低产蛋量，应争取理想体重。

（4）禽类体温高，活动量大，单位体表面积散热多。因而，基础代谢率高，维持需要的比重比哺乳畜禽高。例如，2 千克体重的蛋鸡，年产蛋 220 枚，其维持需要占总需要的 69%。

（5）由于蛋的干物质中（去壳）主要是蛋白及脂肪，所以，蛋鸡饲粮中蛋白与能量水平直接关系到产蛋的质与量。

（二）蛋的成分与形成

水分约占全蛋（带壳）的 65%，去壳蛋中的水分则高达 74%；蛋清部分，含水量高达84%，固形物几乎全是蛋白，有极少量的糖分；蛋黄中，水分占 1/2，固体成分大部分为脂肪，详见表 2-2-8。

表 2-2-8 鸡蛋的成分（%）

	带壳蛋	去壳蛋	蛋黄	蛋清	蛋壳和蛋膜
全蛋	100.0	—	31.0	58.0	11.0
水	65.0	74.0	48.0	87.0	2.0
蛋白	12.0	12.0	17.5	11.0	4.5
脂肪	11.0	11.0	32.5	0.2	—
糖	1.0	0.5	1.0	1.0	—
灰分	11.0	1.5	1.0	0.8	93.5

（三）产蛋鸡的饲养标准

产蛋鸡对能量的需要量常有变化，几点主要原因是：（1）新母鸡体重在变化；（2）环境温度在变化；（3）产蛋量及蛋的大小在变化；（4）应激状态在变化；（5）换羽及羽毛量的多少；（6）活动量的大小。对此，唯一的补偿办法是让鸡每天按能量需要自行采食。鸡有为“能”而食之天性，它能根据饲粮的能量浓度来自行调节采食量：能量浓度高的则少采食，能量浓度低的则多采食，以保证采食足够的能量。随着饲粮能量浓度的变化，其他各种营养成分，特别是蛋白质也应随之相应变化，每只母鸡每日采食100～130克饲粮，约合1 255千焦代谢能。

产蛋前期平均蛋重56克，每产1个蛋，需蛋白12.2克；产蛋后期平均蛋重60克，每产1个蛋，需蛋白13.5克。

我国国标产蛋鸡蛋白质需要的水平为：产蛋率大于 80%，则粗蛋白 16.5%；产蛋率65%～80%，则粗蛋白15.0%；产蛋率65%以下，则粗蛋白14.0%。蛋鸡对必需氨基酸与非必需氨基酸的需求比例，接近于需要量的理想蛋白质，应避免某种氨基酸特别过剩，造成氨基酸的不平衡。蛋鸡对钙的需要量很大，每产1个蛋约需2克的钙，用于形成蛋壳。蛋壳一般在傍晚形成，此时需大量的钙，但鸡采食一般都在上、下午，为此，钙质饲料不宜磨得过细，要有一些大颗粒，以备傍晚能消化吸收。产蛋鸡对磷的需要量为0.60%，其中80%应为无机磷，或畜禽性饲料来源的磷。为保证钙磷都能很好地吸收，钙、磷之比以5∶1为好。高产鸡对维生素的需要量较多，尤其处在应激状态更需加倍供给，以保证安全。产蛋鸡饲养标准详见表2-2-9。

表2-2-9　产蛋鸡饲养标准

营养成分		产蛋率（%）		
类别	名称	大于80	65~80	小于65
基本成分	代谢能（MJ/kg）	11.50	11.50	11.50
	CP（粗蛋白）（%）	16.5	15	14.0
	Ca（钙）（%）	3.50	3.4	3.20
	总P（磷）（%）	0.60	0.60	0.60
	有效P（磷）（%）	0.33	0.32	0.30
	食盐（%）	0.37	0.37	0.37
氨基酸	蛋氨酸（%）	0.36	0.33	0.31
	蛋+胱氨酸（%）	0.63	0.57	0.53
	赖氨酸（%）	0.73	0.66	0.62
维生素	VA（维生素A）（IU，国际单位）	4000	4000	4000
	VD（维生素D）（ICV，国际单位）	500	500	500
	VB_1（维生素B_1）（mg/kg）	0.8	0.8	0.8
	VB_2（维生素B_2）（mg/kg）	2.2	2.2	2.2
	VB_{12}（维生素B_{12}）（μg/kg）	4	4	4
矿物质	铜（mg/kg）	6	6	6
	碘（mg/kg）	0.3	0.3	0.3
	铁（mg/kg）	50	50	50
	锰（mg/kg）	30	30	30
	锌（mg/kg）	50	50	50
	硒（mg/kg）	0.10	0.10	0.10

第三节　饲粮配合

一、有关配合饲料的名词术语

1．日粮

一头畜禽一昼夜所采食的各种饲料的总和。

2．饲粮

按日粮中各种饲料的比例配制的大批配合饲料。

3．饲粮配方

包括组成饲粮的各种饲料的配比，营养水平及饲粮价格等。

4．全价饲粮配方

饲粮所含的营养水平完全符合饲养标准要求的配方。

5．最低成本饲粮配方

成本最低，营养水平达到饲养标准的最低需要量的配方，一般借助计算机通过数学优化方法获得。

6．高效益饲粮配方

突出少投入多产出以获利最多为目标的配方。

二、配合饲料种类

配合饲料一般可分为以下四类：

1．预混料

由添加剂与载体混合而成，作为全价配合饲料的原料，不能单独饲喂。像复合微量元素添加剂、多种维生素添加剂和保健添加剂等均属此类。

2．浓缩料

由蛋白饲料+维生素饲料+矿物质微量元素+食盐等组成，不能单独饲喂。运回后，可按说明自行添加能量饲料（如玉米和糠麸等）变成全价饲料才能饲用。

3．精料混合料

由谷实、糠麸、饼粕、添加剂和食盐等组成的半成品饲料，不能单独饲喂，必须按说明书与适量的青贮、青、粗饲料和多汁饲料搭配，形成全价饲料才能饲喂。主要适用于牛羊等反刍畜禽。

4．全价配合料

由各种饲料组成，其营养水平和比例均能满足畜禽营养需要，符合饲养标准的要求，可单独饲用，不需再添加任何其他饲料。

三、配合饲料料型

配合饲料一般分为以下四种料型：

1．干粉料

把各种饲料原料均加工成干粉状，混合均匀制成的配合饲料。

2. 颗粒料

蒸气加压制成小柱形体，称为颗粒饲料。它能减少抛撒，增加畜禽采食量。颗粒大小，可根据饲喂对象而定。

3. 饲料砖

把各种精、粗饲料加工制成砖头大小的长方块，家畜啃食、舔食，或打碎饲喂，便于运输和贮藏。

4. 流体料

把各饲料加水制成流体，如人工乳、液体鱼粉和油脚饲料等。

四、配合饲料的优越性

配合饲料一是能及时应用畜禽营养学最新科学成就；二是能综合利用当地饲源，配合出全价配合饲料；三是可把用量占百万分之一（ppm）的微量元素和维生素均匀添加进饲料中，保证家畜健康；四是便于实现工厂化生产，投入少，效益高。

五、饲粮配方的设计

（一）饲粮配方设计三原则

1. 营养好、有实效

必须以饲养标准作为配方设计的科学依据，通过饲养实践检验，确有实际饲效，能充分发挥畜禽的生产潜力。结合我国国情，不盲目追求高营养水平和高生产指标。

2. 安全可靠

设计配方时，所选用的原料（包括添加剂在内）必须安全可靠，计算准确，遵守使用法令，安全第一。

3. 经济合理

在选料时，必须充分利用当地饲料资源，既要营养好，又要价格便宜。

（二）设计步骤

（1）调查了解配方应用畜禽的品种、体重、年龄、所处环境和所达到的生产水平，查出相应的饲养标准；

（2）调查货源情况、饲料市场价格行情；

（3）经实验室化验或从饲料成分及营养价值表获得所选用饲料的可靠成分；

（4）查配比一般范围表，并借鉴成功的配方，试定配比；

（5）核算饲粮营养水平及饲粮成本；

（6）将饲粮营养水平与畜禽饲养标准逐项对比，补差减多，调整配比，完成配方设计。

（三）设计所需资料

设计所需资料主要包括：饲料标准；饲料成分及营养价值表，价格表；原料品种及质量等级表；拟用原料化验单；配比范围表；成功的配方等。

（四）饲料的配比范围

表 2-2-10、表 2-2-11 和表 2-2-12 分别给出了鸡、猪、奶牛饲料配方的配比范围或最大喂量，可供配方设计时查阅参考。

表 2-2-10　鸡饲料配方的配比范围

类别	主要成分	蛋鸡			肉仔鸡	
		幼雏（0~8 周）	中雏（8 周至成熟）	产蛋种鸡	0~6 周	6~10 周
谷物及副产品	1. 高能的	46	50	54~71	58	64
	2. 低能的	10~15	18~23	0~17	—	—
蛋白饲料	3. 植物性的	30	16	10~18	22~32	22~27
	4. 畜禽性的	0~5	0~5	0~3	0~10	0~5
	5. 矿物质饲料	3	4	5	3	3
	6. 维生素添加剂	6	6	6	7	6

表 2-2-11　猪一般饲粮配方配比范围

成分	比例（%）	成分	比例（%）	成分	比例（%）
玉米	40~75	棉、菜籽饼粕	5~10	干草粉	1~5
麦麸	5~25	矿物质饲料	1~8	添加剂	0.2~3
豆饼粕	8~40	进口鱼骨粉	1~10	食盐	0.37

表 2-2-12　奶牛饲料的最大喂量

成分	数量（kg）	成分	数量（kg）	成分	数量（kg）
青干草	10	青草	50	小麦	3
青贮	25	玉米、大麦、燕麦、豆饼	4×4	豆类	1

六、配合饲料的生产

配合饲料的生产必须把好下述“三关”：

1．原料检测关

所进的原料必须新鲜，无霉烂变质，经实测符合等级要求方可入库。为了保证原料质量，必须有保证措施，要有快速常规成分测定设备，还要有对黄曲霉素、尿素酶、盐分和掺假等的检测手段，更要有严格的管理责任制。

2．生产配制关

一定要按配方要求保质保量地下料，一丝不苟地按操作规程配制，不能擅自修改配方或以次充好。

3．成品检验关

配制好的饲料一定要按规定抽样检测，各项指标均合格才准出厂。

第四节　畜禽饲养技术

一、禽类的饲养管理要点

（一）禽类的品种

1．品种

是指通过育种而形成的一个规格化的禽群，它们都有各自的品种标准。

2．变种

是品种的内部结构之一。系据独特的羽斑、羽色、冠型、胫羽等区分。迄今国际公认的家禽标准品种和变种有340多个，其中鸡约有200个。

（二）现代化品种分类法

现代商品化养禽业的发展，使禽类育种工作和品种产生了相应变化，品种分类主要按经济性状分为蛋用系和肉用系，并对配套合成系冠以公司的商品名。

1．蛋用系

指某些专门化的商品性母禽的品系。蛋鸡又分为白壳蛋系和褐壳蛋系。

2．肉用系

指某些专门化的肉用品种和配套系。在制种时又分为肉用父系和母系，以期获得最佳的配合力和商品生产率。

（三）家禽的孵化技术

家禽是卵生畜禽，有一个体外发育的过程，这就是天然孵化或人工孵化。因此，孵化是家禽繁殖的一种特殊方法。随着养禽业生产日趋集约化、工厂化，人工孵化的规模、设备与技术也愈加完善。孵化工作的专业化、机械化、自动化，不仅节约了劳力、设备、能源和资金，也提高了孵化率与雏禽的品质。及时的接种免疫、检疫有效控制了禽病传染。

1．孵化厂（厅或室）的布局与消毒

（1）孵化厂的位置　基于对现代的霉形体病（败血霉血体与滑液囊霉形体病）、沙门氏杆菌病（白痢、伤寒、副伤寒）等控制隔离的重要性，孵化厂不能建在饲养雏鸡和家禽的建筑物附近，即使与其他禽舍相隔150 m，仍然会产生间接感染。为此，孵化厂应有一个独立的进出口，人员进出均应通过换衣室和消毒室，以防止带菌者进入。实践表明，最好是进出都通过洗澡间淋浴，更换衣、鞋后再进入，这是目前行之有效的防疫措施之一。

（2）孵化工作的流程　入孵的种蛋由一端送入孵化室，出壳雏禽由另一端送出。这种路线应是单向的，不得倒退或交叉，这样有利于预防疾病的交叉反复感染，以及孵化操作的机械化、自动化。运送种蛋与雏禽的人员不得进入孵化室。

（3）孵化厂的废弃物处理　必须注意孵化厂的卫生规划与设施。地面、墙壁、空气都必须保持清洁，孵化机具要经常擦洗，定期消毒。各种废弃物要集中收集，绒毛与尘埃可用吸尘器收集，必须把垃圾放置在封闭的容器内，争取就地焚化或用塑料袋封装送出。

2．种蛋的选择、保存、运输和消毒

（1）种蛋的选择　种蛋的品质直接影响到孵化率的高低和初生雏禽的品质以及育雏率。为此，种蛋必须来自健康和高产的种禽场。种蛋要求新鲜，一般不超过5d，蛋重符合品种要求，蛋形要正常，壳面要清洁，必须剔除各种畸形蛋和脏蛋。

（2）种蛋的保存　种禽场应专设蛋库，库内配置空调器，保存温度一般为10℃～18℃，相对湿度为75%～80%。保存2周以上时，应将种蛋钝端朝下放置，每日定时翻蛋1～2次。

（3）种蛋的运输　应采用特制的蛋箱包装和运输。目前常用瓦楞纸板箱和塑质瓦楞板箱，可防止碰撞和震荡。放蛋时应将蛋的钝端朝上。运输工具要求快速、平稳、安全，并能防止日晒、雨淋。搬运时要轻取轻放，防止斜置。

（4）种蛋的消毒　种蛋遭受污染的机会随着产后时间的延长而增多，并与产蛋箱的垫料、运动场地面、集蛋方式、鸡舍环境条件、盛蛋容器及工作人员手的净度等密切相关。大型种鸡场应在集蛋后尽快进行种蛋消毒工作，并在蛋库、孵化前再次对种蛋实行消毒。常用消毒方法有：① 将种蛋置于密闭容器或塑料薄膜帐内，温度保持80℉以上，相对湿度达60%～80%时，每立方米容积用福尔马林28 mL，高锰酸钾14g，熏蒸消毒半小时；② 用0.02%的新洁尔灭温水溶液喷雾蛋面进行消毒。

3. 人工孵化的条件

人工孵化的条件是家禽胚胎生长发育的外界环境条件。不同的禽类、品种类型以及孵化设备，所需孵化条件原则上大体相似，但孵化制度不尽相同。

（1）温度　是家禽胚胎发育最主要的条件。孵化温度与孵化机具、室温、禽蛋种类、孵化方式、胚龄等有关。鸡胚发育的适宜温度范围是37℃～39.5℃（98.6℉～103.1℉），鸭蛋的孵化温度较鸡蛋低1℉，鹅蛋则较鸡蛋低2℉。出雏时温度较孵化温度低1℉～2℉。孵化室的温度要求稳定在22℃～25℃（72℉～77℉）。应根据具体情况实行变温制（全机一次入孵）和恒温制（分批入孵制），前者可遵循“看胎施温”的方法，定期检查胚胎发育情况来矫正温度的高低，要做好停电时加温的处理，要防止水禽活胚蛋后期超温现象。因此，要求孵化机控温系统要灵敏、精确、稳定，这是衡量孵化机质量的指标之一。为使孵化机内温差降低到最低限度，其风叶应呈三角形，定时正反转动。

（2）湿度　胚胎对湿度的适应范围较宽，但仍须重视湿度的作用。湿度超常将破坏蛋内的水分代谢与温热的感受，同样影响孵化率与雏禽品质。变温孵化初期胚胎要生成羊水和尿囊液，相对湿度为60%～65%；孵化中期和后期为排除羊水和尿囊液，相对湿度可降至55%～60%；出雏期间相对湿度应增高至70%。恒温孵化时，相对湿度可保持60%，出雏箱仍保持相对湿度70%。水禽蛋对湿度的需求较鸡蛋为高，特别是在孵化后期与出雏期间，要求孵化机自控或人工控制好湿度的高低和稳定。

（3）通风　随着胚龄的增大和物质代谢水平的提高，尿囊的发育，特别是当肺呼吸形成后，胚胎需要更多的氧气。在孵化过程中，每只鸡胚约需氧8 100 cm^3，排出二氧化碳4 100 cm^3，当通风不良、孵化机内的二氧化碳的含量达1%时，会招致胚胎畸形、体弱，降低孵化率。正常的通风量和气流路线还可保证孵化机内胚胎受热均匀，有助于水分的蒸发及散热。因此，通风指标是孵化机的质量标准之一。

（4）入孵位置　为提高入孵量，减少胚胎异位和死胎，必须防止蛋的锐端朝上放置。在出雏前三天移至出雏盘，最好使胚胎平放以利于出壳，便于孵化管理。先进的水禽蛋孵化厂，采取种蛋孵化初期钝端朝上放置，第一次照蛋后胚胎一律平放孵化，可以减少胚胎中死率，提高孵化率。

（5）翻蛋　目的是及时变换所处位置，保持胚胎受热均匀，减少胚胎与壳膜、胎膜粘连，增加胚胎运动，同时促进了卵黄囊血管、尿囊血管与蛋黄、蛋白接触的面积，有利于营养的吸收。翻蛋的起迄时间，是从入孵开始至落盘止，出雏期间不再翻蛋。翻蛋次数与孵化机具类型和机内温差有关，一般每天进行4～12次，大型孵化机最好每小时翻蛋一次。翻蛋角度鸡蛋以90度为好，水禽蛋以90～120度为好。翻蛋有自控、手转动、手工机械摇转以及手工翻动。要求翻蛋机械转动缓慢、平稳，手工翻蛋时要轻拿轻放，以减少破蛋率。

（6）凉蛋　目的是使孵化设备大幅度换气，而间隙地降温可增强胚胎生活力，增加孵化后期生理增热的散发，防止超温现象，对于水禽蛋具有重要的生物学意义与实用价值。先进的孵化机具因具备控温与通风的能力，所以孵化鸡蛋时只要不超温，可不进行凉蛋。

通过上述的孵化制度和综合性技术措施，正常的家禽平均孵化期为：鸡21天，鸭28天，鹅31天。

4. 影响种蛋孵化率的因素

种蛋孵化率受到遗传、营养、种蛋处理、疾病和孵化管理等多方面影响。以种鸡对孵化率的影响为例简述于下：

（1）遗传因素　近亲交配会降低孵化率。近交系数每增高 1%，孵化率则相应下降 4%。孵化率的遗传力是 0.2 左右。因此要提高孵化率，个体选育成效不大，而利用杂交优势较为有效。此外，对孵化率有直接影响的遗传基因是致死基因，至今已发现该种基因有 30 个以上。

（2）种鸡疾病　种鸡患有传染性支气管炎、新城疫、白痢、肠炎以及任何破坏生殖系统的疾病都会使种蛋质量下降，尤其是呼吸道疾病影响最大。种鸡即使轻度患病，也能使矿物质代谢紊乱，招致产薄壳蛋、畸型蛋。对患有严重传染病及体质差的母鸡应及时淘汰，对公鸡的选留更要严格，应按规定执行免疫程序。

在产蛋期间用磺胺类和呋喃类药或疫苗防治疾病，均可使种蛋品质下降。可用抗生素代替上述药物。

（3）种鸡营养状况　育成期和产蛋期的维生素、矿物质供应不足或不平衡，会降低受精率。鸡胚在发育过程中发生畸形死亡，孵化后期无力破壳、体弱、先天不足和死雏明显增加。

（4）种鸡的生理状态　随着鸡龄和产蛋持续时间的延长，孵化率逐渐下降，一度停产后再开产则孵化率有所提高。受到应激时会降低孵化率。

5. 初生雏的选择与运输

为了提高育雏率以及满足专业养禽场、专业养禽户的需要，都必须对初生雏禽进行分级鉴定与性别鉴定（商品肉禽除外），同时也要抓好初生雏禽的装箱和安全运输工作。

（1）初生雏禽的选择　一般都采用外貌选择法进行鉴定分级，对种雏要进行称重、健康检查和编号。

① 初生雏鸡的外貌选择法

根据外貌选择初生雏鸡时，主要依表 2-2-13 所列出的项目进行。

表 2-2-13　初生雏鸡外貌选择项目

序号	项目名称	强雏	弱雏
1	出壳时间	正常时间内	过早或过迟
2	绒毛	整洁，富光泽，长度正常	蓬乱污秽，缺乏光泽，优势绒毛短缺
3	体重	大小均匀，体态匀称	大小不一，过重或过轻
4	脐部	干燥，其上覆盖绒毛	脐部愈合不良，卵黄囊外露，脐部裸露
5	腹部	大小适中，柔软	特别膨大，触之有弹性
6	触感	有膘，饱满，挣扎有力	瘦弱，松软，无挣扎力
7	活力	活泼，躯干结实，反应快	多痴呆，闭目，站立不稳，反应迟钝
8	鸣声	响亮而脆	嘶哑，或鸣叫不休

② 初生雏鸭的选择　优良的雏鸭表现为：出壳时间稍早，体重较大，胎膘较好；绒毛的长短和色彩正常，柔软而富光泽；头大，眼大有神，背宽喙阔，腹部柔软，脐部愈合良好；胫、趾、蹼有光泽，站立姿势正直，尾部不下垂；作为种雏鸭，其绒毛色彩与体重必须符合其品种标准。

③ 初生雏鹅的选择　优良的雏鹅表现为：个体大，绒毛长而疏松洁净；头大，眼大，颈

部粗实；腹部柔软，大小适中，精神活泼；作为种雏鹅，其绒毛色彩与体重必须符合其品种标准。

（2）初生雏禽的运输　初生雏禽经选择与鉴别后，按原种或制种搭配雌雄比例，按常规每箱附加雏禽 4%，以弥补因运输的损失。应将初生雏禽装在专用的运雏箱内，箱外注明品种、品系、父系和母系，雌雄雏数，出雏日期，运抵目的地和单位，出售单位等。箱子四周与顶盖要多设通气孔，箱角要加衬隔板，以防闷挤致伤。箱底铺垫软草，以减轻震动。运输工具要快速、平稳和安全，要防热与防冷。应在出雏后 24～36 h 内运抵目的地，及时开食和开水。运抵后，低值的纸质运输箱应予焚毁，塑料箱应洗净消毒以备再用。凡路途较远超过两天以上者，以采用嘌蛋方式运输为妥。

（四）鸡的饲养管理

饲养管理是养鸡的重要环节，具体饲养管理条件与措施视鸡的品种、品质、用途、生长发育阶段、生产性能水平、饲养方式而异。表 2-2-14 给出了鸡的生长阶段划分，在不同的阶段，应采取不同的饲养管理措施。

表 2-2-14　鸡的饲养期与周龄

饲养期	育雏期	育成期		繁殖期	
生长阶段	雏鸡	蛋鸡	肉用种鸡	新母鸡	老母鸡
周龄	0~6	7~20	7~22	开产至换羽	换羽至次年换羽

1. 育雏期的饲养管理

对雏鸡进行科学的饲养管理称为育雏，育雏期末雏鸡成活的百分率称为育雏率。育雏期的饲养管理是养鸡业生产的重要环节，直接关系到雏鸡成活率与以后的生产力，为此必须为雏鸡创造良好的环境条件。

（1）合适的温度　温度是育雏成败的关键，初生雏鸡的体温较成年鸡低 3℃，7~10 日龄才能达到正常体温，至 3 周龄其体温调节机制才告发育完善。因此必须对雏鸡实行人工保温，具体育雏温度见表 2-2-15。至于保温时间的长短，因育雏季节、室温、品种、体质、饲养方式而异。

表 2-2-15　雏鸡给温标准

周 龄	育 雏 器 温 度		育雏室温度	
	℃	℉	℃	℉
1~2 天	35	95	24	75
1 周	35~32	95~90	24	75
2 周	32~29	90~85	24~21	75~70
3 周	29~27	85~80	21~18	70~65
4 周	27~21	80~70	18~16	65~60

（2）全价的营养　雏鸡生长迅速，必须保证供给完善的营养，对蛋白质、维生素和矿物质等应特别注意供给。必须严格按照品种、品系的要求来配制日粮。

（3）合适的湿度　在育雏的头 10 日内，由于育雏温度稍高，垫料又较干燥，雏鸡个体小，常致室内湿度偏低，加之灰尘扬起，雏鸡易患呼吸道疾病。可采取炉上加水壶蒸发水分，或喷洒水补充湿度，要求相对湿度为65%左右。10日龄后，排粪量大，呼出的水气多，易致垫料潮湿，影响生长发育，也易诱发球虫病。故宜勤垫勤换，加强通风，保持相对湿度60%左右。

（4）良好的通风　雏鸡个体虽小，但新陈代谢旺盛。育雏室通风不良，常招致空气污染，氨气、二氧化碳、硫化氢等有害气体均影响雏鸡的生长发育，也是降低雏鸡抗病力、诱发或并发其他疾病的重要原因之一。以煤炉作为育雏热源时，一定要装设通风管至户外，以防一氧化碳中毒和引起火灾。

（5）适宜的光照　现代养鸡业普遍采用平养、网养和笼养，只要饲粮养分全面，或添加维生素制剂，可以完全不行日光浴。育雏技术规范中对种雏与商品蛋用母雏，都采取限制光照法，以控制其性成熟期。由于光照制度不一，方法各异，故育雏期间要遵循以下原则：每日光照的时间不得延长，光照的强度不得增加。应严格按照该品种（品系）所规定的光照制度和当地日照时间，制定出实用的光照实施计划。开放式鸡舍采用“渐减法”，密闭式鸡舍则采用“简便法”，参见表2-2-16。

表2-2-16　适宜的光照时间

方法	渐减法			简便法		
周龄（周）	0~1	1~2	3~22	0~1	1~2	3~22
光照时数（小时）	24	13	每日减少1h至22周减为8h	24	19	8

（6）合理的密度　密度是指单位面积内（$1m^2$）容纳的雏鸡数，密度大小应根据禽舍、育雏设备、品种、室温与通风情况而定。

在通风良好的条件下，提倡合理加大密度，以增加单位面积的容雏数，提高经济效益。但密度过大，会造成空气污染、环境潮湿、活动受限、诱发啄癖，导致生长不良，发病及死亡率增加。一般情况下，可以表2-2-17的密度标准为参照。

表2-2-19　育雏密度（每平方米饲养只数）

周　龄	1～2	3～4	5～6	7～8	9～10
立　体	60	40	27	20	17
平　面	25		12		10

2. 育雏的方式

人工育雏的方式可大致分为平面育雏法、立体育雏法以及平面与立体联合育雏法。现代养鸡业中，都已实现了育雏专业化，实行了“全进全出”制。我国目前仍多属自繁自养，因此一般规模不大。笼育雏已普遍推广。

（1）平面育雏法　根据育雏方式又可分为平面垫料、厚垫料和平面网养法。一般平养时，加铺垫料3~5cm。采用伞形育雏器时，底面可铺细铁丝网。采用地下烟道时只能铺垫料2cm。厚垫料一般20cm厚，要分期铺至。厚垫料可省劳力，其发酵热可保持小气候稳定，还能提供维生素B_2，有助于生长发育，适宜于干寒季节采用。平面网养是一种先进的育雏技术，适用于大规模集约式饲养。一般养育在离地50~60cm高的细铁丝网上，网眼为1.25cm×1.25cm，也可采用竹子代替。网养有助于减少传染病，节省大量垫料，但对营养与饲养管理水平要求较高。

（2）立体育雏法　这是一种现代化的先进育雏技术，常见的为3~5层育雏笼组。笼养具有很多优点：能提高单位面积的利用率，饲养密度高；便于机械化自动化操作，降低劳动强度；可有效地控制白痢病、球虫病等的发生和蔓延；不用垫料，灰尘少；采食均匀，发育整齐，增重良好，成活率高，饲料报酬高。但易发生胸部囊肿、软脚病和啄癖。热源可采用热水、电热或热风。采用机械强制通风，对饲料的全价性、供热、通风、防疫措施和饲养管理技术水平要求较严格。

（3）平面与立体联合育雏法　一般先在平面育雏10天，然后上笼架，至1月龄后再实行平养。也有先笼育10～15d后再下地面饲养。虽可结合两者的某些优点，但由于经常调换环境，捉鸡次数多，对雏鸡造成多次应激。

3. 雏鸡的饲养管理

（1）雏鸡的初次喂食　一般都在孵出后24~36 h内进行为好。多以碎米、小米或碎玉米粉作为开食料，直接采用混合料效果更好。应采用专用食槽，开食时要求提高室温与照明，务使雏鸡学会吃食。

（2）雏鸡的初次饮水　可以在开食前，也可与开食同时进行。初期宜饮温水，并不得断水。宜采用专用饮水器，防止沾湿绒毛。

（3）雏鸡的日粮配合　要求日粮新鲜，营养全面，混合均匀。在1月龄内日粮中的粗蛋白质含量为20%左右（肉用雏鸡要略高些），代谢能为11.7 mJ / kg，粗脂肪1%，粗纤维应低于5%。日粮配合比例参考表2-2-18。

表2-2-18　雏鸡日粮配比（%）

饲料种类	1~30日龄	31~60日龄
谷粒类	52.6	53.6
糠麸类	15.0	26.5
油饼类	20.0	15.0
畜禽性饲料（干）	10.0	2.5
石粉	1.0	2.0
骨粉	1.0	—
食盐	0.4	0.4

（4）饲喂量　喂量因品种、品系、体重、气温、用途等情况而异，可参照表2-2-19执行。

表2-2-19　每百只雏鸡每周饲料消耗量（kg）

品种＼周龄	1	2	3	4	5	6
小型蛋用种	6.60	9.24	12.39	16.17	18.41	19.46
蛋用型	9.24	12.67	17.15	22.26	25.41	26.67
兼用型	11.20	15.13	19.39	27.58	28.91	30.17
肉用型	13.00	18.00	32.00	42.00	52.00	62.00

（5）饲喂方式　分为限制采食与自由采食两种。前者可有效地控制雏鸡生长发育的进程，使其具有较高的育种价值与生产性能；后者对肉用雏鸡较实用，可促进生长发育和达到经济增重。至于喂干料或湿料，粉料或粒料，应根据各场的饲料、设备、季节和饲养技术而定。

一般地，若采用机械送料则宜用干料。

（6）饲喂次数　一般育雏期采用自由采食，以使雏鸡迅速熟悉采食与饮水，防止饥渴。3日龄后可喂 6 次（其中夜间一次），10～35 d 喂 5 次。肉用雏鸡采取日夜自由采食法。

（7）及时分群　一般 7 日龄内每群以 300～500 只雏鸡为宜。以后可合并为 1 000 只一群。最好能按品种、品系、性别、强弱分群。不同日龄的雏鸡不宜混群饲养。

（8）防止恶癖　由于饲养管理不当，如室温偏高、通风不良、密度过大、营养不良、强光刺激等应激因素，常会招致雏鸡群内发生啄羽、啄肛、啄趾和相互啄肉等恶癖，造成严重后果。除及时改进饲养管理外，常采用断喙术以预防啄癖，但种雏只宜断去喙的尖端，商品雏借助于断喙机于 6～9 日龄或 2 周龄时施术。要求断去上喙尖端至鼻孔间的 1/3～1/2 部分，下喙仅断 1/4 部分。

（9）切趾、烙距、截冠　用烙铁将公雏内趾末端切除，同时将距部烙平，勿使生长，以免成长后交配时伤害母鸡背部。凡大型单冠雏鸡，均可于 2 日龄时剪去冠部，以防止斗伤或碰伤，并改善视力；必要时还可剪去肉垂。

（10）疾病防治　育雏舍应与孵化室、成鸡舍严格分开，并保持一定距离。按规定及时接种各类疫苗，严格消毒制度，工作衣、帽、鞋及用具、食槽与饮水器等应定期清洗并消毒。一般应谢绝参观，饲养人员不得相互串门，并注意病死雏的剖检与处理。

（五）育成期的饲养管理

本阶段的特点是育成鸡生长发育相当旺盛，对今后种鸡体重、性成熟、产蛋率、蛋重、产肉量等都有直接影响。育成期的长短取决于品种、品系、季节、用途和饲养管理方式。

1. 种用和蛋用仔鸡的饲养管理

按饲养管理方式可分为舍饲与放牧两种类型。蛋用型鸡与商品蛋用母鸡的饲料配方基本相同。

（1）舍饲　① 饲料和饲养，种用和蛋用仔鸡每天饲喂 4 次，日粮中粗蛋白质含量可较幼雏低，约在 13%～15%，并注意矿物质和青绿饲料的补充。通常，应实行限制饲喂，以节约饲料消耗，减慢生长发育速度，降低体重，适当推迟性成熟期，防止母鸡脂肪沉积过多，减少脂肝综合症，提高蛋重和种蛋的合格率，降低产蛋期间母鸡的死亡率。限制饲喂的方法包括限量饲喂、限时饲喂（缩短每次饲喂时间；一周停喂 1d 或 2d；隔日饲喂）或限质饲喂（高纤维、低能量、低蛋白饲料；高能量和低赖氨酸饲料）。一般自 6～8 周龄开始，至 22 周龄时转为种鸡日粮。肉用型限制喂食量为自由采食量的 70%～80%，蛋用型则为 90%。② 密度与分群，45～60 日龄时每平方米饲养 6～8 只，每群以 100～200 只为宜。后备公鸡可按母鸡数的 20%选留。肉用鸡 6～8 周龄时最好公母分开饲养。商品蛋用仔母鸡进行笼育时的密度参见表 2-2-20。③ 防疫卫生，应按规定进行有关疫苗接种，并进行 1～2 次驱虫。必须经常抽测体重，进行饲料品质检查和调整。凡遇鸡群暴发疾病时，应停止限制饲喂而改为自由采食。不应在停止饲喂日补充沙砾，对断喙不正的鸡应重新修整。对病死鸡要进行剖检，并作好必要的记录备查。

表 2-2-20　育成鸡笼内每只仔母鸡所需地面面积（cm^2）

品种	到 14 周	到 18 周	到 22 周
小型来航鸡	155	194	258
普通来航鸡	232	290	387
中等体型	277	355	484

（2）放牧　有条件时可以对种用育成鸡实行放牧饲养，这样既增强其体质，又节省饲料。放牧的年龄应在两月龄后且外界气温不低于10℃时开始进行。应训练上栖架，进行音响训练，预防兽害，注意气候变化。收牧时进行鸡群整顿，在驱虫后转入种鸡舍。

2. 肉用仔鸡的饲养管理

肉用仔鸡具有生长快、肉质细嫩、饲料转化率高、适于集约化饲养等特点。因此，必须采用高能量、高蛋白的饲粮。肉用仔鸡5周龄内日粮应含有23%～24%的粗蛋白质，5周后至8周龄供屠宰时应含有20%～21%的粗蛋白质。肉用仔鸡一般采用自由采食法饲养，前期最好饲喂粉料或碎粒料，4～5周龄后改用适当形状的颗粒饲料，并以合成维生素制剂代替青饲料和糠麸类饲料。日粮配合比例可参考表2-2-21。

表2-2-21　肉用仔鸡日粮配合（%）

饲　料		周　龄	
		1～5	6～8
日粮配比	碎米	28.6	4.5
	玉米粉	20.0	50.0
	小麦粉	20.0	20.0
	豆饼	20.0	18.0
	鱼粉（含60%蛋白质）	10.0	5.0
	贝壳粉	—	0.6
	骨粉	1.0	1.5
	食盐	0.4	0.4
成分	代谢能（mJ/kg）	11.79	12.61
	粗蛋白质（%）	21.6	18.3
	钙（%）	0.92	1.00
	磷（%）	0.72	0.67

肉用仔鸡的饲养采用平面网养或笼养的方法，公母分养，并采用“从生到死”制，大大提高了劳动效率，但必须具有高超的饲养管理技术水平和防疫措施，否则易发生啄癖、胸部囊肿和软脚病。目前国内已推广全塑料笼具，价廉物美，可有效降低胸部囊肿，既提高成活率与合格率，又便于消毒。饲料投放量可参考表2-2-22中的喂量标准进行。

表2-2-22　肉用仔鸡的饲料消耗量（kg/只）

周龄	公鸡		母鸡		公母混养	
	每周	累计	每周	累计	每周	累计
1	0.13	—	0.12	—	0.13	—
2	0.19	0.32	0.18	0.30	0.18	0.31
3	0.34	0.66	0.30	0.39	0.32	0.63
4	0.44	1.10	0.39	0.99	0.42	1.05
5	0.56	1.66	0.48	1.47	0.52	1.57
6	0.69	2.35	0.55	2.02	0.62	2.19
7	0.82	3.17	0.63	2.65	0.73	2.92
8	0.96	4.13	0.73	3.38	0.84	3.76
9	1.04	5.19	0.74	4.12	0.90	4.66
10	1.05	6.22	0.81	4.93	0.92	5.58

肉用仔鸡大多采用“全进全出”制，在两批中间有7～10d的打扫、冲洗与消毒的时间，这是切断传染源的有效手段。肉用仔鸡应采弱光照，能看到食槽和水槽即可。如此可使肉用仔鸡安静，减少啄癖，加快生长发育。屠宰前一个月应停止接种鸡新城疫疫苗，屠宰前半个月应停止饲喂蚕蛹，以免影响肉品卫生。

（六）成年鸡的饲养管理

饲养种母鸡与商品用鸡的目的，就是要获得数量多、质量好的种蛋与食用蛋。对于不同品种与类型，饲养管理原则基本相同。种鸡按饲养方式多为半舍饲，有的采用平面网状或栅状地面，也有采用混合地面（垫料地面与网状或栅状地面并用）饲养。近年来也有采用种鸡笼养的。商品蛋用鸡多采用半舍饲或舍饲。平养时采用垫料地面、网状或栅状地面，或混合地面，机械化蛋鸡场多采用笼养。

1. 日粮配合

产蛋期应采用阶段饲养法，应根据饲养标准的要求，结合品种（品系或类型）、年龄、体重、产蛋率、季节、饲养方式等情况，调整日粮配合。种鸡和产蛋鸡的日粮配合可参考表2-2-23。

表2-2-23　种鸡和产蛋鸡的日粮配合（%）

饲料种类		种鸡	产蛋鸡
谷类及其副产品		35~75	35~75
蛋白质饲料	畜禽性	2.5~3.7	0~2.5
	植物性	7.5~10	10~12.5
矿物质	蛋壳粉或蛎壳粉	3~3.5	3~3.5
	骨粉	1.5~2.0	2~2.5
食盐		0.5	0.5
根茎、瓜类（代替谷粒料数量）		10~30	—
青绿饲料（占日粮总量）		30~40	—
干草粉（冬季占日粮总量）		3~5	—

2. 喂量与喂法

一般每日每只鸡喂混合料90～150g。平养时，粒饲、干粉饲与湿饲法常结合交替使用，每日喂3～5次，青绿饲料可单独喂，也可切碎拌入日粮中饲喂。机械化饲养时，多采用粉料，青绿饲料以干草粉和维生素制剂方式添加。要定时喂料，每次布料量不宜过多。

3. 饲养管理要点

（1）春季　春季是最好的育种与繁殖季节。为此必须确保饲料的全价营养，特别是蛋白质、维生素和矿物质的补充，同时饲料的种类宜相对稳定。应加强对种鸡与商品蛋用鸡的管理，每日喂食次数可以增加1～2次。每4只产蛋鸡应备一只产蛋箱，做个体产蛋记录的应设自闭产蛋箱，产蛋箱不宜离地面太高，要勤收种蛋，防止窝外产蛋，减少破蛋率。早春受精率较高，应加强对公鸡的照料，可添设悬挂墙上的公鸡专用食槽。为了防止啄癖的发生，必要时实行断喙。经常注意产蛋率与饮水量情况，这是鸡群健康与饲养管理正常与否的重要标志。防止惊群，以免影响产蛋率。

（2）夏季　天气开始炎热，必须注意防暑降温，确保鸡群健康，避免产蛋率和种蛋品质下降。可适当提高日粮中的蛋白质与矿物质的含量，降低每公斤饲粮代谢能。确保饮水与青绿饲料的充分供应。早晨要早喂，少吃多餐，以保持鸡群旺盛的食欲。如添加维生素C制剂，可提高食欲和产蛋量。鸡舍要通风良好，运动场要设有树阴或凉棚，场地保持干燥。饮水器要置阴凉处，保持饮水清凉。在盛夏，可常在鸡舍空间或鸡的体表喷水雾降温。晚上要迟收鸡。勤收种蛋，做好种蛋及食用蛋的保存工作。及时处理就巢母鸡。减少鸡群密度，防止鸡群中暑。注意防治寄生虫病及消化系统疾病。

（3）秋季　由于日照趋短，且正处于新母鸡开产与老母鸡的换羽期间，是整顿鸡群的有利时机。为使新母鸡迅速达到产蛋高峰，保持体重适中，就必须注意日粮中蛋白质的水平，特别是胱氨酸的含量要满足需要。坚决淘汰停产、低产、病弱的和早已换好新毛的母鸡。留足后备公鸡，对留种的老母鸡施行强制换羽：即在短期内停水停食，使之全部停产换羽，再逐步增加饲料的数量与质量，迅速恢复再产。在换羽期及时接种各类疫苗，并做好过冬准备工作。

（4）冬季　天气寒冷，要做好防寒保暖工作。由于低温，光照时数短，鸡群活动和采食量也受到限制。在饲养管理不当时，鸡群常出现冬歇现象，使产量急剧下降。为此，应增加每公斤饲粮的代谢能，增加粒料喂量，保证青绿饲料供应，防止鸡群啄食冰块和饮冷水。鸡舍气温不应低于 3℃，要防止贼风侵袭。早晨要先开气窗，通气匀温后再放鸡外出。及时扫除积雪，疏通积水。为防止鸡群过肥，提高受精率，可在垫料上撒布粒料，诱使运动与交配。注意天气预报，预防呼吸道疾病等。

二、猪的饲养管理要点

根据猪的生物学特性和不同阶段的生理特点及营养需要，实行科学的饲养管理，是提高养猪生产水平，增加经济效益的关键，也是养猪业走向规范化、科学化、商品化的需要。

（一）猪的品种

猪的品种是养猪业的基本资源，良种猪生长周期短，饲养成本低，经济效益高。因此，发展养猪首先必须选好良种猪。

1. 猪的经济类型

猪的经济类型可分为：脂肪型、瘦肉型及肉脂兼用型。

（1）脂肪型　外型特点是体躯短而宽深，背凹腹重，头颈较重、四肢短。瘦肉率一般在45%以下。老巴克夏和四川的内江猪均属此类。

（2）瘦肉型　这类猪以生产瘦肉为主。其外型特点为：头颈轻小，背腰平直，体躯较长、腹部下垂，臀腿发达，肌肉丰满、膘薄。瘦肉率 50%以上。长白猪、大约克夏猪、杜洛克猪、汉普夏猪以及我国培育的三江白猪等均属瘦肉型品种。

（3）肉脂兼用型　介于脂肪型和瘦肉型中间的类型。瘦肉率 45%～50%，代表品种有苏白猪等。

2. 猪的品种

据有关资料报道，世界上猪的品种约有三百多个。随着经济和科学技术的发展及人民生活水平的提高，对瘦肉的需求量越来越大，猪的养殖品种也经历了脂肪型——肉脂兼用型——瘦肉型猪的演变。目前，分布较广、影响较大的瘦肉型品种（系）有十多个，在北方地区饲养的瘦肉型猪种主要有：

（1）长白猪　原产丹麦，是世界最著名、分布最广的瘦肉型猪种。因其体型特别长，毛色全白，故称“长白猪”。该品种猪头轻，耳大稍倾，胸较窄，背腰平直且长，四肢较高，后躯发达，全身结构紧凑，呈流线形。长白猪生后 6 个月龄体重可达 90 千克以上，成年猪达350～380 千克，母猪繁殖性能好。据丹麦 1971 年统计，长白猪产子数平均为 11.1 头，育成数 9.5 头，饲料利用率高，屠宰率高，胴体品质好，膘薄而匀，屠体瘦肉率高达 63%。

1964 年长白猪引入我国后，开始不太适应，表现为易发生皮肤疾病，四肢较弱，出现应激综合征（PSS）及胴体色淡、柔弱和切面多汁的 PSS 现象。经过多年的风土驯化和选育，情况已经改变。长白猪适于杂交改良使用，在饲养条件较好的地区以长白猪作为杂交改良父本，与地方猪种或培育猪种杂交，效果良好。如长白猪与荣昌猪、北京黑猪、上海白猪等杂交在日增重、饲料消耗等方面均取得较好的杂交优势。北京市农林科学院畜牧研究所用长白猪与北京黑猪、中约克夏猪杂交，其效果见表 2-2-24。

表 2-2-24　不同杂交组合性能比较

父本	母本	头数	屠宰前体重（kg）	屠宰率（%）	膘 厚（cm）	瘦肉率（%）
长白	北京黑猪	6	96.6	76.6	4.24	54.78
长白	中约克夏猪	4	89.89	78.35	3.36	56.27

（2）大约克夏　原产英国，也是世界上著名的瘦肉型猪种。因为该品种猪繁殖力强，饲料转化率高，屠宰率高，各国先后引入饲养，目前在世界上分布很广。因其被毛全白，又称大白猪。该猪种有大、中、小三个类型，但以大约克夏饲养最为普遍。其体型特点为：体大，被毛全白，耳直立，鼻直，背部微弓，四肢较高，体躯长，肌肉发达，胸深广，肋骨开张，后躯宽长，后腿欠充实。该猪种生长发育快，6 月龄约 90 千克，成年体重 350～380 千克。

该猪种后备猪发情不明显，初配受胎率较低，但其繁殖力很强，产仔数 10～13 头，初产猪平均产仔数为 10.75 头，初生仔重 1.4 千克。该猪种对环境条件适应性强，日增重高，肉的品质好，瘦肉率达 63.5%，背膘厚 2.88 厘米。

（3）杜洛克　原产美国，该品种猪全身被毛为棕红色，头小而清秀，耳中等大小，耳根稍立并向前倾，嘴略短，颜面稍凹，体躯宽深，体型中等，身腰较长，全身肌肉丰满平滑。背呈弓形，后躯肌肉发达，四肢粗壮。

杜洛克猪性成熟早，生长速度较快，能适应各种环境条件，容易饲养。该品种猪的繁殖性能稍低，平均产仔数为 9.78 头。

（4）施格　原产比利时，是长白猪品种内的不同品系间进行杂交培育而成的。该品系猪外貌与长白猪极为相似，背部呈双脊，后躯特别发达，呈"球形"。后肢结实，体躯偏矮。施格猪生长发育快，酮体品质好。但这种猪易发生 PSS 现象，在驱赶、角斗、高湿、拥挤、配种等情况下，可出现肌肉颤抖、皮肤发绀、张口大喘、口吐白沫，由于心力衰竭而导致死亡。遇此情况，除采用常规措施急救外，还可泼冷水应急。

（二）公猪的饲养管理技术

1. 公猪的饲喂技术

饲喂公猪应定时定量，每天 3 次，每次不可喂得太饱。最好干饲，但每天要供给充足的饮水。日粮容积不易过大，以免造成垂腹。

2. 公猪的合理管理

（1）单圈饲养　公猪应单圈饲养，避免相互咬架。

（2）适当运动　合理的运动可促进食欲，帮助消化，增强体质，提高繁殖性能。一般要求上、下午各运动 1 次，每次约 1 小时，里程约 2 公里。夏天应在早晨和傍晚进行运动，冬季在中午进行。配种期要适度运动，非配种期和配种准备期要加强运动。

（3）刷拭和修蹄　每天最好刷拭猪体1次，夏天让公猪经常洗澡，以减少皮肤病和外寄生虫病。同时应注意经常修整公猪的蹄子，以免在交配时刺伤母猪。

（4）定期称重　公猪应定期称重，根据体重变化检查饲料是否适当，以便及时调整日粮。

（5）检查精液品质　配种季节应每10天检查1次，根据精液品质的好坏，调整营养、运动及配种次数，这是保证公猪健壮和提高受胎率的重要措施之一。

3. 公猪的合理利用

饲养公猪的最终目的就是配种利用，而公猪精液品质的优劣和使用年限的长短，不仅与饲养管理有关，而且在很大程度上取决于初配年龄和利用强度。

（1）初配年龄　适宜的初配年龄，早熟品种为7～8月龄，体重60～70千克，晚熟品种应在8～10月龄，体重90～120千克进行初配。

（2）利用强度　1～2岁的公猪，每周可配1～2次；2～5岁公猪，在营养条件较好的条件下，每天可配1～2次（早、晚各一次）。如果待配母猪较多，短时间内可让其连配2头母猪，但每周需休息2～3天，并配合良好的饲养管理；5岁以上公猪如需要，可每隔1～2天使用一次。

公猪使用合理的标志是：精力充沛，性欲旺盛，配种能力强。否则，就应及时查找原因，予以纠正。

（3）配种技术　配种方法有自然交配（本交）和人工授精两种。本交又分为自由交配和人工辅助交配，生产中多采用人工辅助交配。

在本交情况下，1头公猪可负担20～30头母猪的配种任务，一年可繁殖400～600头仔猪，而采用人工授精技术，一头公猪一年可繁殖仔猪万头左右。

采用人工辅助交配，其技术要点为：

① 交配场所应距离公母猪圈较远，地势平坦，交配在环境安静的地方进行。切忌地面滑而不好站立。

② 交配时间应在公母猪喂食前或喂食后2小时进行。

③ 配种时先将母猪赶到交配地点，用毛巾蘸0.1%的高锰酸钾溶液擦拭母猪臀部、肛门和外阴部，以及公猪的包皮周围及阴茎，以减少母猪阴道和子宫的疾病感染机会，减少死胎和流产。

④ 在公猪爬上母猪背部以后，辅助人员将母猪尾部拉向一侧，手扶公猪阴茎插入母猪阴道。配种后要详细记录，以便合理安排母猪的饲养与管理。

采用人工授精方法，其技术要点为：

① 刚开始使用的公猪，其第一次采集的精液应废弃不用。而成年公猪（指已被利用过的公猪）每周可采精4天，每天1～2次。

② 采精后，首先测定精子活力，然后进行稀释。精液的稀释倍数，主要根据精子密度来决定。密度高的，可以多稀释；密度低的，应该少稀释。稀释标准为稀释后精液中每毫升所含的精子数量0.8～1.0亿。

③ 精液的稀释方法：首先将稀释液和精液温度调整一致，并用温度计测量一下，然后将稀释液沿着精液瓶壁或沿着玻璃棒缓慢加入精液瓶内，充分混合均匀，或用玻璃棒轻轻搅拌，使精液和稀释液充分混合均匀。取稀释后的精液一滴放在载玻片上，在显微镜下检查精子活力。如果活力与原精液一样，就证明稀释的过程没有问题，可以进行分装。用消过毒的漏斗把稀释后的精液分装在贮精瓶里，每瓶装15或20毫升，装完后用瓶塞加盖，贴上标签，标

明公猪编号、采精时间、精液数量等，再用白蜡加封瓶口，分发使用或进行贮存。

④ 常温（20℃～25℃）下保存公猪精液的原理：（a）利用碳酸氢钠和吸入二氧化碳创造酸性环境条件，抑制精子的运动。（b）在稀释液中加入适量的抗菌素，减少细菌和微生物的繁殖。

⑤ 室温保存稀释液配方为：无水葡萄糖 3 克，纯氯化钠 0.45 克，氨基乙酸 0.27 克，新鲜鸡蛋黄 20 毫升，氨苯磺胺 3 毫克 / 毫升，蒸馏水 80 毫升，青霉素 1 000 单位 / 毫升，链霉素 1 000 微克 / 毫升。具体方法为：先将葡萄糖、氯化钠、氨基乙酸等按配方溶解在蒸馏水中，过滤后隔水煮沸，消毒 10 分钟，冷却后，加入鸡蛋黄 20 毫升，使用前加入青霉素、链霉素和氨苯磺胺。此稀释液在 25℃～30℃室温条件下能保存 48～60 小时，在 20℃左右的室温下可保存 72～96 小时。

⑥ 输精是人工授精的最后一个步骤，也是人工授精成败的关键。影响输精效果好坏的因素主要是：输精技术、输精时间、输入精液的质量等。输精的用具不同，其方法也不同，但是都要避免精液外流。例如：用胶皮漏斗输精时，将漏斗细的一端和输精管连接，把精液装在漏斗内，漏斗口用铁夹子夹住，然后将输精管通过母猪阴道插入子宫，再慢慢松开夹子，让精液自动流入；发现精液停止流入时，可将输精管稍微转动位置或向外抽出少许，使精液继续流入，直到流完为止。母猪每次输精量一般为 20～30 毫升。

（三）种母猪的饲养管理技术

1. 后备母猪的饲养管理技术

（1）后备母猪的选择　仔猪断奶时，应将体格健壮、发育良好、外形没有重大缺陷、乳头数在 6 对以上且分布均匀的幼猪选出，组成后备母猪群，仔猪生长到 6 月龄时，再按上述条件重新选择一次。

（2）后备母猪的饲养管理　仔猪生后 4 月龄到初次配种前是后备猪的培育阶段，培育后备猪的任务是获得体格健壮、发育良好、具有品种典型特征和高度种用价值的种猪。

① 营养需求　根据后备猪生长发育特点，后备猪的日粮结构在满足骨骼、肌肉生长发育所需营养的前提下，少喂碳水化合物丰富的饲料，多用品质优良的青绿多汁饲料，一般每天最好喂 5～10 公斤青绿多汁饲料，并搭配一定数量的精饲料；为防止后备猪膘肥垂腹，应采取定时定量的限制饲喂法。

② 母猪发情诊断　母猪成熟后，卵巢中卵泡发育、成熟和排卵周期性地进行。从上次发情排卵到下次发情排卵的这段时间称为性周期或发情周期。猪的发情周期为 21 天，发情持续期为 5 天左右。

一般正常的母猪排卵是在发情开始后 24～36 小时，排卵持续时间在 10～15 小时之间，卵子在输卵管内仅在 8～12 小时内有受精能力。公猪交配时排出的精子在母猪生殖道内要经过 2～3 小时方可到达输卵管，精子在母猪生殖道内存活时间为 10～20 小时。据此推算，配种最适宜的时间为发情后 12～48 小时内，间隔 8～12 小时重复配种一次。杂交母猪发情 3～4 天，可以在发情后第二天下午配种；培育品种发情 2～3 天，可在发情当天下午或第二天上午进行配种；地方品种发情期较长，可在发情后 2～3 天配种。一般地，当我们按压母猪背臀部母猪呆立不动或母猪愿意接受公猪爬跨时，进行第一次配种，过 12 小时后再进行第二次配种，这样可以提高受胎率。

2. 空怀母猪的饲养管理技术

空怀母猪管理要点是促使母猪尽快发情并参加配种，及时怀胎。

（1）母猪的繁殖潜力　一般情况下，成年母猪在一个发情期内排卵 20 个左右（称为潜在繁殖力），但实际产仔 10 头左右（实际繁殖力）。实际繁殖力与潜在繁殖力相差较大。加强母猪配种准备期的饲养管理，可提供数量多、质量好的卵子，为多胎高产奠定基础。

（2）空怀母猪的饲养管理　有些母猪长期不发情或屡配不孕，要查明原因，采取相应措施：① 加强饲养管理。母猪太瘦或太肥，都会导致母猪不发情，排卵少，卵子活力弱，造成空怀，一般七八成膘的，容易怀胎且产仔多。后备母猪正处在生长发育阶段，经产母猪常年处于紧张的生产状态，必须供给全面的营养物质，使之保持适度的膘情。对哺乳期带仔多或母猪体弱的，应尽早给仔猪断奶，多喂精料和青绿多汁饲料，使其恢复体力，保持较好的膘情。对哺乳期带仔少或过于肥胖的母猪，应控制采食，减少能量饲料的供给。② 提高配种技术。配种时间掌握不准或方法不当，都易导致屡配不孕。必须熟练掌握配种技术，适时配种。③ 淘汰病猪。发现生殖器有疾病的母猪应立即淘汰。④ 诱情与催情。为促使不发情母猪或屡配不孕的母猪正常发情和排卵，还可采取人工催情措施。其一是用公猪诱情：用试情公猪追逐久不发情的母猪，或把公母猪关在同一圈内，通过公猪的接触、爬跨等刺激，促进发情排卵。其二是激素催情：通常用孕马血清、绒毛膜促性腺激素、合成激素等来激发卵巢活动。使用时皮下注射 5 毫升 / 次，一般注射后 1～5 天可发情，据有关资料报道，发情率高达 89.4%。

3．妊娠母猪的饲养管理技术

妊娠母猪饲养管理要点：保证胎儿在母体内正常发育，防止流产，每窝生产大量健壮、生活力强、初生重大的仔猪，并保证母猪有中等体况。

（1）妊娠诊断　从受精到分娩为母猪的妊娠期，一般为 111～117 天，平均为 114 天。母猪配种后经一个发情周期（18～25 天），未再次发情，或至六周后再观察一次仍无发情表现，即说明已经妊娠。妊娠母猪的外部表现为：疲倦贪睡不想动，性情温顺动作稳，食量增加上膘快，皮毛发亮紧贴身，尾巴下垂很自然，阴户缩成一条线。

（2）妊娠母猪的营养需要　① 能量：妊娠前期的母猪每天所需的消化能，根据体重的不同，在 19.25～23.0 兆焦之间，每日可喂 1.5～2 千克精料。妊娠后期的母猪每天需 25.52～29.29 兆焦消化能，可喂 2.5 千克精料。妊娠母猪要求每公斤饲粮含 11.72 兆焦消化能，可在饲粮中适当加入优质青粗饲料和糟渣类饲料。② 蛋白质：妊娠前期母猪每天需要粗蛋白质 76～220 克，妊娠后期每天需粗蛋白 264～300 克。妊娠母猪每千克配合饲料能满足能量需要时，一般也能满足蛋白质的需要。③ 饲料质量：喂给妊娠母猪的饲料必须保证质量，严禁喂发霉、腐败、变质、冰冻、有毒性的饲料，否则容易引起流产。此外，妊娠母猪由于代谢旺盛，食欲好，可以青饲料为主饲养，但存在两个问题：一是青饲料虽营养全面，但其水分多，体积过大，而妊娠母猪胃肠容积有限；二是粗饲料含粗纤维多，适口性差，不适合妊娠母猪的生理喜食特点。因此，以青饲料为主时，要注意加工调制及增加饲喂次数等。

4．分娩前后的饲养管理技术

（1）分娩一周前，准备好产房和分娩用具（接产用具、仔猪保温箱、灯、耳钳、秤等），产房用 25%来苏儿，3%的烧碱水进行消毒，围墙用现配 20%生石灰水粉刷。提前一周将母猪转入产房，以适应新环境。

（2）产前 5～7 天应按日粮的 10%～20%减少精料，并喂给麸皮汤，避免母猪发生便秘，而对较瘦弱的母猪，产前应加喂富含蛋白质的催乳饲料。分娩后 2～3 天内，由于母猪体质较虚弱，代谢机能差，饲料不能喂得过多，应逐渐增加，并喂容易消化的稀粥状饲料，经 5～7 天后，再按哺乳母猪的标准喂给。

（3）临产症状表现为：起卧不定，食欲减退，乳房膨胀，具有光泽，可挤出奶水，频频排尿。这时，应派专人看管，准备接产。

（4）接产技术：① 仔猪出生后，接产人员应立即用手将其口、鼻的黏液掏除并擦净，再用抹布将其全身黏液擦净；② 断脐：先将脐带内的血液向仔猪腹部方向挤压，然后在离腹部 4 厘米处把脐带剪断，用手指捏住断头，直到不出血为止；③ 仔猪编号：为便于记载和鉴定，在初生仔猪耳朵上打号，然后称重、做好记录；④ 将仔猪送到母猪身边吃奶，并对个别不会吃奶的仔猪进行人工辅助；⑤ 假死仔猪的急救：有的仔猪产下后停止呼吸，但心脏仍在跳动，即“假死”，急救办法以人工呼吸最为简便，让仔猪四肢朝上，一手托着肩部，另一手托着臀部，然后一屈一伸反复进行，直到仔猪叫出声为止。也可采用在鼻部涂酒精等刺激物或针刺的方法来急救。⑥ 母猪排出胎儿后，再经 20～30 分钟，胎衣即可排出，待两侧胎衣全部排出后，整个分娩过程即告结束。

5．哺乳母猪的饲养管理技术

饲养哺乳母猪的任务是提高泌乳量，保证仔猪的正常生长发育，获得较大的断奶窝重，为肥育和培育打下基础，维持母猪本身一定的膘情，断奶后能及时发情配种。

（1）营养需要　哺乳母猪的营养需要取决于其本身维持需要、产仔头数，猪乳的化学成分和泌乳量的多少。由于母猪在哺乳期间要分泌大量乳汁，故所需的营养物质如能量、蛋白质等都比空怀母猪多。在哺乳母猪的日粮中，蛋白质占 15%，对于体重 160～200 千克的经产哺乳母猪，日给蛋白质 750 克，每千克日粮含有 3 300 国际单位维生素 A，220 国际单位维生素 D，日喂食盐 29 克，钙 40 克，磷 28 克。若以上营养物质长期供给不足，会使母猪泌乳量降低，仔猪弱小、易患病，母猪消瘦，影响再次发情配种。

（2）饲养方式：① 对于体况较瘦的经产哺乳母猪，一般采用“前精后粗”的饲养方式。哺乳期的前一个月为泌乳旺期，产后 21 天左右泌乳量达到高峰。据资料统计，前一个月的泌乳量占总泌乳量的 60%～65%。另据母猪在哺乳期间失重的资料，哺乳期前一个月失重占总失重的 85%左右，可见这一时期母猪需要的营养物质多于哺乳期的后一个月。采取“前精后粗”饲养方式既能满足母猪泌乳的需要，又能把精料用在关键性时期。② 初产和经产的哺乳母猪，若在哺乳期间进行配种，一般采用一贯加强的饲养方式。采用此种方式，可在哺育的全期中保持均衡的、较高的营养水平。

（3）饲养技术　哺乳母猪的饲喂次数应增加，要少喂勤添，一般日喂 3～4 次，每次间隔时间要均匀，尤其是母猪产后几天体质较弱、消化力不强，往往为了满足泌乳的需要而贪食，如不增加饲喂次数，每顿吃得太多，易引起消化不良，使泌乳量降低。饲喂泌乳母猪不但要定时定量，而且要求饲料多样化，以满足营养需要。切忌突然改变哺乳母猪的饲料，以免引起消化疾患，影响乳的产量和品质。仔猪断奶前 3～5 天逐渐减少母猪的精料和多汁料的喂量，经常检查母猪乳房的膨胀情况，以防发生乳房炎。

（4）日常管理　哺乳母猪的日常管理工作必须有条不紊，以保证正常的泌乳规律，创造安静的环境，禁止在猪舍大声喊叫，让母猪充分休息好。注意保持圈舍清洁、干燥。冬天保持圈内舒适温暖，训练母猪养成两侧交替躺卧的习惯，以便于仔猪哺乳。

三、乳牛的饲养管理技术

（一）泌乳母牛的饲养管理

1. 奶牛饲养标准

建国后，我国奶牛业得到了蓬勃发展，为适应奶牛生产的需要，60 年代起已开始进行奶牛营养需要研究，完成了奶牛的典型日粮分析，积累了丰富的资料。1978 年将奶牛营养需要确定为我国奶牛业的重点科研项目，成立了科研协作组，研究工作不断深入。1979 年，综合有关经验与成果，制定了我国《奶牛饲养标准试行草案》。1979～1981 年，在全国 19 个试点进行验证。1983 年 3 月进一步修订，形成了我国奶牛饲养标准。其要点如下：

（1）能量需要　我国奶牛饲养标准的能量体系采用产奶净能，即将 1kg 含脂率 4%的标准乳所含能量——3 138kJ 产奶净能作为一个奶牛能量单位（NND）。

泌乳母牛的能量需要可分为维持和生产两部分计算。例如，1 头体重 600kg 的奶牛日维持需要为 13.73NND，日产标准奶 20kg 的需要为 20NND，这头母牛日总需要净能单位为 33.73NND。

（2）干物质和粗纤维含量　奶牛的日粮应考虑干物质的采食量。但干物质采食量受体重、产奶量、泌乳阶段、饲料能量浓度、饲料类型、饲养方法和气候的影响。1 头体重 600kg 的奶牛维持需要 7.52kg 干物质；每产 1kg 标准乳需要 0.45kg 干物质；日产奶 20kg，则干物质总需要为 16.52kg。粗纤维含量占干物质的 15%~20%为宜。

（3）蛋白质的需要　每千克标准奶需要 55g 可消化粗蛋白质。妊娠母牛对可消化粗蛋白质的使用效率以 65%计算，在维持的基础上可消化粗蛋白质的含量，妊娠 6 个月时为 50g，7 个月时为 94g，8 个月时为 166g，9 个月时为 262g。

（4）产奶母牛对钙磷的需要　维持需要每 100kg 体重给 6g 钙和 4.5g 磷；每千克标准乳给 4.5g 钙和 3g 磷。钙、磷比以 2∶1 至 1.3∶1 为宜。

2. 日粮组成

为奶牛配备日粮时，可将饲料分为三部分来考虑：① 青粗饲料；② 精料；③ 补充料。乳牛的日粮必须有一定的容积，应以粗料、青绿饲料为主，营养不足则用精料补充。当使用青粗料和精料仍不能满足营养需要时，则以补充料补充，以达到平衡日粮的目的。在奶牛饲养中三种饲料是非常重要的。粗料是以干草为主，每 100kg 体重可采食干草 2.5～3.6kg，每产奶 2.5～4kg 给予 1kg 混合精料，如用青贮玉米来代替部分干草，常按 3kg 青贮玉米代替 1kg 干草。因粗料与青绿多汁饲料都属于容积大的饲料，粗料与青绿多汁饲料的喂量是相互制约的，其中的一种给量较多，另一种就可相应减少给予量。可参考表 2-2-25。

表 2-2-25　不同体重乳牛每天给干草和青绿多汁饲料的大致标准（kg）

日粮中青绿多汁饲料给量	不同体重乳牛干草给予量											
	300			400			500			600		
	最低	中等	最高	最低	中等	最高	最低	中等	最高	最低	中等	最高
10	4	7	12	5	9	14	6	10	15	7	11	16
25	3	5	9	4	7	11	5	8	12	6	9	13
40	2.5	4	7	3	6	8	4	7	9	5	8	10

在奶牛生产中，各牧场积累了许多经验。例如，南京钟山奶牛场规定，奶牛日产奶25.5～40kg，针对不同的产奶量，干草、青草和混合精料喂量多少按表2-2-26中的标准执行。

表2-2-26　奶牛喂量参考标准（kg）

日产乳量	青草季节		枯草季节		
	青草	混合精料	干草	混合精料	多汁饲料*
25.5~27.5	50~55	9.5	6	10	37.5
28~30	50~55	10.5	6	11	37.5
30.5~32.5	55~58	11.5	6	12	37.5
33~35	55~58	12.5	6	13	37.5
35.5~37.5	55~58	13.5	6	14	45
38~40	55~58	13.5	6	15	45

* 多汁饲料包括块根和叶菜类。

以一头体重600kg的奶牛为例，日产奶20kg，乳脂率3.5%，根据我国奶牛饲养标准，其饲料营养需要与日粮组成如表2-2-27所示。

表2-2-27　奶牛饲料标准与日粮组成实例

	项目	主要成分含量				
		日粮干物质（kg）	奶牛净能单位（NND）	可消化粗蛋白质（g）	钙（g）	磷（g）
营养需要	维持（体重600kg）	7.52	13.73	364	36	27
	产奶量20kg，奶脂率3.5%	8.2	18.3	1040	84	56
	维持+生产	15.92	32.03	1.404	84	56
日粮组成	干草7kg	5.9	7.49	350	28.8	25.2
	玉米青贮20kg	3.99	8.01	80		
	胡萝卜6kg	0.67	2.01	20.2	1.78	2.97
	混合精料6.5kg	5.6	14.95	981.5	104	55.25
	合计	16.16	32.46	1431.9	134.58	83.42
日粮含量与营养需要比较		+0.24	+0.43	+27	+14.58	+0.42

高产奶牛由于产奶量高，营养需要较多，仅供青粗饲料其营养是不够的。为高产奶牛配合日粮时必须考虑最大干物质采食量。例如体重600kg的母牛，日产标准奶30kg，按饲养标准维持加生产两项需要干物质27.5kg，远远超过一般母牛干物质采食量。采食量与体重、产奶水平和饲料质量特别是饲草物质有关，为此高产奶牛的日粮组成必须有优良的豆科干草和低水分玉米青贮作为日粮的基础，块根、块茎及瓜果类应尽量采用含糖量较多而含水分较少的品种。精料含水量不应超过14%，泌乳盛期粗蛋白质占日粮16%～20%，精料和粗料的重量比例由40∶60逐步增加，可达到60∶40。母牛产奶量越高，粗蛋白质需要就越多，日粮干物质的粗蛋白质需要为16%～20%。若没有优质豆科干草，则精料混合料的蛋白质需要高

达 18%～22%。但如果日粮是用优质的豆科干草，则混合饲料含蛋白质 10%就能够满足需要了，详见表 2-2-28。

表 2-2-28　精料混合料需要的蛋白质百分比

饲喂的饲草类型	精料混合料所需要的蛋白质（%）
豆科牧草	10~16
豆科和禾本科混合牧草	14~12
禾本科牧草	18~22

3. 产乳母牛的饲养管理要点

泌乳期大致可分四个阶段：第一阶段是母牛产犊后第一个 10 周，是迅速达到产奶高峰的时期。由于母牛泌乳旺盛，如采食量跟不上，则会常出现能量负平衡。促使母牛采食达到产奶的营养需要是关键；第二阶段是母牛产犊后第二个 10 周。这个时期母牛采食量将达到最高水平，如何满足母牛的营养需要，达到营养平衡是提高整个泌乳期产量的关键；第三阶段是产奶后期，此时母牛产奶平稳下降，对低产母牛喂过多的饲料将造成浪费，但对高产母牛将起修复体力的作用；第四阶段是干奶期，这一时期将持续约 8 周。对不同阶段产乳母牛要予以不同的管理，尤其对初产母牛，更要采取不同管理措施。

（1）母牛产犊后的饲养管理　母牛产犊后，特别是饲养管理条件较好的高产乳牛，最初几天，乳腺及循环系统的机能活动不正常，乳房有水肿。为使母牛乳房水肿迅速消失，一方面要适当增加挤奶次数，每日最好挤乳 4 次以上。但产后第一天每次只挤乳约 2kg 即可，第二天每次挤乳约为泌乳量的三分之一，第三天为二分之一，第四天挤四分之三或全部挤干，第五天可全部挤完。另一方面要加强对乳房的热敷和按摩，每次挤乳要热敷与按摩 10～20min。如果产后 1～4d 就将乳房中全部乳汁挤干，容易引发“后瘫痪症”。根据母牛产后消化机能活动较弱的特点，要尽量减轻其乳腺机能的活动。在产后 3d 内，可只喂优良干草，4～5d 后，逐步增加精料及多汁饲料。精料每天增加数量要控制在 1kg 左右，要到乳房水肿已全部消失、乳房变软，才能把日粮增加到产乳量所要求的标准。但是，如果母牛产后乳房没有水肿现象，身体健康，食愈旺，则刚产后也可喂适量的多汁饲料和精料。日粮在 7～10d 要达到标准量，挤乳方法和次数也可以照常。

（2）泌乳上升期的饲养管理　随着产后健康的恢复，泌乳量日益增加，此时乳牛的日粮不应以当日的实际产乳量为依据，而应设法发挥它的产乳潜力。一般可从产后 15～25d 左右起，按照产乳量的饲养标准另外补加 4～5NND，作为提高产乳量的“试探饲料”。若加饲料后，母牛产乳量继续提高，食欲也好，则可隔 7～10d 再调整一次，直至产乳量不再继续增加为止。若乳量不再增加，甚至有下降趋势，则应改变饲养标准并要改变日粮配合。要从饲料的适口性和蛋白质的品质来考虑对产乳的影响，青绿多汁饲料中胡萝卜、南瓜、甘蓝等适口性较好的饲料应占日粮一定的比重。精料喂量则要视情况而定，如果母牛采食缓慢，甚至厌食，粪便恶臭，就要适当减少精料，而增加多汁饲料和干草的数量。同时应该指出的是，对产后母牛实施提高产乳量措施不能过早，因为加强饲养和挤奶，会增加消化道和乳房的血液供应，从而相对减少对子宫的供血和复原，延迟母牛产后再发情的时期，严重的还能使生殖机能失调，影响繁殖力。

（3）泌乳中、后期的饲养管理　一般产乳牛在产后 40d 左右达到产乳量最高峰，如果饲养管理适宜，可维持2～3个月的高产期（泌乳盛期）。这一时期，采取提高产乳量的措施是有效的。4～5个月是稳产阶段，应注意给予平衡日粮。5～6个月以后产乳量逐渐下降，如果管理不当，饲料品质太差，营养不能满足产乳量要求，则会使乳牛体重下降。因此要注意对乳牛的饲养管理，同时要随时注意对产后两个月的发情母牛及时配种。

（4）初产母牛的饲养管理　初产母牛的第一个特点是本身尚未发育完成，在第一个泌乳期体重还要增加50～70kg以上。因此，初产母牛的饲养标准，要略高于同样产乳量、同样体重的成年母牛，以满足其发育需要。初产母牛的第二个特点是乳房体积小，乳头短，乳管较细，还不习惯于挤乳。所以，应选择挤乳技术熟练的工人挤乳。如乳牛因不习惯而踢人，一定要耐心，慢慢抚慰，切忌用绳索捆绑或鞭打，否则乳牛会养成踢人的恶癖。为使初产母牛习惯于按摩乳房，应在其产犊前2～3个月，拨交给挤乳员，进行乳房按摩，每日至少4～5min。开始时要轻柔些，经10d左右，可像对挤乳母牛一样按摩。至产前1～2个月，母牛乳房开始膨胀并有乳汁，这时应停止按摩，同时要增加垫草，避免乳房受伤。

对产乳母牛，要加强牛体刷拭，炎热地区还要做好防暑降温。每日应给予清洁而充足的饮水，乳牛每日至少给饮水3～4次，高产乳牛每日每头饮水量可达50～70kg。

4．妊娠后期母牛的饲养管理

（1）母牛干乳　母牛妊娠后期，产前两个月左右停止挤乳，叫做干乳。干乳期的长短，要视母牛的具体情况而定，一般应为60d。对于年青母牛和瘦弱母牛干乳期应适当延长，以75d左右为宜。对于成年母牛和身体健壮的母牛，干乳期可在45～60d内。实践证明，长干乳期不一定比短干乳期优越，在良好的饲养管理下，可适当缩短干乳期。

操作时，一般在干乳前1周左右停止按摩乳房。干乳前泌乳量3～5kg的母牛，可按计划立即停乳，不必采取停乳措施。干乳前泌乳量在15kg内的母牛，一般要求4～7d内达到停乳。一般要在预定干乳前10d做好准备工作，首先关闭自动饮水器，每日只给饮水3kg左右，停喂全部多汁饲料和精料，只喂干草；同时加强运动，打乱挤乳次数，从3次改为2次，过2～3日改为1次，到第6日。最后一次挤乳要完全挤干净，然后用青霉素软膏注入乳头，再用火棉胶封闭乳头，不再挤乳。南京钟山乳牛场干乳时，最后一次挤干净后，用300万IU青霉素油剂注进乳头，或用中药穿心莲、黄连素各5mL注射入乳头，隔一周再注射一次，用以防止干乳期通过乳管感染而造成的乳房炎。

停止挤乳后3～5d内，挤乳员应每日仔细观察干乳母牛的乳房，只要不发硬发烫，就不要再挤乳，经过几天后乳房自然会萎缩。如果乳房发硬发烫，母牛不安，有炎症表现，应继续挤乳，并对炎症及时予以治疗。在干乳过程中，要保持乳房、牛床的清洁，厚铺垫草，避免贼风吹袭，预防感冒。近年来，我国对产乳量中等或低产的母牛，采用快速干乳法，即当奶牛达到应干奶日时细心按摩乳房，将奶挤干净后突然停奶。为防止乳房炎，可用金霉素软膏OOIU把乳头封闭，或用5%碘甘油浸泡乳头，每日1～2次，每次持续0.5～1min，连续3天。

（2）干乳母牛的饲养管理　母牛在干乳期的饲养管理任务是，保证胎儿正常发育，为其蓄积必要的营养物质，在干乳期间，使体重增加50～80kg，为下一个泌乳期更多产乳创造条件。妊娠母牛的甲状腺和脑下垂体机能活动加强，新陈代谢机能随之增强，在妊娠后期代谢可提高30%～40%。而且母牛在干乳期能大量沉积蛋白质和钙、磷，数量往往超过胎儿发育需要量的1.2～2倍。所以在干乳期，给予丰富饲养，有利于促进干乳母牛迅速恢复体力，增加体重，保证胎儿正常发育，以及为下一个泌乳期蓄积必要的营养物质。但对营养状况较好的母牛，切忌饲养过于丰富而导致肥胖，否则产后出现酮血症的可能性将会增加。

母牛干乳后 5～7d，乳房还未变软时，每日的饲料可仍和干乳过程中所喂的饲料相同。干乳一周后乳房内乳汁被吸收，乳房变软且已干瘪时，就要逐渐增加精料和多汁料，经过 5～7d，要达到干乳母牛的饲养标准。具体数量应根据母牛的健康情况、营养状况、干乳期长短、消化能力及下一个泌乳期计划产乳量等确定，既要照顾到营养全面，又不能把母牛喂得过肥。因此，要每天使其保持适当运动，同时给予优质干草、青草、块根饲料和具有全价蛋白质的精料。一般每头牛每日喂干草 6～7kg，青贮玉米 12～15kg，混合精料 3～5kg，块根饲料 3kg。

放牧时，妊娠后期的母牛应单独编群，舍饲时，每次放牛要使妊娠后期的母牛先放或最后放，以免和其他母牛互相挤撞，最好是妊娠母牛单独一个牛栏，仔细照顾，每日给母牛梳刷 1～2 次。

（3）产犊前后母牛的护理　为使母牛在产犊前后得到合理的饲养与保护，有条件的地方应设法在预产前 10～15d 将母牛集中到产房饲养，并有熟练工人专门负责看护，观察乳牛的营养状况和乳房变化。如果营养良好，乳房膨胀显著，为防止由于产后泌乳过多造成大量缺钙，导致产后瘫痪或乳房炎，可减少部分精料和多汁饲料。如果营养不良，预产期将到，但乳房仍未膨胀，则要加强饲养。产房要严密堵塞缝隙，避免贼风和穿堂风，保持牛床干燥清洁。如果是放牧饲养，要为临产母牛设置临时休息场所。产房内要准备好水桶、消毒药水、肥皂、清洁毛巾以及防治产后疾病所必需的急救药品，临产母牛的垫草要厚一些。产前一定要喂容易消化的饲料，以防便秘。一旦发现临产征兆，值班人员应立即用 0.1％高锰酸钾水擦洗母牛生殖器外部。产后母牛易渴，应关闭自动饮水器，不让它饮冷水。在产后 15～20min，将麸皮 0.5～1kg、食盐 50g、水约 15～20kg，加热搅拌成粥状给母牛饮用。产后 5～7d 内应喂饮温水，产后经过 1～1.5h 后，用温水清洗乳房后开始挤乳。

5．工作日程及挤乳技术

（1）工作日程　工作日程是牧场每日的工作程序。合理的工作日程既便于工人工作、学习和生活，又保证对乳牛有良好的饲养管理。规定日程后要严格遵守，不得随意变动。日程执行后，乳牛喂饲、饮水、挤乳已成习惯，破坏习惯会影响产乳量。但在不同季节，可略有变动。

制定工作日程时应先考虑每日挤乳的次数。一般每日挤乳 2～3 次，个别高产的挤乳 4 次以上。挤乳几次为宜，主要根据牛群产乳量多少、乳房容积大小或个别乳牛的生理性能来定。据上海牛乳公司第五牧场统计，3 次挤乳较 2 次挤乳提高产乳量 14％，4 次挤乳比 3 次挤乳提高 6％～8％。增加挤乳次数提高产乳量的多少，与日产乳总量有关：日产乳量愈高，效果愈好，但增加挤乳次数过多，牛得不到适当的休息，反而会降低产乳量。因此，日产乳量在 15kg 以内的低产母牛，可采用两次挤乳；日产乳量 15～30kg 的母牛，采用 3 次挤乳；日产乳量超过 30kg 以上者可采用 4 次挤乳。

挤乳次数定出后，每次挤乳的时间间隔就容易确定了。因为挤乳前就是喂饲，所以挤乳的时间间隔最好是相等的。由于夜间工作条件较差，乳牛也需要休息，挤乳 3 次的，头天最后一次与次日晨第一次挤乳时间间隔可延长 1～2h。

（2）挤乳技术　挤乳方法有机械和人工挤乳两种。不论用机械或人工挤乳，都是技术性较强的工种。人工挤乳的工人或机械挤乳的操作工人，都必须具有熟练的技术，而且要对工作认真负责。牛乳是食品，挤乳工人必须身体健康，传染病人不能从事该工作。

① 挤乳前的准备　牛乳最易被各种细菌污染。根据分析，牛乳中的细菌，第一来自乳牛

本身。由于对牛体梳刷不严格，挤乳时皮肤垢屑、被毛等掉入乳桶内。第二来自挤乳员。由于挤乳前洗手不认真，工作服不干净，挤乳时咳嗽等原因把细菌带进牛乳。第三来自挤乳用具。乳桶、滤布、盛乳桶等洗涤消毒不彻底。第四来自挤乳的场所卫生不好，特别是在挤乳时扫地或喂干草，造成草末尘土飞扬。第五是苍蝇、蚊子或其他昆虫落入乳桶。为保证牛乳卫生，必须在挤乳前做好以下的准备工作：第一，挤乳用具必须经过洗净、消毒才能使用。第二，在挤乳前半小时，将准备挤乳的母牛认真梳刷、打扫，保持卫生。第三，挤乳员在挤乳前要洗手，穿好工作服。第四，挤乳时不宜喂干草等粗料。第五，也是最根本的一条，即创造条件用机械挤乳。牛乳在管道内不与外界的空气接触，从挤乳到计量、过滤、集乳、运入加工间，全过程都是密闭的，可以极大地降低牛乳被污染的机会。

② 擦洗乳房　擦洗乳房既可达到清洁目的，也可使乳房受到刺激而膨胀，有利于挤乳。擦洗水温以 50℃～55℃为宜，温度过低，达不到使乳房膨胀的目的。擦洗乳房时先用温水浸湿毛巾抹洗两遍，再用干毛巾擦干，充分按摩，使乳房乳头膨胀。当乳房已膨胀、乳头饱满时，说明排乳反射已经形成，应立即挤乳，如有迟延，则排乳速度变缓，产乳量下降。

③ 人工挤乳方法　挤乳员一般坐在牛的右后侧，两膝挟持乳桶，然后进行挤乳。根据手握乳头的方式，可分拳握与指压两种挤乳方法。

拳握法：先用拇指与食指紧握乳头的基部，阻止乳汁向上回流。然后将其余三指顺序由上而下压挤乳头，当乳汁挤出后将手指放松。如此反复进行则可不断挤出牛乳。对于乳头太大的母牛，手要向下握，手掌与乳头下部在同一水平线上或稍高半厘米。此种方法的优点是，速度快，用力均匀，不易疲劳，能保持乳汁清洁，而且不会损伤乳头。缺点是乳头短的牛不好操作。

指压法（滑下法）：用此法挤乳时是用拇指和食指或连同中指夹住乳头，先用乳汁湿润乳头，然后由上向下滑动挤压。一般乳头短小的母牛多用此法。其主要缺点是容易压伤乳头皮肤引起乳头炎，尤其是冬季容易弄破乳头。挤乳员为缓和手指和乳头皮肤的摩擦，采用油或牛乳作为润滑剂，所以挤下的乳是很脏的，而且速度较慢，剩乳较多。挤乳员由于手指负担很重，挤乳过后感到酸痛。此法优点是容易学会。

进行挤乳是紧张的工作，动作要迅速，每分钟挤压乳头 80～100 次。排乳反射旺盛时以每分钟挤压 120 次左右为宜，双手用力要均匀，有节奏，以便减少疲劳。

不论用何种方法挤乳，挤出的第一把乳汁都要弃置，因这部分乳汁在乳头管里与外界接触会有很多细菌。在挤乳过程中，遇到踢人的母牛，挤乳员左膝应紧靠牛右后腿的前弯处，左前臂同时横起接近牛后腿，借以预防，并应出声抚慰母牛。除非不得已，不要用绳捆绑乳牛，以免引起抗拒反射，造成挤乳的困难。

④ 机械挤乳法　机械挤乳可以提高工作效率，挤出的乳汁是在密闭的管道内，所以，牛乳受空气污染机会少，比较清洁。再者，机械挤乳可同时挤 4 个乳头，符合母牛的排乳反射要求。目前，我国机械挤乳正在研究解决两个问题：一是挤乳过程中搏动器次数，如何才能根据乳房压力高低自行调节节拍；二是在挤乳最后阶段，挤乳机械如何才能自动再按摩乳房，把乳房中剩下的全部乳汁挤出。

开展机械挤乳的牧场，首先要根据机械设备性能，训练技术工人掌握使用、装卸、清洁、消毒方法，同时要训练母牛习惯于机械挤乳。开始可选用较安静的母牛，先让它习惯于听到机器的声音不惊慌，挤乳员则要抚摸母牛乳房，使牛安静下来，而后再套上挤乳。如果母牛骚动，则应注意不要使它拉紧或拉脱大胶皮管，万一拉脱了，要赶紧关闭真空导管上的开关，以避免空气进入。

当乳汁已排干时，应立即将挤乳杯卸下，严禁发生挤乳杯跑空车现象。因为跑空车能影响乳牛泌乳特性，使母牛不安，而且易引起乳房炎。挤乳机械用过之后，应先用冷水冲洗，再加65°C热水冲洗。

6. 鲜奶的初步处理

要生产优质牛奶，首先要求牛群健康，牛舍、牛身和挤奶用具清洁，其次必须及时对鲜奶进行适当处理。

（1）过滤　收集挤出后的牛奶时，先将消毒好的纱布折成4层，结扎在奶桶口上，然后把牛奶慢慢倒入扎有纱布的奶桶中，以滤去奶中的牛毛、皮屑、泥土、饲料和粪便等污物。

（2）净化　由于细小的尘埃与细菌不易滤出，为彻底清除这些不洁之物，现代化工厂多利用净化机净奶。净化机的结构与牛奶分离机近似。净化的基本原理是通过高速旋转的离心机体，使牛奶中较重的杂质因重力关系迅速贴近机体的四壁，从而使流出的牛奶就得到了净化。经过净化，不仅可将牛奶中尘埃除去，还可将牛奶腺体细胞及细菌大部除去，因此比过滤法优越。

（3）冷却

① 利用冷水池冷却　利用冷水池冷却牛奶是最简单的传统方法。此法能使牛奶温度冷却到比所用的水温高3℃～4°C。通常设水池一个，水池的容积视牛奶场需要冷却牛奶的数量而定。先往水池中灌满冷水或冰水，然后将装满牛奶的奶桶放入池中。为使牛奶得到迅速和均匀降温，可定时搅拌牛奶，不断注入冷水更换池中之水，使其始终保持较低的温度。池中的水量要比需要冷却的奶量多4倍。每隔两天要清洗水池一次，并用石灰溶液洗涤一次。挤下的牛奶过滤后应及时放入池中冷却，不要等将所有的牛奶挤完后一起放入。

② 利用冷排冷却　较大的牧场可购置冷排冷却器，此种冷却器的构造简单，冷却效率高。它由上下两个配槽和中间排管子所组成。冷却水（可用冷水或冷盐水）自冷却器的下部向上通过冷却器的每根排管内部，以降低冷却器的表面温度。奶则从上面的配槽底部细管流出形成薄层，经冷却器排管表面降温，然后流到贮奶槽中，以达到冷却之目的。

③ 利用浸没式冷却器冷却　浸没式冷却器里面装有离心搅拌器，可以调节速度，并带有自动控制开关，能够定时自动搅拌，促进牛奶均匀冷却，又可防止稀奶油上浮。它是轻便又灵巧的冷却器。使用时，将它插入水中进行冷却。

（4）牛奶的贮存　经过冷却后的鲜奶，要迅速转移到冷藏库内贮存。冷却牛奶温度愈低，贮存的时间愈长。

（5）牛奶的运送　牛奶场的牛奶通常运送到乳品加工厂进一步加工处理。运送牛奶的容器必须经过严格消毒，保持清洁。奶桶盖要有橡皮垫，将奶桶盖严，防止牛奶溢出和尘土落入。车辆运行要平稳，防止振荡。如果运送路程较远，运输途中牛奶温度升高，将影响牛奶质量。夏季时安排夜间或早晨运输为好，必要时要用隔热材料将奶桶遮盖起来。

（二）乳用犊牛的饲养管理

1. 影响犊牛生长发育的因素

（1）亲代的生活条件对胚胎发育的影响　遗传与生活条件是影响犊牛生长发育的决定因素。为了获得优良而健壮的犊牛，必须选择优良的种公、母牛，并进行合理的饲养管理，以得到生活力强的性细胞。在胚胎发育前半期，应使妊娠母牛得到具有生物学全价性的日粮。如果缺少维生素A等，将导致胚胎被吸收、流产、畸形和产生体质弱的犊牛。胚胎发育的后半期，如果妊娠母牛得不到充足的营养，就会破坏胎儿的正常发育，而生下体质衰弱的犊牛。

（2）不同的饲料类型对犊牛的消化器官形态和机能的影响　犊牛出生后1岁以内，消化器官生长发育最为迅速，饲料类型对消化器官影响很大，因此，必须抓好2～6月龄的饲养。初生犊牛第一胃容积很小，仅1.1L，让0.5～1月龄犊牛采食青草，对刺激犊牛消化器官容积的扩大与机能的增强有良好作用。若以牛乳及精料为主喂犊牛，会造成第一胃容积变小，不利于增强牛的食吃草性能。因此，现在国内外都提倡犊牛早期开始饲喂青粗饲料。

（3）饲养水平对犊牛生长发育的影响　贫乏的饲养能使犊牛生长发育受阻，产生繁殖和产乳性均低的母牛；相反，如果饲养过于丰富，超过有机体生长发育的需要，则能使有机体过早成熟，蓄积脂肪，降低大多数内脏器官的生长程度。所以，饲养幼牛一定要根据犊牛发育阶段的不同，给予相应的营养，以保证犊牛体重增加，体尺增长，健康结实。

2. 初生犊牛的饲养管理

犊牛出生后最初几天，各种组织器官均未充分发育，皮肤保护机能和神经系统的调节也不健全，适应能力较弱，对不良外界环境的抵抗力较差，在10～20d内很容易受细菌侵袭而发病死亡。为保证初生犊牛的健康，必须给予初乳和小心看护。出生后10～20d是培育健康犊牛的关键时期，故称此时期为保育期。

初乳具有特殊化学成分和生物特性，是初生犊牛5～7d内不可缺少的食品。初乳的作用有：（1）新生犊牛胃壁空虚，第四胃及肠壁的黏膜对细菌的抵抗力很弱。初乳能覆于胃壁之上，阻止细菌侵入血液中；（2）初乳进入胃中后，能刺激胃分泌大量的消化酶，促使胃肠机能早期活动；（3）初乳有轻泻作用，犊牛饮用后能顺利地排泄胎粪；（4）初乳具有45～50的酸度，入胃后能使犊牛胃内酸度增加，对杀灭胃内细菌有良好作用；（5）初乳具有常乳所不及的丰富的营养物质，可满足犊牛生长发育的营养需要；（6）初乳还能将母牛能得到的免疫体传递给犊牛。因此，一般应在出生后1～1.5h内让犊牛吃到第一次初乳，喂量以1～1.5kg为宜。犊牛出生后第一天给予的初乳数量，一般为犊牛初生重的1/6～1/8，以后每天可增加0.5～1.0kg。到第五天总量可达8～9kg。但喂量要视犊牛的食欲和健康状况而定，不能强迫其吃过多的牛乳。初乳温度一般为35℃～36℃，如温度低于此数，可加温至38℃左右。牛乳温度过低，犊牛吃后常造成胃肠机能失常而下痢。假如母牛产后死亡，可用其他同期分娩的母牛的初乳喂犊牛。若没有初乳，可制造人工初乳，其配方如下：常乳750mL，加入鸡蛋2～3个，食盐10g，新鲜鱼肝油15g，经过充分振荡后，加热至38℃即可。

喂乳时，可用乳壶或小乳桶，装上橡皮乳头。初生犊牛如果不会吸吮乳汁，饲养员可洗净手指，将两个手指浸入乳汁中，然后塞进犊牛嘴里，如此反复诱导2～3次犊牛即可自动吸吮。犊牛出生后5d内，每次喂乳半小时后，再用乳壶喂温度35℃～38℃的清洁温开水，20d以内以饮温开水为宜，20d以后可饮生水。

盛乳工具一定要保持清洁，用后洗涤消毒。牛乳要清洁、新鲜，未发生污染变质。犊牛出生后7～10d开始掺入混合乳，15d后完全喂混合乳。犊牛舍要保持清洁干燥，牛床每日要垫柔软的厚垫草，舍温不要变化太大，以防止犊牛感冒。生后4～5d即可开始梳刷牛体，梳刷后将其放入运动场内自由活动。

3. 哺乳期犊牛的饲养管理

犊牛在哺乳期得到合理的饲养管理是保证犊牛正常生长发育的关键。要给予犊牛丰富而完全的营养物质，并尽早使其习惯于青粗饲料及精料，提高消化道对粗料的适应性，以促进犊牛的生长发育。还可实行早期断乳，以降低成本。牛的哺乳期一般为6个月，但现在国内外的趋势是适当缩短哺乳期，改为3个月或更少。提早断乳，犊牛在哺乳期内的增重可能受一些影响，但早期断乳的犊牛，早期采食较多的粗料，可促进消化道更好地发育，有利于后期生长及产乳能力的提高。据上海某牧场试验，试验组犊牛12头，哺乳期3个月，每头每日喂乳360kg，对照组犊牛12头，哺乳期6个月，每头每日喂乳500kg。试验组6个月龄内平均日增重689g。对照组平均日增重703g。但7个月龄以后，前者日平均增重800g，后者只增重750g。原因是前组犊牛因提早吃青粗饲料，消化道较为发达，后来采食量较大，所以增重更快。

喂乳时犊牛应固定在颈枷上，喂乳后15min再放开，以免犊牛饮乳后互相舐耳、吮睾丸等。因为犊牛吞下牛毛会在胃中形成毛球，影响胃肠机能正常活动。

早期训练犊牛吃植物性饲料，可促进犊牛胃肠及消化腺的发育。犊牛生后10d左右即应开始训练吃精料。开始时，犊牛对干粉饲料不习惯，可将精料煮成粥状，在喂乳后2～3h内喂200～300g粥料。在北方常用燕麦粉煮成粥，粉水比例为1∶4。经过5d训练，犊牛一次即可吃800～1 000g。在南方可用大麦粉或碎米煮成粥。犊牛生后20d左右即可开始训练它吃混合粉料。混合粉料一般由大麦、豆饼、麸皮、细糠组成，另加食盐1%，碳酸钙2%，喂时加水，至可用手捏成团状，但掷下即散时即可。

许多试验证明，犊牛的瘤胃容积增大和机能活动的增强，是犊牛多吃粗料的结果。因此，在犊牛出生5～7d即应开始在饲槽内添上一些优质干草，供犊牛采食，生后5个月即可使犊牛吃较粗的饲料。

青绿多汁饲料对犊牛的消化器官发育也有促进作用，应尽早训练犊牛吃青草，对胡萝卜等块根饲料，可切成碎片饲喂。犊牛2～2.5月龄时，可开始喂少量青贮饲料，到6月龄每日每头可给5kg左右。

为使犊牛正常生长发育，除注意饲养外还要精心管理。每日早晨喂犊牛时要注意观察每头牛的食欲和精神状态是否正常，观察粪便有无异常情况，如发现稀粪或粪有恶臭等，就应及时找出病牛，进行治疗。食欲不振、消化不良的，可酌减喂乳量；轻微下痢的，可在牛乳中加入0.5kg温开水，冲淡牛乳，以利消化，如下痢严重，可停喂1～2次牛乳，而改用1.5～2kg温开水或米汤代替；下痢减轻时，再逐渐恢复原来的喂乳量。犊牛舍一定要保持干燥清洁，注意多垫厚草，经常通风换气，勤梳刷牛身，犊牛每日自由运动至少2～3h。

（三）育成牛和青年牛的饲养管理

育成牛的特点是：

（1）犊牛在哺乳期所吃的是由部分牛乳和部分植物性饲料组成的日粮，断乳后将变为全植物性饲料，并且青粗料所占比例加大。

（2）在哺乳期消化器官虽初步发育，但还需要逐步锻炼才能使其充分发育，适应以青粗饲料为主的日粮。所以，刚断乳的犊牛饲料变化不宜过于突然。

（3）9～18月龄，正值生命旺盛、健壮时期，因此常被人忽视饲养管理，以致影响育成牛正常发育，从而影响到第一次配种年龄和以后产乳性能的高低。舍饲的育成牛，日粮中以干草和青绿多汁饲料为主，适当搭配精料。现国内各牧场一般每天给育成牛2～2.5kg混合精料。

如果夏季以放牧为主，除非牧草生长很好，又是豆科和禾本科牧草混生，放牧采食量可达30kg以上，否则应补充适量的精料和矿物质。同时要注意育成牛的发育情况，应在满9月龄、12月龄、18月龄时各测量体尺和称重一次。与本场或国内外同品种、同月龄的育成牛进行比较，如果差距很大，应检查、改善本场的饲养管理情况。在育成阶段的幼牛，正是骨骼和肌肉增长旺盛时期，每日要给予充足的运动，舍饲期每日应有 3～4h。这不仅能锻炼骨骼与肌肉的结实性，还能增进消化器官、呼吸器官、血液循环系统的发育。到配种年龄时，要及时配种，配种受孕后，在管理上要注意保胎，防止妊娠小母牛互相挤撞、追逐。同时要加强刷拭，使幼牛养成与人亲近的习惯。

第五节　畜禽繁殖

一、公畜生殖器官及其功能

公畜的生殖系统由睾丸、附睾、输精管、副性腺、尿道和阴茎等器官组成。此外，还有两个起保护作用的被囊——包皮和阴囊。睾丸是雄性家畜的主性器官，又叫雄性性腺，它的主要功能是产生精子和分泌雄性激素。其余各部统称为副性器官。副性器官不但是一套输送精子的管道，而且对精子的进一步成熟、稀释和提供营养具有重要作用。

（一）精子的生成和成熟

公畜具有成对的睾丸，包藏在阴囊里，悬挂于腹股沟区（牛、羊、马、驴等），或者依附在肛门下的会阴区（猪等）。家畜在胚胎时期，睾丸和附睾位于腹腔中，在出生前后必须由腹腔下降到阴囊中。由于阴囊的温度低于腹腔温度，从而能保证精子的正常生成。如果到了成年，睾丸仍留在腹腔内，则称为隐睾。隐睾是雄性不育的根本原因，因而在选择公畜时应严格挑选。

1．精子的生成

精子产生于睾丸，睾丸由几百条曲精细管构成，精细管上皮含有两种细胞——生精细胞和支持细胞。生精细胞依附在支持细胞上，支持细胞对生精细胞的分裂和演变起支持和营养作用。在精细管中随时都有处在不同发育阶段的生精细胞，一般靠近精细管基底膜的是精原细胞，依次是初级精母细胞和次级精母细胞，而靠近管腔的是不同形状的精子细胞，管腔中是已脱离精细管上皮的游离精子。

从精原细胞开始，经过分裂、生长、成熟和变形等阶段，最后形成精子的整个过程所需要的时间，叫做精子发生周期。各种家畜的精子发生周期约为 45～60d。

2．精子的成熟

精子在离开精细管上皮时，既无运动能力，也尚未成熟。借助精细管内某些细胞所分泌的液体，将精子带到附睾，精子在附睾的贮存过程中进一步达到成熟阶段。试验表明，取自附睾尾部的精子，可使 93%的卵受精，但取自附睾头部的精子，仅能使 8%的卵受精。可见，精子由附睾头运动到附睾尾部时，经历了一个成熟过程，这段时间约需 10～20d。

目前对精子在附睾中成熟所需要的条件尚不大清楚，但已知这个过程对雄激素的含量很敏感。当雄激素水平下降到不足以引起性欲时，就可能影响精子的成熟。近年来的研究还表明：附睾分泌一种特异性的附睾糖蛋白，它对精子膜的成熟、精子的活力及受精能力都具有重要的生理作用。

（二）精液及其理化特性

公畜射出的精液包括精子和精清两部分。精子在睾丸中生成后贮存在附睾中，而精清则是附睾及副性腺（前列腺、精囊腺、尿道球腺和壶腹等）分泌物的混合物。精子在精液中所占的比重很小，公畜射精量的大小，主要取决于各副性腺分泌物的多少。猪的副性腺分泌物多，其精液量就大，但精子的密度很小；牛则相反。各种家畜精液中精清所占的比重为：绵羊70%，牛85%，马92%，猪93%。

各种家畜的精液，一般都是乳白色、白色或略带黄色，无味或稍有腥味。

1．精子

（1）精子的构造及其理化特性　各种家畜精子的大小和构造基本相似，都由头、颈、尾三部分组成，外形像蝌蚪，长度约为60μm，在普通显微镜下可以观察到。

头部：呈扁圆形，一面稍凹，略似勺状，主要由核构成，其化学成分为脱氧核糖核酸，遗传密码排列在其中。不论哪种畜禽的正常精子，都含有一定量的脱氧核糖核酸，它与精子的受精能力成正相关。精子核前端由顶体系统所保护，顶体在受精过程中有重要作用；紧包着核后部的细胞质膜，称为核后帽。死精子在此处对伊红等染色剂极易着色，这一点为死活精子染色鉴别时的根据。

颈部：为精子头、尾结合部，是精子最脆弱的部分，精子头尾常常由此处断开。如家畜体温升高，附睾中就往往出现许多缺尾精子。

尾部：是精子的运动器官，精子能够运动，在显微镜下观察时，大体上有三种运动形式，即直线前进运动、原地转圈运动和原地抖动，只有直线前进运动的精子才有可能到达输卵管的壶腹部，实现与卵子的结合。尾部除含有一定量的脱氧核糖核酸和脂蛋白外，还含有较多的酶类和脂类化合物，这是精子运动的能量来源。在静置液体中精子没有固定的运动方向；在液流中则取逆向前进，并且运动速度加快。

（2）环境对精子的影响　环境对精子的存活时间、活力等影响很大。如果所处的环境不适宜，则精子的活力下降，存活时间缩短，甚至很快死亡。因此，必须了解影响精子存活的各种因素，在人工授精技术中设法延长精子的存活时间。

温度：温度的高低对精子的存活时间及其活力影响很大。在体温条件下，精子的代谢和运动正常，存活时间较短；较高温度下代谢增强，运动加剧，甚至会很快死亡；低温的影响很复杂，经过适当稀释处理的精液，在低温下精子呈休眠状态，有利于体外保存，甚至可在超低温（－196℃）下以冷冻状态长期保存。这样保存的精液，当升温时，精子运动能力又得到恢复，所以在生产实践中这个原理广泛应用于低温或超低温保存精液，提高公畜的利用效能，加速家畜改良的进程。

渗透压：渗透压是指由于细胞膜内外溶液的浓度不同所造成的内外压力差。它对精子的运动和存活的影响也很大。在高渗溶液中，精子内部的水分向外渗出，常常引起精子尾部出现锯齿状弯曲，使其运动减缓或停止，甚至导致精子干瘪死亡。在低渗溶液或水中，外界的水分很快向精子内部渗透，易使精子尾部发生畸形弯曲，甚至会立即引起膨胀致死。所以在稀释精液时必须注意稀释液的渗透压，一般来讲，低渗比高渗对精子影响更大。

酸碱度：在一定限度内，酸性环境对精子有抑制作用，碱性则有激发作用，适宜的pH值为7左右。实践中常利用酸抑制原理，使精液在室温下得以保存。未经稀释处理的牛、羊精液，因精子密度很高，在精液保存过程中容易积累很多代谢产物，使pH降低，抑制精子的运动。这种情况下即使提高温度，也不容易使精子的活力得到恢复，将精液的pH调整到中性或弱碱性时，精子的运动才可恢复。在保存精液过程中，必须注意这个问题。

光照：直射阳光对精子有激发作用，不利于精子存活，而且紫外线对精子有杀伤作用，所以在人工授精技术中，精液离体后应盛于暗色的玻璃瓶中，避免阳光直射。

常用化学药品：一切消毒剂即使浓度很低，也足以杀死精子，应避免精子接触。但某些抗菌素如青、链霉素等和磺胺类药物（氨苯磺胺等），在一定浓度内对精子无毒害作用，而且可以抑制精液里的细菌，对精液保存和受胎有利。烟雾对精子有强烈毒害作用，所以在精液处理过程中严禁吸烟。

2. 精清

精子本身所携带的营养物质很少，它所需的营养主要靠精清供给。了解精清的化学特性，对合理处理精液和配制精液稀释液是非常必要的。精清的化学成分很复杂，不同种类的家畜也有很大差别。下面仅介绍一些与精子能量来源和存活有关的主要成分。

果糖：果糖是精子的主要能量来源，它主要来自精囊腺和壶腹的分泌物。精子在睾丸和附睾内是不活动的，当精子与精囊腺的分泌物混合后，果糖渗入精子里，果糖分解，供给精子活动所需要的能量。

柠檬酸：精清中的柠檬酸同样来自于精囊腺分泌物，其主要功能是调整精液的 pH 值，是精液的重要缓冲剂。其次，当精液中柠檬酸含量较高时，能防止或延缓精液的凝固时间，例如，牛精液中柠檬酸含量很高，所以不易凝固，而马和猪则相反。另外，柠檬酸钾或柠檬酸钠等能保持精液的渗透压。

甘油磷酸胆碱：精液中的胆碱主要来自附睾分泌物，且多以甘油磷酸胆碱的形式存在。它在精液中含量很高，其主要作用是为精子提供运动能量。但它只有在母畜生殖道中才能被利用，因为母畜生殖道中有一种酶能分解甘油磷酸胆碱。

电解质类物质：这类物质能激发精子的代谢和运动，对精子在母畜生殖道内的运动和受精具有重要作用；但在人工授精技术中，精液往往需要在体外保存，这样精清中的电解质类物质则成为不利于精子贮存的因素。所以，只有用人工配制的稀释液将精液稀释后，才更有利于精子的体外保存。

二、母畜生殖器官及其功能

母畜的生殖器官由卵巢、输卵管、子宫、阴道、尿生殖前庭、阴唇和阴蒂等器官组成。卵巢是雌性家畜的主性器官，又叫雌性性腺。它的主要功能是产生卵子和分泌雌性激素，其余统称为母畜的副性器官。母畜的副性器官不单纯是一套输送生殖细胞的管道，而且对精子的获能、受精、植入等起着重要作用。同时子宫和输卵管所分泌的蛋白可为生殖细胞提供必需的营养。

（一）卵子的生成和成熟

1. 卵巢的形状及其结构

母畜具有成对的卵巢，分别由卵巢系膜悬挂于腰角下方。卵巢的形状和大小随畜种和发情周期的阶段而变化。马的卵巢呈肾脏形，其下缘朝向腹壁处有凹窝，称为排卵窝。牛的卵巢较马为小，呈长椭圆形，没有排卵窝。羊的卵巢形状基本与牛相似，但体积较牛为小。猪的卵巢形状和大小随年龄有很大变化，在性成熟以前，卵巢的形状类似肾脏，表面光滑；在性成熟时，卵巢体积明显增大，并有很多卵泡发育，表面呈桑椹状；性成熟以后，由于卵巢表面突出有卵泡、红体和黄体，因此凸凹不平，类似一串葡萄。卵巢的实质由皮质和髓质两部分组成，深层为髓质部，有大量血管和神经分布，血管、淋巴管和神经出入的地方称为卵巢门；浅层为皮质部，其中含有处于不同发育阶段的卵泡和功能黄体。在卵巢实质的外围有一层白膜，白膜之外有表层上皮。

2．卵泡的发育

母畜在胎儿期，卵巢中的卵原细胞经过有丝分裂产生几百万个卵母细胞，并在出生前终止有丝分裂。出生时两侧卵巢中的卵母细胞数目约为6～10万个，随畜种和品种的不同而有一定的差异。

当母畜性成熟后，在垂体促性腺激素和卵泡产生的雌激素的调节下，卵巢开始出现周期性的卵泡发育。在每次发情的前夕，卵巢上的初级卵泡开始发育为次级卵泡，进而再发育为成熟卵泡。各级卵泡均是由一群卵泡细胞包围着一个卵母细胞的细胞群，其特点如下：

（1）初级卵泡　由初级卵母细胞和排列在其周围的一层扁平卵泡细胞组成，体积很小。

（2）次级卵泡　由于卵泡细胞不断分裂增殖，由单层变为多层，由扁平变为柱形，卵泡体积逐渐增大，其中的卵母细胞也随之生长发育，表现为体积增大，胞质增多，在卵母细胞周围出现一层均匀一致的薄膜，叫透明带，用苏木精－伊红染色则呈粉红色。随着卵泡的生长，在卵泡细胞之间出现一些含有液体的小腔隙，而后逐渐扩展合并，形成一个大的卵泡腔，腔内填充着卵泡液。由于卵泡液的不断增多，卵泡腔不断扩大，初级卵母细胞及其周围的卵泡细胞被挤到卵泡的一侧，形成一个突向卵泡腔的卵丘。其余的卵泡细胞密集排列成数层，形成卵泡壁。

（3）成熟卵泡　其特点是具有充满卵泡液的卵泡腔，卵泡壁变得很薄，体积很大，突出于卵巢的表面。此时卵母细胞仍被包围在卵丘中，呈半岛状与卵泡壁相连接。

（4）排卵　成熟卵泡之泡壁破裂，卵巢膜局部崩解，卵母细胞随同周围的卵泡细胞（卵丘细胞）及卵泡液一起流出，黏着在卵巢表面，接着被输卵管伞所接纳，该过程称为排卵。

关于排卵的机理，目前尚未完全弄清，但初步试验表明，排卵主要是由于酶的活动和激素的调节所致，在排卵前24～36h，雌激素的分泌量逐渐增加，从而引起垂体促黄体素分泌量增加，并使卵泡产生少量孕酮，使卵泡壁的胶原酶和透明质酸酶活动增强，消化溶解卵泡壁。而且，促黄体素本身能使卵巢表面溶酶体增加，胶原酶释放，促使卵巢白膜表层上皮崩解，结果使成熟卵泡破裂排卵。

牛、羊、猪的卵巢表面没有浆膜覆盖，卵巢表面任何部位均可排卵；而马和驴的卵巢有一特定的排卵窝，其余部分均为浆膜所包被。

排卵有两种类型：自发性排卵和诱发性排卵。牛、羊、猪、马等绝大多数畜种都属自发性排卵的类型。在正常情况下，母畜发情后无论交配与否，都能自发排卵，并形成功能性黄体。兔、驼等家畜属诱发排卵型。这类家畜在母畜发情后，如果不与公畜交配，则不能排卵，发情可持续较长时间。必须在接受公畜交配刺激或激素诱导下方能排卵。母兔在交配后10.5h排卵，母驼则在交配后32～48h排卵。

在每一个发情周期中，能发育成熟的卵泡取决于遗传和环境的因素。例如，牛和马在每次发情中伴有多个卵泡发育，但是通常只释放一个卵子，其余的卵泡都将退化，变成闭锁卵泡；猪则有10～25个卵泡成熟并排卵；羊一般有1～3个成熟卵泡并排卵。其余卵泡为何不能发育成熟？目前认为是由于垂体促性腺激素分泌的量不足所致，因此，为了充分发挥母畜的繁殖潜力，在家畜繁殖技术中，可采用垂体促性腺激素和孕马血清来处理，以达到超排、多产的目的。

（5）黄体的形成　排卵后，破裂的卵泡壁向内皱缩，并被血凝块所填充，这时称为红体（排卵点），此后由它转变为黄体。成熟黄体的直径，猪、羊约为9～15mm，牛20～25mm，马25～30mm。黄体分泌的孕激素，使生殖器官发生一系列的变化，为接收受精卵做了准备。

如果排出的卵已受精，那么周期黄体将转变为妊娠黄体；若卵未受精，母羊的黄体维持14～15d，母牛、母猪持续16～17d，而后退化。无论哪种黄体退化后，都将变成没有功能的白体，最后在卵巢表面留下残迹。

关于周期性黄体退化，目前认为有两个原因，其一是由于促黄体素分泌量少，导致黄体退化；其二是子宫内膜产生的前列腺素通过卵巢和子宫的局部循环而使黄体溶解。所以目前生产中常用前列腺素（PGF_2）控制母畜的发情周期，以达到同期发情的目的。

（二）发情和发情周期

1. 发情

发情是成年母畜的一种生殖生理现象。完整的发情应具备以下四个方面的生理变化：① 卵巢的变化：卵泡正常发育，继而发生排卵；② 外阴部和生殖道变化：阴唇红肿充血，阴门有黏液排出，阴道黏膜潮红滑润，子宫颈口张开；③ 精神状态的变化：兴奋，如活动增强，食欲减退，泌乳量下降；④ 出现性欲：力图接近公畜，作交配姿态，接受公畜的交配。在某些病理或生理情况下，以上四方面的变化不一定全部具备，例如“安静发情”，卵巢上虽有成熟卵泡，并且排卵，但缺乏发情表现；又如“假发情”，虽有发情征状，但不排卵，甚至卵巢上无成熟卵泡。

2. 发情周期

发情是遵循着一定时间规律的，每隔一段时间出现一次，两次相邻发情的间隔时间为一个发情周期，即从一次发情开始（或结束）到下一次发情开始（结束）所间隔的时间。一个发情周期，大致可分为两个阶段：发情持续期和发情间歇期，或叫卵泡期和黄体期。发情持续期，是从一次发情开始到结束所持续的时间；发情间歇期，是从一次发情结束到下一次发情开始的间隔时间。

（三）发情季节和休情季节

有些家畜在一年之中，只在特定的季节才出现发情现象，即所谓“季节性发情”。能够出现发情周期的季节叫发情季节，两个发情季节之间有一段无发情周期表现（孕期除外）的时期，称为休情季节。在休情季节内，卵巢基本处于静止状态，既无卵泡，又无黄体。

羊、马、驴、驼等家畜，一般只在一定的季节里表现周期性发情，故称为“季节性多次发情”；而牛和猪等家畜，在一年当中（除孕期以外）均可表现周期性发情，故称为“终年多次发情”。

（四）各种家畜发情周期的特点

马、羊等家畜的发情有季节性。马一般从春季开始发情，到深秋停止，6 月份是旺季，发情周期平均21d，发情持续期为7d；羊一般是在秋季开始发情，到深冬停止，秋末冬初是发情旺季，其发情周期一般为17d，发情持续期为1～2d；驴和马相似。牛、猪的发情无季节性限制，除孕期以外全年均可发情配种。牛的发情周期为21d，发情持续期为1～2d；猪的发情周期也是21d，发情持续期为2～3d。

上述家畜，均为自发排卵型，因此，这类家畜具有相对稳定的发情持续期和发情周期，时间的长短不受交配行为的影响；而兔、驼等家畜属诱发排卵型，所以没有固定的发情周期和发情持续期。

家畜繁殖所以有季节性，是长期自然选择的结果。因为家畜在未驯化前处于自然条件下，只有在一年中比较好的季节产仔，才能使仔畜得以存活。例如马的繁殖季节为春季，妊娠期为11个月，则分娩季节仍在春季，有利于幼驹存活；绵羊的繁殖季节是秋季，妊娠期5个月，其分娩季节也在春季，有利于羔羊成活。

但是，家畜的繁殖季节性并不是固定不变的，随着驯化程度的加深，饲养管理条件的改善，其季节性限制也会变得不大明显，甚至可以变成没有季节性的。例如，高度驯化的纯血马或在温暖地区舍饲的马，繁殖季节就不那么明显，甚至可不受季节性限制；又如湖羊、寒羊和地中海绵羊已经没有繁殖季节了。相反，那些终年多次发情的牛和猪等，如果饲养条件长期非常粗放，则发情周期也有比较集中在某一季节的趋势。例如我国南方的水牛在上半年发情很少，多集中在下半年发情；北方地区的黄牛多集中在6～7月份发情。

（五）产后发情和产后发情期

1. 产后发情

产后发情就是母畜在分娩后出现的第一次发情。各种家畜产后发情的时间很不一致。母猪一般在分娩后3～6d之内出现发情，但产后哺乳期的发情并不排卵，所以这时进行配种是无效的，而在仔猪离乳后1周左右再度发情，属伴有排卵的正常发情，可以配种。母马多在分娩后6～12d出现发情，并伴有正常排卵，此时组织配种是极易受胎的，俗称“配血驹”，但通常发情表现不大明显，甚至没有发情表现。母牛一般在产后40～45d发情，但也有报道母牛在产后25～30d已发生第一次排卵，这次发情乃为“安静发情”。为了让母牛的子宫得到完全恢复，仍应于产后40～50d发情时进行配种为宜。

2. 产后发情期

一般母畜产后有一段时间不出现发情现象，这段时间称为产后发情期。产后发情期的长短对繁殖力影响甚大。目前问题最突出的是牛，尤其是乳牛，只有在产后85d之内再度妊娠，才能保证每年产一犊的正常繁殖力。我国广大牧区及半牧区的黄牛，由于产后发情期过长，往往当年不能及时配种妊娠，而造成两年一犊的现象，从而大大降低了母牛的繁殖力。产后发情期的延长，在一些饲草条件较差的地区表现比较严重。在这些地区如能提高饲养水平，则可大大缩短产后发情期。但是，产后发情期内母畜没有发情表现，并不等于卵巢没有周期性的活动（如“安静发情”或“潜在发情”），对于卵巢有周期性活动的发情母牛，如采用“同期发情”、“定时输精”的处理措施，仍可产生正常受胎。

目前对产后发情的机理尚不十分清楚，但一般认为与产后子宫恢复、产后泌乳和营养水平有关。

三、性成熟和初配年龄

家畜从幼龄到成年，要经历两个成熟阶段，首先是性成熟，初步具有生殖能力；而后才达到体成熟，完成全部生长发育。

幼龄公畜发育到一定时期，开始表现性行为，具有第二性征，能产生成熟的精子。此时一旦和母畜交配，即有可能使母畜受胎，这就是公畜的性成熟。幼龄母畜初次出现发情的时间叫做初情期。这时母畜虽有发情表现，但发情是不完全的（发情不明显或只发情不排卵），发情周期也往往不正常，这是因为母畜的生殖器官尚未发育完全所致。初情期后，再经过一段时间，母畜的生殖器官基本发育完全，出现完整的发情周期，能排出成熟的卵子，此时配种便可受胎，这就是母畜的性成熟。可见，母畜的初情期并不是性成熟期，这是两个不同的发育阶段。

家畜达到性成熟时，虽然具有了繁殖能力，但机体仍处于旺盛的生长发育时期。为了得到健壮的后代，以及不影响青年家畜自身的生长发育，一般来讲，刚刚达到性成熟的家畜，不宜立即参加配种繁殖，而家畜适宜参加配种繁殖的年龄，称为初配年龄。这时家畜不仅早已性成熟，而且达到了体成熟，即生殖器官和体躯结构均已发育完全。

家畜的性成熟和体成熟年龄，首先是由遗传因素决定的，在同种家畜中，有早熟品种和晚熟品种；同一品种，个体间也存在着一定的差异；其次受环境因素的影响也相当大，一般来说，温暖的气候和充足的营养均能使家畜早熟。现将各种家畜在正常条件下的性成熟期和初配年龄列于表 2-2-29 中。

表 2-2-29　家畜的性成熟期和初配年龄

畜种	性成熟期（月）		初配年龄（岁）	
	公畜	母畜	公畜	母畜
猪	4～8	4～8	（9～12 月）	（8～10 月）
牛	10～18	8～14	2～3	1.5～2
水牛	16～30	15～20	3～4	2.5～3
绵羊、山羊	6～10	6～10	1.5	1.5
马	18～24	12～18	3～4	2.5～3
驴	18～30	12～15	3～4	2.5～3
家兔	3～4	3～4	（6～8 月）	（6～8 月）

四、受精和妊娠

（一）受精

受精是精子和卵子的结合，产生新一代细胞合子的过程。通过受精，两性单倍体生殖细胞共同构成双倍体的合子，合子乃是新生命发育的起点。

1. 精子和卵子的运行

（1）精子的运行　精子的运行是指精子在母畜生殖道内由射精部位到达受精部位的运动过程。家畜的射精部位有两种类型，如马、猪为子宫射精型；而牛、羊为阴道射精型，即在交配时，公畜的精液只能射入阴道或子宫颈内。采用人工授精，一般也只能将精液注入到子宫颈或子宫体内，而受精部位（精子和卵子结合的部位）却在输卵管的近卵巢端的壶腹部，因此，精子在母畜生殖道中有一个运行的过程。

精子运行的动力，除自身的运动能力外，主要依赖母畜生殖道平滑肌的收缩和蠕动。其运行速度很快，只需数分钟到数十分钟，即可到达输卵管的壶腹部。在发情期运行速度最快，母畜处在间情时，精子几乎不能到达输卵管。性刺激、性兴奋、按摩外生殖器和乳房，均可刺激生殖道蠕动，促进精子的运行。试验证明，牛、羊的精子可在 15min 内到达受精部位。体外受精研究揭示，精子只有在同母畜生殖道分泌物混合孵育后才具有受精能力，这种现象称为精子的获能。自然状态下，精子在母畜生殖道中完成获能过程至少需 2～4h。

精子获能的变化主要发生在顶体部，由于顶体部释放一系列水解酶，使精子获得能够穿透卵子的放射冠和透明带的能力。

精子在母畜生殖道内存活和保持受精能力的时间约为几十至上百小时（马 72～120h，牛 30～48h，绵羊 30～48h，猪 24～48h，兔 30～36h）。

（2）卵子的运行　卵子的运行指的是卵子排出时，随卵泡液被纳入输卵管伞部，沿着伞部进入输卵管，借助输卵管内壁纤毛的拨动，向子宫角方向运行，卵子本身并无运动能力。

卵子通过输卵管壶腹部的时间约6～12h，大致相当于卵子保持受精能力的时间（马6～8h，牛8～12h，绵羊16～24h，猪8～10h，兔6～8h）。卵子通过整个输卵管所需要的时间为几十至上百小时（猪44～72h，牛96h，绵羊77～96h，马98～144h）。

2. 卵子的构造与受精过程

（1）卵子的构造　刚刚排出的卵子，最外层是由卵丘细胞构成的放射冠，向里是透明带，卵包被于透明带内。卵的外膜称为卵黄膜，在卵黄膜与透明带的间隙（卵周隙）可以观察到第一极体。大多数家畜在排卵时，卵刚刚完成第一次减数分裂（减数Ⅰ），处于次级卵母细胞阶段，待精子进入卵黄膜后，才能发生第二次减数分裂（减数Ⅱ），释放第二极体，形成成熟的卵。

（2）受精过程　它包括精子进入卵子、透明带反应和原核形成、原核配合等过程。精子要进入卵子，必须穿越许多障碍，即溶解放射冠，穿过透明带，接触卵黄膜进而入卵。首先，精子和输卵管分泌的某些酶类，能使卵子的放射冠细胞溶解脱落，使卵裸露。然后在精子顶体素的作用下，使透明带局部浸溶，精子即可由此处穿过透明带，进入卵周隙。当第一个精子进入透明带以后，透明带立即发生封阻反应，阻止其他精子再进入。进入卵周隙的精子被卵黄膜表面上的绒毛所捕获，把整个精子包融进去并发生卵黄膜反应，进一步加强封阻作用。顷刻间产生两种特殊的变化：其一是精子尾部脱落，头部膨胀，失去特有的形态，形成雄原核。其二是卵子被精子激活，立即进行第二次减数分裂（减数Ⅱ），释放出第二极体，进而膨胀，形成雌原核。然后两个原核相向移动靠拢，体积缩小，最后融为一体，组成二倍体的受精卵，受精过程即告完成。一般从精子入卵到完成受精的过程约需10～20h。

（二）妊娠

受精卵沿着输卵管下行，经过卵裂、桑椹胚和囊胚、附植等阶段，形成一个新个体胚胎，就称做妊娠。

1. 卵裂与桑椹胚

合子形成后，接着开始卵裂，即由单细胞的合子形成二细胞胚、四细胞胚、八细胞胚等。一般把16～32个细胞的胚叫做桑椹胚。这一时期统称为卵裂期。一般在4～16个细胞阶段由输卵管进入子宫角，当然不同畜种间有所差异。

2. 囊胚与原肠胚

继桑椹胚之后，细胞数目进一步增加，并开始分化形成不同的细胞集团，即胚的一端细胞密集成团，叫内细胞团；另一端细胞沿着透明带的内壁排列扩展，形成由单层细胞构成的滋养层。前者进一步发育成为胚胎，后者逐步发育成胎膜和胎盘。在滋养层同内细胞团之间出现囊胚腔，腔内有透明液体，这样的胚称为囊胚。卵裂和早期的囊胚都是在透明带内发育的，其特点是，虽然细胞数量大量增加，但总体积变化不大，其所需的营养主要靠卵黄供给。然后，囊胚从透明带中脱颖而出，伸展开来，变成一个液体袋子（马、驴为球形）。囊胚的进一步发育，可出现两种变化：① 内细胞团外面的滋养层退化，此后这里称为胚盘；② 在胚盘下方衍生出内胚层，它沿着滋养（外胚）层内壁延伸、扩展，衬附在滋养层内壁上，这时的胚称为原肠胚。原肠胚进一步发育，在滋养（外胚）层和内胚层之间出现中胚层，中胚层进一步分化成体壁中胚层和脏中胚层。两层中胚层之间的腔隙，以后构成胚的体腔。三个胚层的形成，奠定了胎膜和胎体各类器官分化发育的基础。

3．胚泡的附植

囊胚又叫胚泡。胚胎进入子宫角后，起初呈游离状态，同子宫内膜之间尚未建立联系。它以吸收子宫腺分泌的子宫乳为营养，而后逐渐同子宫内膜建立联系。胚胎同子宫内膜联系的建立过程称为附植。

附植是一个渐近的过程。起初，胚胎在子宫中的位置先固定下来，继而对子宫内膜产生轻度浸溶，最后同子宫内膜建立起胎盘系统。这时，胚胎即同母体之间建立起巩固完善的联系。

胚胎在子宫中附植的位置，因畜种不同而异。牛、羊怀单胎时，胚胎多在排卵同侧子宫角下 1/3 处附植；双胎时，则分别附植在两侧子宫角的相应部位。马怀单胎时，多附植在排卵对侧子宫角基部。猪的情况很复杂，来源于两侧的胚胎，将向对侧子宫角迁移，相互混合以后平均分布，并附植在两侧子宫角中。

胚胎附植的时间也因畜种不同而不同，猪 20～30d，羊约 1 个月，牛 1.5～2.5 个月。胚的附植发生很晚，2 个月时尚无联系，3 个月时附植面积才逐渐扩展。

4．妊娠期和妊娠征状

胚胎在子宫中逐渐发育成长，直至分娩为止所需要的时间，叫做妊娠期。各种家畜的妊娠期为：马 11 个月（334d），牛 9.5 个月（285d），羊 5 个月（152d），猪近 4 个月（114d），驼 13 个月（395d），兔 1 个月（30d）。

母畜妊娠以后不再发情，非常安静，代谢旺盛，体重增加，毛顺而有光泽等，这些现象称为妊娠征状。

5．胎膜和胎盘

胎膜是胚胎的重要组成部分。它包括卵黄膜、羊膜、尿膜和绒毛膜四种，起着营养、排泄、呼吸、代谢、内分泌以及机械保护等作用。它出生时才被摒弃，同胎儿脱离。脐带是胎体同胎膜和胎盘联系的渠道，其中有脐动脉两条，脐静脉两条。胎盘由胎儿胎盘（胎儿的绒毛膜）和母体胎盘（子宫内膜）共同构成。胎儿的血液循环系统不与母体相通，但是母体必须源源不断地向胎儿输送营养物质，并帮助胎儿排出代谢产物。母体与胎儿的这种关系，就是通过胎盘的转运和屏障作用来实现的。胎盘系统建立后，直至仔畜出生才算完成使命。

家畜的胎盘主要有两种类型，即散布型胎盘和子叶型胎盘。马为散布型胎盘，构造比较简单，容易脱离，这也是母马易发生流产的原因。但这种胎盘分娩时胎衣脱落较快。猪和驼的胎盘与马相似；牛为子叶型胎盘，胎儿子叶与母体子叶嵌合得非常牢固，所以在分娩时，胎衣排出较慢，而且容易发生胎衣不下；羊的胎盘与牛相似，但母体子叶呈杯状，将胎儿子叶包在里面，分娩时，子宫的收缩对胎儿子叶有一定挤压作用，因此，羊的胎衣比牛易于脱落，故胎衣不下者甚少。

五、生殖激素

（一）概述

生殖是一种非常复杂的生理活动，除了生殖系统直接参与以外，神经系统和神经－内分泌系统发挥着更为重要的调节控制作用。一般把直接调节生殖机能的内分泌激素称为生殖激素。

在生殖的基本过程中，生殖激素对生殖细胞的发生、发育、受精、着床到妊娠的维持、分娩及产后的哺乳等每个过程都有着重要的调节作用。研究生殖激素的作用以及各种激素之间的相互关系，有助于深入理解生殖的基本过程，并运用激素去有效地控制家畜的繁殖过程。

生殖激素包括下丘脑的促性腺激素释放激素、垂体和胎盘的促性腺激素及性腺的性腺激素。下丘脑的促性腺激素释放激素控制着垂体促性腺激素的合成和分泌；垂体促性腺激素促进性腺发育和性腺激素分泌；性腺产生的性腺激素调节着副性器官的发育及其功能。分泌进入血中的性腺激素，又可反馈地控制下丘脑促性腺激素释放激素和垂体促性腺激素的分泌。通常把丘脑、垂体与性腺之间的这种相互关系称为：下丘脑—垂体—性腺轴。

（二）激素的概念

激素是一类具有高度生理活性的物质。本世纪初，激素的定义是指无管腺的分泌物，即各个内分泌腺的分泌物不是通过特定的输出管排出的，而是由腺细胞通过扩散作用进入血液循环系统，对其他组织细胞发生作用的。近年来出现以下几种新的提法：

1. 局部激素

即具有内分泌功能的细胞产生的化学物质，它不需要经过血液循环就可调节附近的细胞，因此产生旁分泌概念，如前列腺素（$PGF_{2\alpha}$）。

2. 神经激素

具有内分泌功能的神经，叫做神经内分泌细胞，其特点是，神经内分泌细胞产生一种神经分泌物，经血液循环输送到组织细胞内起调节作用，如丘脑下部的释放激素、催产素等。这是一个划时代的概念，从而发展成一门神经内分泌学。

3. 外激素

外激素也叫信息素，它是通过外部环境传递的个体产生物。据 Melrose Reea（1971 年）报道，公猪唾液内含有类雄激素物质，它是使发情母猪静立不动的有效刺激剂（激素）。

综上所述，激素的新概念应该是，畜禽体内具有内分泌功能的细胞产生的特殊有机物质，经血液循环或淋巴等转运到不同组织的细胞发挥调节控制作用。

（三）激素作用的特点

所有激素都具有共同的性质，归纳起来有以下几点：

1. 量少、寿命短、作用大

激素只要有微量就能起作用，它的含量用微克（μg）、纳克（ng）、皮克（pg）计。它的寿命用半衰期表示，即激素在血液中生物活体降低一半所需要的时间，大部分激素的半衰期只有几分钟。

2. 调节或允许作用

激素不真正参加代谢过程，但激素起调节作用，即调节各系统机能更符合代谢过程。所谓允许作用，是指一种激素允许另一种激素发挥作用，例如，孕酮发挥作用是以雌激素为基础的，雌激素能使孕激素的受体增加，孕酮作用随之加强。

3. 作用的特异性

各种激素进入血液循环系统以后，极大限度地和各种细胞接触，但不是全身反应，某种激素只对某种组织或器官发生作用。这种作用的特异性，是由于靶组织内受体的存在。受体能识别该激素的信息，把它结合到细胞上（或细胞的其他部分）而发生生理效应。

（四）激素和受体的关系

任何一种激素必须和它相应的受体结合才能发挥作用。激素可以调节受体，其调节类型有以下三种：

1. 自身调节

即一种激素可以改变（增加或减少）其自身受体的含量。

2. 协同调节

在此过程中，一种甾体激素（如雌二醇）与一种蛋白激素（如 FSH）相互作用，改变同一蛋白激素（如 FSH）的受体数量或不同蛋白质激素（如 LH）的受体数量。

3. 异种调节

一种激素可去掉另一种激素的受体。如雌激素可以调节性腺上 FSH 的受体。

（五）生殖激素的分类及其生理功能

1. 生殖激素的分类

激素从化学性质上看大致可分为三类含氮的化合物，包括多肽、蛋白质、类固醇激素和不饱和脂肪酸。属于含氮类的有：下丘脑产生的释放激素、垂体和胎盘促性腺激素及松果体激素；性腺分泌的激素属于类固醇激素；前列腺素为不饱和脂肪酸。但这样的分类也并不十分准确，如卵巢黄体分泌的松弛素却是蛋白质。

2. 生殖激素的生理功能

（1）下丘脑促性腺激素释放激素（GnRH） 下丘脑促垂体区分泌的“释放激素”，是一组肽类激素，是以脉冲式释放的；进入血液后，经过门脉循环作用于垂体前叶的特异性细胞，刺激垂体前叶合成和释放促卵泡素（FSH）、促黄体素（LH）及促乳素。另外，在 1975 年已合成 9 个氨基酸的 GnRH 类似物，在结构上虽然比天然的 GnRH 少一个氨基酸，但其生物活性却比天然的十肽 GnRH 高许多倍。这个类似物被简称为促排卵 2 号，在国内用于诱发鱼的排卵和提高受胎率，已见到成效。鉴于这种激素结构简单，相对分子质量小，且能人工合成，故应用在家畜繁殖方面比蛋白质激素更为优越。

（2）垂体促性腺激素 它是由垂体前叶（腺垂体）合成分泌的一类激素，包括促卵泡素、促黄体素和促乳素。

促卵泡素（FSH）是由垂体前叶的嗜碱性细胞分泌的。它的主要生物学作用是：① 刺激卵巢生长，增加卵巢重量。促进卵泡颗粒细胞的增生和卵泡液的分泌；② 和 LH 协同作用，使卵泡内膜分泌雄激素，进而经过芳香化酶的作用，转变为雌激素，促使卵泡发育成熟；③ 促进生精上皮的发育与精子的形成。总之，FSH 对母畜能促使卵泡发育和成熟，对公畜能促进精子的产生。

促黄体素（LH），它是由垂体前叶小的嗜碱性细胞分泌的，其生理作用包括：① 和 FSH 协同作用促进卵泡最后成熟并分泌激素；②血液中少量的 LH 能使卵泡产生少量的孕酮，孕酮再促使产生少量的酶，从而瓦解卵泡膜，触发排卵；③ 促进黄体形成，并分泌孕酮；④ 促进睾丸间质细胞分泌睾酮。血液中 LH 的变化，表现为明显的脉冲式变化，这与 GnRH 脉冲式释放有关。在排卵前，血液中雌二醇的浓度突然升高，引起垂体释放 LH 峰，LH 峰则引起成熟卵泡排卵。可见，LH 能促使卵泡排卵，形成黄体；促进孕激素、雌激素和雄激素的分泌。

（3）性腺激素（类固醇激素或甾体激素） 在睾丸中能合成和分泌雄激素及少量雌激素；在卵巢中能合成和分泌雌激素、孕激素、松弛素及少量雄激素。

雄激素、雌激素和孕激素的结构与胆固醇类似，都具有一个环戊烷多氢菲的环，因而称为类固醇激素。这些激素一般都是由四个环和三个侧链组成，人们又称它们为甾体激素，以“田”字表示四个环，以“<<<”表示三个侧链。

天然的雄激素是一类由19个碳原子组成的甾体激素。睾丸、卵巢、肾上腺皮质都能以胆固醇为原料合成雄激素。其主要生理功能包括：① 在胚胎时期能影响外生殖器官的分化。性别是由性染色体决定的，但在胚胎发育的早期，胎儿外生殖器官的分化却是受激素调节的，如胎儿睾丸分泌雄激素，将使外生殖器官分化为雄性型；若缺乏雄激素，外生殖器官则分化为雌性型；② 雄激素能使下丘脑周期中枢雄性化。但它是在胚胎发育后期和初生时起作用的；③ 维持雄性副性征及副性器官的发育，并促使氮的沉积和增加肌纤维的数量和厚度；④ 睾酮通过负反馈通路，可以抑制垂体LH的分泌。

体内有三种雌激素，即雌二醇、雌酮和雌三醇。其中雌二醇活性最强，雌酮和雌三醇的活性分别为雌二醇的1/10和1/100。天然的雌激素都是由18个碳原子组成的甾体激素。卵泡和黄体细胞都能合成雌激素，肾上腺皮质和睾丸间质细胞也能分泌少量雌激素。

雌激素的生物学作用十分广泛，主要是促进雌性生殖道和副性征的发育，并维持其功能性变化。它的生理作用可归纳为：① 增强母畜的发情行为表现；② 导致子宫内膜和子宫腺体的增生，促进子宫肌的增生和子宫的自发性活动，并使子宫对催产素的敏感性增强；③ 宫颈在雌激素作用下分泌大量稀薄黏液，这种黏液有利于精子穿越；④ 促进乳腺导管增生；⑤ 雌激素除了通过正负反馈调节丘脑－垂体－卵巢轴间接地影响卵巢活动外，在卵巢局部可以加速卵巢的生长；⑥ 维持雌性副性特征。

天然的孕激素都含有21个碳原子的甾体激素。排卵前，由卵泡的被膜细胞产生少量的孕酮，排卵后孕酮则由颗粒细胞产生。黄体形成后，黄体细胞分泌大量的孕酮，胎盘也能利用乙酸盐合成孕酮。

孕酮的生理作用：① 维持妊娠，孕酮可降低子宫肌的传导性，使子宫肌对各种刺激的敏感性下降，从而使子宫处于安静状态；② 孕激素在雌激素作用的基础上，使子宫内膜加厚，子宫腺体弯曲度增加，分泌功能增强，为着床做准备；③ 促进乳腺腺泡发育；④ 孕激素和雌激素一起，通过对丘脑下部或垂体的负反馈作用抑制排卵。

由于雌激素和孕激素分别作用于乳腺的导管和腺泡的发育，所以在畜牧业生产上可应用以上两种激素进行人工刺激泌乳。

（4）胎盘促性腺激素　妊娠母畜的生理变化很复杂，母体胎盘所分泌的各种激素在维持这些生理变化的平衡方面起着重要作用。胎盘几乎可分泌垂体和性腺所分泌的多种激素，已经证实，胎盘促性腺激素存在于马、驴、羊、斑马、猴、大白鼠等畜禽及人体中，这类激素的来源和分泌量因畜禽种类不同而差异很大。目前了解较多而又在畜牧业生产中应用价值较大的有两种胎盘促性腺激素："孕马血清促性腺激素（PMSG）"和"人绒毛膜促性腺激素（HCG）"。现简介如下：

① 孕马血清促性腺激素　它主要存在于孕马的血清中，一般于妊娠40d左右开始出现，60d时迅速上升，70d时达到高峰，此后可维持至第120d，然后逐渐下降，于170d时几乎完全消失。这种激素是由马、驴或斑马的胎体滋养层细胞进入子宫内膜的"杯状"组织所分泌，其化学性质是一种糖蛋白；相对分子质量约为7 000，比其他促性腺激素都大。

PMSG的主要功能和垂体所分泌的促卵泡素很相似，有着显著的促卵泡发育的作用。又因为它可能含有类似促黄体素的成分，因此它还有一定的促排卵和黄体形成的功能，具有类似LH的作用。此外，它对雄性畜禽具有促使精细管发育和性细胞分化的功能。PMSG是一种非常经济的促性腺激素，在临床上常用以代替价格昂贵的促卵泡素。例如对母畜卵巢发育不全、卵巢机能衰退，对公畜的性欲不强、生精能力衰退等症，用孕马血清处理一般都可收到一定疗效。此外，利用它还可提高母羊的双羔率，以及促使兔、羊的超数排卵，也是诱导母畜同期发情经常使用的激素。但在应用 PMSG 时剂量不宜过大，否则可能会引起卵巢囊肿；也不宜在即将发情时使用，因为这时处理会引起超数排卵（如牛、羊等）而造成多胎，影响正常繁殖。

② 人绒毛膜促性腺激素　HCG 是另一种重要的胎盘激素，主要存在于早期妊娠妇女的尿液中，是由胎盘绒毛的合胞体层产生的，故称为“人绒毛膜促性腺激素”，又称为“孕妇尿促性腺激素”。它的含量在妊娠 8～9 周时升至最高峰，然后至第 21～22 周时降至最低。它是一种糖蛋白，相对分子质量为 3 000，其化学结构及特性与促黄体素很相似。

HCG 的主要功能也与促黄体素（LH）类似，具有促使卵泡成熟、排卵和黄体形成的作用。在临床上常用于促进母畜排卵。由于它能从孕妇尿或孕妇刮宫液中提取，所以是一种相当经济的促黄体素代用品。常用剂量为：马 1 000～2 000IU，羊 100～500IU，猪 500～1 000IU，牛 500～1 500IU，兔子 25～30IU。此外，还由于它具有一定的促卵泡素的作用，因此其临床效果往往优于单纯的促黄体素。

（5）前列腺素（$PGF_{2\alpha}$）　它是一组具有生物活性的类脂物质，对生殖过程有重要作用，1934 年 von Euler 和 Goldblat 等人分别在人、猴、山羊和绵羊的精液中，以及人和绵羊的精囊腺抽取物中发现可以引起平滑肌强烈收缩的类脂物质。当时设想此类物质可能由前列腺分泌而来，故命名为“前列腺素”（$PGF_{2\alpha}$）。而后发现前列腺素几乎存在于身体各种组织中，实质上与前列腺关系不大。由于前列腺素可以从血液循环中很快消失，其作用主要限于邻近组织，故为一种“局部激素”。

前列腺素的基本结构式为含有 20 个碳原子的不饱和脂肪酸，其中包括一个环戊烷和两个脂肪酸侧链。根据环戊烷和脂肪酸侧链的不饱和程度和取代基的不同，可将确知的前列腺素分为三类九型，即 PGFx、PGF_2、PGF_3 三类，A、B、C、D、E、F、G、H、O 九型，其中以 A、B、E、F 为主要类型。不同类型的前列腺素，由于结构上的差异，各具有不同的生理作用。对家畜来讲，最重要的是 $PGF_{2\alpha}$ 在调节繁殖机能方面的作用，即破坏黄体和刺激子宫收缩的作用。

人们曾认为，当母畜未妊娠时，由子宫产生一种“溶黄体素”物质，可促使黄体退化。目前来看，这种物质就是前列腺素。1971 年 McCraken 提出，子宫产生的前列腺素是“通过逆流传递机制”，由子宫静脉通过渗透而进入卵巢动脉，再作用于黄体，使黄体溶解。这一机制已在绵羊中得到证实。绵羊的卵巢动脉十分弯曲而紧密地贴附在子宫－卵巢静脉上，这样才可使来自子宫的 $PGF_{2\alpha}$ 透过子宫静脉壁而进入卵巢动脉。

下面的实验进一步印证了前列腺素 $PGF_{2\alpha}$ 与卵巢黄体退化的关系。当子宫角与同侧卵巢保持正常解剖位置时，黄体维持正常的寿命（羊约 15d）。当切除子宫，去掉了前列腺素来源后，黄体寿命延长至许多个月；将卵巢移植到离开子宫角的其他部位，使子宫产生的前列腺素不能通过正常的局部途径直接进入卵巢，同样延长了黄体的寿命，卵巢离子宫越远，黄体的寿命越长。

关于前列腺素溶解黄体的机理，有以下两方面的解释：① 它能促使酸性磷酸酶的活性增强，使黄体细胞的通透性改变，并能促使溶酶体释放水解酶，进而破坏黄体细胞；② 通过促进孕酮的降解和抑制孕酮的合成，进而破坏黄体的机能。另外对于牛和绵羊，雌激素很可能也参加黄体的溶解过程。

前列腺素除对功能性黄体有破坏作用外，还对子宫有显著影响，例如 PGE、PGF 对子宫平滑肌都有强烈的刺激作用，能引起子宫收缩，所以在临床上常应用它排除子宫积浓等；在家畜繁殖过程中，采用 $PGF_{2α}$ 进行人工控制牛、羊、兔、马、猪等家畜的分娩，具有良好的效果。

天然的 PGF 在体内的半衰期很短，从静脉注入体内，经过 1min 后 95%以上就可被代谢掉。另外天然的 PGF 生物活性广泛，在使用时易产生副作用。因此，通常都使用作用时间长、活性较高、副作用小的合成 PGF。目前，人工合成的前列腺素类似物种类很多，其中十五甲基 $PGF_{2α}$、$PGF_{1α}$ 甲脂、Icl-80996 等高效 $PGF_{2α}$ 类似物已开始用于控制母畜的同期发情和人工引产等工作。

（6）其他　包括催产素、松弛素、黑色紧张素等。

催产素是由下丘脑室旁核分泌合成的一种多肽类激素，贮存于垂体（神经垂体）后叶，并由此处释放。它的主要生理功能是，促进子宫收缩，促进分娩，促进乳腺放乳。

卵巢黄体所分泌的松弛素，是一种蛋白质激素。它的主要作用是，能促进子宫颈、耻骨联合及骨盆韧带松弛，使妊娠后期子宫保持松弛。

松果体产生的黑色紧张素，对垂体促性腺激素的分泌有抑制作用。抑制作用的强弱与其含量成正相关，即量小则抑制作用减弱，量大则抑制作用加强。但是，黑色紧张素的分泌量和光照时间及强度成负相关，例如，当光照加强或光照时间延长时，该激素的分泌量减少，降低了对垂体的抑制作用，能使鸡的产蛋量增加；当光照微弱或光照时间缩短时，则黑色紧张素的分泌量增加，从而加强对垂体的抑制作用，使鸡的产蛋量下降。

（六）生殖激素对家畜生殖活动的调节

1. 对公畜生殖活动的调节

精子的发生过程有赖于 FSH、LH 和雄激素的调节，切除畜禽的垂体（或垂体前叶），精细管上皮退化，生精细胞脱落，已形成的精子不能释放到管腔中，用外源 LH、FSH 和睾酮，可使精子发生过程得到恢复。

雄性副性器官的生长发育、形态维持、分泌活动以及其他功能，均依赖雄激素的调节。幼年去势的畜禽，副性器官将永远保持幼稚状态，不能进一步生长发育。雄性第二性征如强壮的肌肉、艳丽的羽毛、发达的冠，性欲和性行为也有赖于雄性激素的维持和激发。

雄性畜禽血液中 FSH、LH 和雄激素水平是相对均衡的，不像雌性畜禽那样呈现明显的周期性波动，这与雄性生殖的均衡性是一致的。公畜垂体持续分泌一定量的促性腺激素，因此雄激素的产生也是经常不断的。但对有繁殖季节的家畜马、羊等，在非配种季节时，促性腺激素的分泌有所下降，因此其交配欲和精液品质也相应地表现较差。此时如用相应的外源性激素进行处理，可以得到改进。

2. 对母畜生殖活动的调节

（1）性成熟　青年母畜达到初情期以前，垂体前叶虽然含有大量的促性腺激素，但尚未释放到血液中，即使有，量也很少，而且这时卵巢对促性腺激素也不敏感，所以卵巢没有明显的活动。待到初情期时，卵巢对促卵泡素（FSH）开始敏感，开始有卵泡发育和发情表现，但由于促性腺激素量少，故常常不足以维持正常的发情、排卵或受胎。这正是一些青年母畜受胎率低或产仔数少的原因。当达到性成熟时，下丘脑、垂体、卵巢均已成熟，能产生正常数量的各种激素，以维持正常的生殖机能，即表现出完整的周期性发情和正常妊娠。所以，利用外源性的促性腺激素，可以使接近初情期的母畜提早表现生殖活动，为提早利用母畜提供了可能性。

（2）繁殖季节　在具有繁殖季节的畜禽中，其促性腺激素的分泌有着显著的季节性变化，而卵巢活动也有着相应的季节性，即在非繁殖季节，垂体分泌促性腺激素的量少或活性降低甚至停止，因而卵巢的活动也处于停顿状态或活动减弱，此时如用相应的外源性激素处理，则可出现正常的发情、排卵和妊娠。

（3）发情周期　生殖激素对母畜发情周期的调节过程大致如下：下丘脑分泌的促性腺激素释放激素至下丘脑－垂体门脉系统，分别作用于垂体前叶的特异性细胞，促使其分泌和释放促性腺激素（促卵泡素、促黄体素和促乳素）。

促卵泡素经过血液循环至卵巢，刺激卵泡发育，促黄体素刺激卵泡产生雌激素，使母畜表现发情；同时雌激素对下丘脑及垂体具有正负反馈作用，因而雌激素的峰值导致促黄体素峰值的出现，即引起卵泡破裂和排卵。排卵后雌激素和促性腺激素释放激素分泌量显著下降，此时促黄体素即使分泌量不大，也能使卵泡的颗粒细胞转变为分泌孕酮的黄体细胞。孕酮对下丘脑及垂体具有负反馈作用，从而降低 GnRH 的分泌量，抑制发情。排出的卵子如未受精，经过一段时间，黄体即渐渐萎缩退化。这时由于孕酮量的下降，解除了对丘脑和垂体的负反馈作用，于是 GnRH 的分泌量又开始增加，随之又开始另一个发情周期。

（4）妊娠　母畜妊娠以后，早期胚胎产生某种信号（胚泡激素），阻止子宫内膜产生的 $PGF_{2\alpha}$ 流往卵巢，而使 $PGF_{2\alpha}$ 在子宫内形成前列腺素库，使周期性黄体转为妊娠黄体。

妊娠的维持主要靠孕激素。各畜种在妊娠期间，孕激素均保持较高水平，直到临近分娩才迅速下降。妊娠早期和中期，孕激素主要来源于黄体，到妊娠后期，对黄体的依赖程度则因畜种而异。牛、羊、猪等家畜的妊娠黄体存在于全部妊娠期，而且是孕酮的主要来源，胎盘只产生少量孕酮；而马的妊娠黄体于妊娠第 5 个月时开始退化，至第 7 个月时几乎消失，这时的孕酮就主要靠胎盘提供。在此交替过程中，很容易因孕酮不足而造成流产，这是马匹在此时易发生流产的重要原因。总之，妊娠期孕酮的来源为妊娠黄体和胎盘，孕酮不仅能促使子宫发育，保持子宫的稳定状态，促进乳腺的发育，以适应胚胎发育的需要，还能抑制发情，阻止发情周期的出现。

七、家畜的繁殖技术

家畜的繁殖技术，包括家畜的人工授精、发情鉴定、发情控制、胚胎移植、妊娠诊断等项先进技术，是发展畜牧业、提高家畜繁殖力的重要手段。

（一）人工授精

1．人工授精及其作用

家畜的配种方法可分为自然交配和人工授精两种。人工授精是用器械将公畜的精液采取出来，经过特殊的处理和保存，再用器械把精液注入到发情母畜的生殖道内，以代替公、母家畜自然交配的一种方法。

人工授精技术，不但有效地改变了家畜的交配过程，更重要的是大大地提高了公畜的配种效能，使其超过自然交配母畜数几十倍，甚至几百倍。例如一头公牛一次采精量平均为 5mL，1 年可采精 100 次，即 500mL，再稀释 30 倍，则稀释后的精液量为 15 000mL。如按一次输精剂量为 1mL，输精 2 次，可配 7 500 头母牛；如输精剂量为 0.5mL，输精 2 次，可配 15 000 头母牛；若输精剂量为 0.25mL（微型细管法），则效能又可提高两倍。而采用自然交配，则一头公牛一年仅可配母牛几十头。

2．人工授精技术的发展概况

人工授精技术的发展，大致可以分为试验、实用和冷冻精液三个阶段。

试验阶段：1780 年意大利生理学家斯波珊尼（Spallanzani）第一次用狗进行了人工授精试验，获得了成功。但直到 19 世纪末才对马匹试验成功，然后又用于牛和羊。到 20 世纪 30 年代已初步形成了一套较完整的操作方法，并从试验步入实际应用。

实用阶段：20 世纪 40～60 年代的二十多年间，世界上许多国家，如前苏联、英国、丹麦、荷兰、瑞典、美国、加拿大、日本等，都十分重视人工授精技术的研究和应用。70 年代初，世界人工授精的母畜数已达到：牛 15 000 万头，绵羊 7 000 万只，猪 1 000 万头，马 200 万匹。特别是乳牛的人工授精普及率最高，发展最快。近年来，由于大规模的、高度集约化的现代畜牧业的出现，更促进了人工授精技术的进一步发展和应用。

冷冻精液阶段：从斯波珊尼研究精子开始，很多学者都试图把这个特殊的生命细胞长期保存下来，但一直没有成功。直到 50 年代初，英国的司密斯（Smith）和波芝（Polge）研究牛精液的冷冻保存方法成功以后，人工授精技术开始发展到一个新的阶段。现在美国、加拿大、挪威、墨西哥、法国、澳大利亚、古巴、芬兰、德国、英国、日本等国，牛已全部或大部采用冷冻精液。其他家畜如猪、马、羊的冷冻精液的研究进展也很快。

我国在建国初期，由于品种杂交改良的需要，马匹和绵羊的人工授精在北方许多地区首先开展起来。目前在东北、华北和西北已相当普及，在育种工作中起到了重要作用，使良种畜群不断扩大，生产性能日益提高。新疆细毛羊所以能在短时间内培育成功，是与人工授精技术的应用分不开的。乳牛的人工授精早已普及，黄牛和水牛的人工授精正在许多地区推广应用。猪的人工授精自 50 年代在广西开展以来，南方许多省区亦已取得很大进展。精液冷冻技术也正在推广应用。

在国外，人工授精技术的实际应用已有五十多年的历史，对家畜品种的改良和生产力的提高起到了巨大作用。如日本过去乳牛采用自然交配，年平均产奶量仅 2 700kg，以后由于采用了人工授精技术，加速了品种的改良，提高了生产力，使年平均产奶量达到了 5 300kg。前苏联和美国由于人工授精技术的应用，使母牛产奶量提高了一倍。我国人工授精技术的应用，约有 40 年的历史，取得的成绩也非常巨大。

3．人工授精主要技术环节

人工授精基本可分为 10 个环节：器械准备与消毒、采精、镜检、稀释、复检、母畜检查、注射激素、输精、受胎情况检查。其中关键环节是采精、精液处理和输精。现以猪为例，对关键环节技术简介如下：

（1）采精　首先应做好采精准备工作。采精操作者、种公猪、采精台以及一切与精液直接接触的器材都应严格进行常规消毒处理。胶质器具经洗涤剂洗净凉干后，隔水煮沸 30min（下限）。玻璃搪瓷、金属等器具经洗涤剂洗净凉干后在 160℃～200℃干燥箱消毒 30～60 分钟。集精杯在采精前用 5%葡萄糖溶液或稀释液冲洗一次，然后在集精杯上覆盖四层纱布。采精室应清洁无尘，安静无干扰，地面平坦不滑。采精员穿戴洁净工作衣帽、长胶鞋、胶手套。采精前，先将公猪赶进采精预备室后，用 40℃温水洗净包皮及其周围，再用 0.1% 高锰酸钾溶液擦洗、抹干。采精主要使用手采法，采精员站于采精台的右（左）后侧，当公猪爬上采精台后，采精员随即蹲下，待公猪阴茎伸出时，用手握紧其阴茎龟头，特别是要抓住螺旋部分，压力不宜太大，以控制其龟头不能转动或回缩为限，并带有松紧节奏，以刺激射精。

当公猪充分兴奋、龟头频频弹弹动时，表示将要射精。公猪开始射精时多为精清，不宜收集，待射出较浓稠的乳白色精液时，应立即以右（左）手持集精杯，放在稍离开阴茎龟头处将射出的精液收集于集精杯内。当射完第一次精后，刺激公猪射第二次，继续接收。射完精后，待公猪退下采精台时，采精员应顺势用左（右）手将阴茎送入包皮中。

（2）精液处理　首先要对精子浓度、精子活力、精子畸形情况等进行检查，确定每毫升精液的精子数、精子活力等级以及精子畸形率。精子活力在0.6级（指有60%精子呈直线式前进运动）以下或畸形率高于15%的精液不能使用。合格的精液首先要进行稀释处理，按配方将糖类、奶粉及柠檬酸钠等溶于蒸馏水中，过滤后蒸气消毒30min，取出凉至30℃～35℃时，加入卵黄，然后，以每100mL加入青霉素、链霉素各5万单位，搅拌均匀，制成稀释液。稀释精液时，稀释液温度应与精液温度相等。温度应在20℃（下限）～28℃（上限）。精液稀释应在无菌室内进行，将稀释液缓慢倒入精液中慢慢摇匀。稀释后，每毫升精液应含有效精子0.5亿（下限）。对检查合格的稀释精液按每头份20mL分装、储存。储存温度为10℃～15℃，且应避光。

（3）输精　母猪发情一般有三个阶段：发情初期（持续12～48 h）、发情中期（持续6～36 h）、发情后期（持续12～24h）。母猪输精时机以发情后期为好。当按压母猪腰尻部，母猪表现很安定，两耳竖立或出现“静立反应”，此时是输精最佳时机。如用公猪试情，一般在母猪愿意接受公猪爬跨后的4～8h之内输精为宜。输精前要做好准备工作，输精场所应保持安静清洁。输精器械必须严格消毒，并用0.1%高锰酸钾溶液将母猪的外阴户消毒，再用棉花洗净。

输精方法有注射法和自然法两种。输精时，用玻璃注射器吸取精液，再将它连接胶管（自然法直接将精液容器连接胶管），然后把输精胶管从母猪阴户徐徐插进去，插到不能再插为止；动作要轻，输精员用左（右）脚踏在母猪腰背部，左手拉住尾巴，右手持注射器，按压注射器柄，精液便流入子宫。注射时，最好将输精管左右轻微旋转，用右手食指按摸阴核，增加母猪快感，刺激阴道和子宫的收缩，避免精液外流。输完精后，把输精管向前或左右轻轻转动2分钟，然后轻轻拉出输精管。

一个发情期输精两次，第一次输精后隔8～12h，再进行第二次输精。

（二）体外受精

1959年Chang等人进行家兔卵子的体外受精，并进行移植，在哺乳畜禽中第一次得到体外受精的后代，在人类即所谓“试管婴儿”。目前已发表过许多哺乳畜禽体外受精的报告，其中多数是着重证明精子闯入卵子（精子头部膨大）、原核的形成以及卵裂的开始等。经过体外受精和受精卵移植，所得到的后代有家兔、大白鼠、小白鼠以及牛等。牛的体外受精是和胚胎移植相配合的，使胚移可以在更广泛的范围内应用。

习题与思考题

1. 畜禽的营养需要主要有哪些？
2. 饲料主要分为几大类？其主要特点是什么？
3. 畜禽的营养需要和营养标准是什么？
4. 鸡的品种主要有哪些？

5. 简述后备母猪的饲养管理要点。
6. 泌乳母牛各阶段的饲养要点是什么？
7. 牛、羊、猪的发情表现如何？
8. 家畜生殖激素的分类及主要功能是什么？

第三章　水产养殖技术

第一节　鱼类养殖

一、主要养殖鱼类生物学

（一）主要养殖鱼类的生物学形态特征与自然分布

主要养殖鱼类的名称、生物学形态特征、自然分布、原产地及实物图见表 2-3-1。

表 2-3-1　主要养殖鱼类的生物学形态特征与自然分布

<table>
<tr><th colspan="3">鱼类名称</th><th>生物学形态特征</th><th>自然分布及原产地</th><th>实物图</th></tr>
<tr><td rowspan="2">鲟形目</td><td colspan="2">史氏鲟
Acipenser Brendt
（Brandt）</td><td>吻端至口部中线上约有 7 个瓣状突出物，故称七粒浮子，背部硬鳞棘发达，且第一硬鳞大，鳃耙数 31～48</td><td rowspan="2">史氏鲟和中华鲟产于中国，俄罗斯鲟（Acipense rqubtenstadti Brandt），西伯利亚鲟（Acipenser quldenstadti Brandt）和小体鲟（acipenser ruthenus L.）引自俄罗斯和德国，匙吻鲟（Polgodon spathula Walb）引自美国</td><td>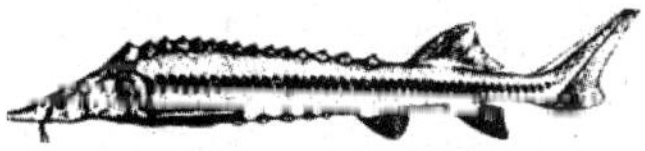</td></tr>
<tr><td colspan="2">中华鲟
Acipenser Sinensis
（Gray）</td><td>头背部硬鳞光滑，头部皮肤布有梅花状的感觉器——陷器，鳃耙数 25</td><td></td></tr>
<tr><td>鼠鱚目</td><td colspan="2">遮目鱼
Chanos chanos
（Forskal）</td><td>体侧扁，圆鳞，口小，无齿，尾为正尾且叉深</td><td>遮目鱼，分布于印度洋和太平洋，我国产于南海和东海南部，为东南亚和台湾省重要养殖对象。台湾省、福建省养殖遮目鱼历史悠久</td><td></td></tr>
<tr><td rowspan="2">鲑形目</td><td rowspan="2">鲑科</td><td>虹鳟
Salmo gairdneri
（Rlchardson）</td><td>体鳟型，口大，上下颌齿发达，背部苍青色或棕色并有无数黑色小斑点，性成熟个体沿侧线中部有一条宽而鲜艳的彩虹带，故得名虹鳟</td><td>主要分布于北美洲墨西哥至阿拉斯加的各水域中。1959 年引入我国，目前在大洋洲、南美洲、欧洲、东南亚、日本、朝鲜和我国各地（北自黑龙江、南到云南省）均有养殖</td><td></td></tr>
<tr><td>大麻哈鱼
oncorhynchus keta
（Walbauin）</td><td>体侧扁，口大，上下颌齿大而尖锐，上颌骨后延超过眼后缘，鳞小但侧线小于 150 枚，臀鳍较长（基底长大于鳍高）</td><td>大麻哈鱼为溯河性鱼类，每年秋季由太平洋上溯至黑龙江、乌苏里江及图门江产卵</td><td></td></tr>
</table>

续表

鱼类名称			生物学形态特征	自然分布及原产地	实物图
鲑形目	香鱼科	香鱼 *Plecoglossus altivelis* Fe.Et sch.	体被细鳞，上下颌具宽扁形可活动齿，口底有一对大型褶膜	香鱼产于太平洋沿岸，我国从辽宁至台湾、福建沿海直至广西东兴北仑河均有分布	
	胡瓜鱼科	池沼公鱼 *Hypomesus olids* （Pallas）	犁骨左右各一块，口小，上颌后端止于眼中央的垂直线前，腹鳍位于背鳍起点以前	池沼公鱼分布于黑龙江、鸭绿江、图门江及大连地区水库，现已引入全国各地	
	银鱼科	大银鱼 *Protosalanx hyalocranius* （Abbott）	体延长而透明，前部近圆筒形，后部侧扁；无鳞，仅雄鱼臀鳍上方有一行前大后小的鳞；头平扁，吻尖突；口裂大，前颌齿 1 行，下颌齿 2 行；眼小，下侧位；背鳍后基部位于臀鳍起点前方	大银鱼分布于东海、黄海、渤海的近海及河口处和淡水水域，现引入全国各地的水库和湖泊中	
		太湖新银鱼 *Neosalanx talhuensis* （Chen）	前颌骨和下颌骨各有齿 1 行，齿小而少；背鳍后基部位于臀鳍起点上方	太湖新银鱼分布于长江中、下游及附属湖泊，以太湖产量最多，现已引入各地湖泊中	
鳗鲡目		鳗鲡	体延长呈蛇形，齿细小而尖，鳞细小且埋于皮下，背鳍、臀鳍基底均很长且与尾鳍相连	我国养殖的鳗鲡目鱼类为鳗鲡科（Anqullidae）的日本鳗鲡 *Anquilla japonica*（Tem. et sch.）、欧洲鳗鲡 *Anguilla anguilla* 和美洲鳗鲡 *Anguilla vostrata*	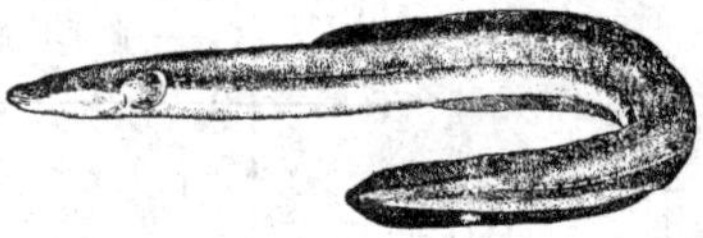
鲤形目	脂鲤亚目	短盖巨脂鲤 *Colossoma brachypomum* （Cuvier）	体形扁而椭圆（似银鲳），头小，背部至腹由银灰色渐变为橙红色，体具黑色斑点，鳍呈紫红色，脂鳍较小，鳞细小	原产于南美洲亚马逊河及中美洲各河流中	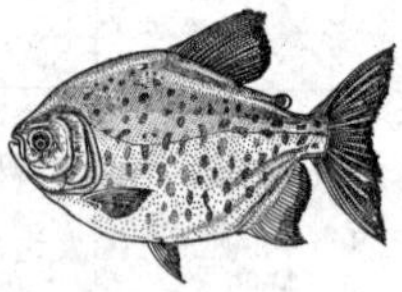
	鲤亚目	鲢 *HypopHthys molitrix* （Cuv.Et Val.）	又名白鲢、鲢子、胖头鱼（东北），体银白色，侧扁，稍高，腹棱自胸鳍下方直到肛门，胸鳍末端未超过腹鳍基部；鳃耙长且相互交错，呈筛膜状；咽齿 4 / 4，齿面有细纹和小沟		

续表

鱼类名称			生物学形态特征	自然分布及原产地	实物图
鲤形目	鲤亚目	鳙 *Aristichys nobilis* （Richardson）	又名花鲢、胖头鱼（江、浙一带）、黑鲢，体色棕灰具黑点，形似鲢，头较鲢大，腹棱较鲢短（自腹鳍基部至肛门）；胸鳍较鲢长（末端超过腹鳍基部）；鳃耙长但比鲢少，无筛膜；咽齿 4 / 4，齿面光滑，无细纹和沟	草鱼、青鱼、鲢、鳙天然分布于我国东部平原北纬 22°～40°及东经 104°～122°之间，最北不超过 51°，最南不到北纬 19°以南，最东不过东经 140°，海拔最高高度，黑龙江、黄河、长江分别为 200m、420m、和 500m	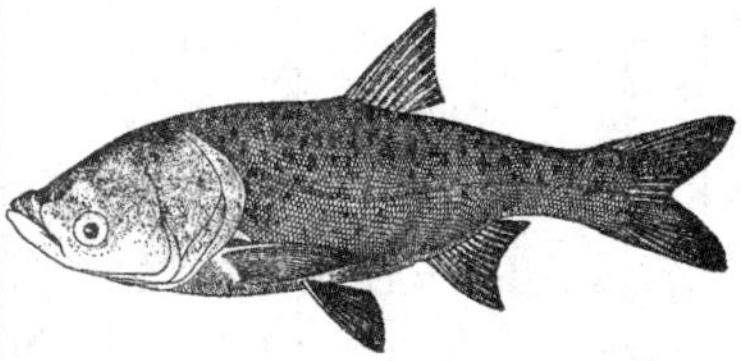
		草鱼 *CtenopHaryngodon idelus* （Cuv．Dt Val.）	又名鲩（两广）、草根子（东北），体棕黄色，体形近圆柱状，尾部侧扁；咽齿 2 行，2，4～5 / 4～5，2，梳状		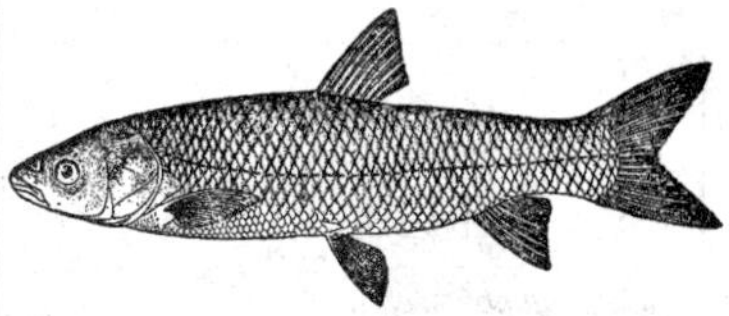
		青鱼 *Mylopharyngodon piceus* （Rich.）	又名黑鲩（两广）、青根鱼（东北），外形似草鱼，体色青黑；咽齿 1 行，4 / 5，齿粗大且短呈臼状，咀嚼面光滑		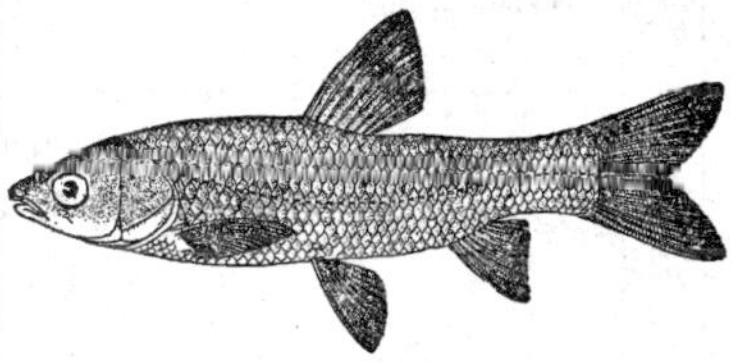
		鲮 *Cirrhina molitorella* （Cuv．Et Val.）	又名土鲮，上唇与颌完全分离，吻须和颌须各一对；体形稍侧扁，腹部圆且稍平直，胸鳍基部后上方有 8～9 个鳞片的基部有黑色，聚成似菱形斑块；咽齿 2 行，2，4～5 / 5～4，2	—	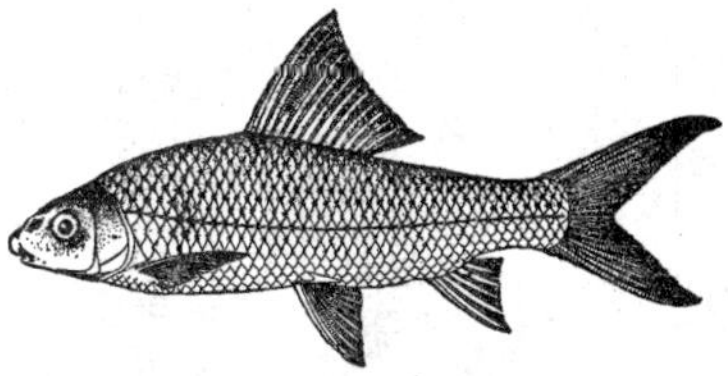
		鲤 *Cyprinus Carpio* （Lin.）	又名鲤拐子、鲤子，为了与人工培育的品种相区别，也称野鲤；体为纺锤形（体高为体长的 29. 0%～34. 0%），腹略圆；口角有须 2 对；背、臀鳍第三刺状鳍	我国北至黑龙江，南至珠江，各江河、湖泊皆有分布	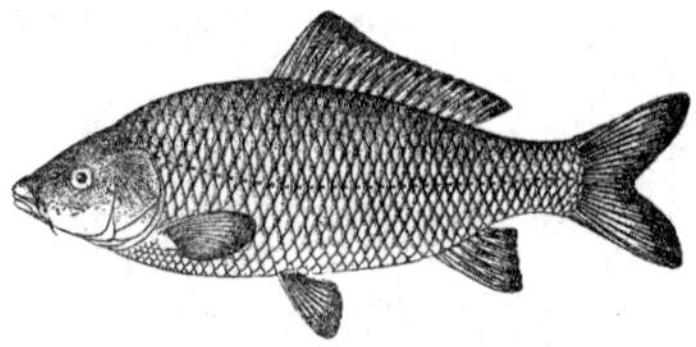
		鲫 *Carassius auratus* （Lin.）	又名鲋鱼、鲫瓜子（东北），形似鲤，但身体较高（体高为体长的 35. 7%～47. 6%），分低型（40%以下）和高型（40%以上）两种，无须，咽齿 1 行，4 / 4，齿体侧扁，鳃耙	—	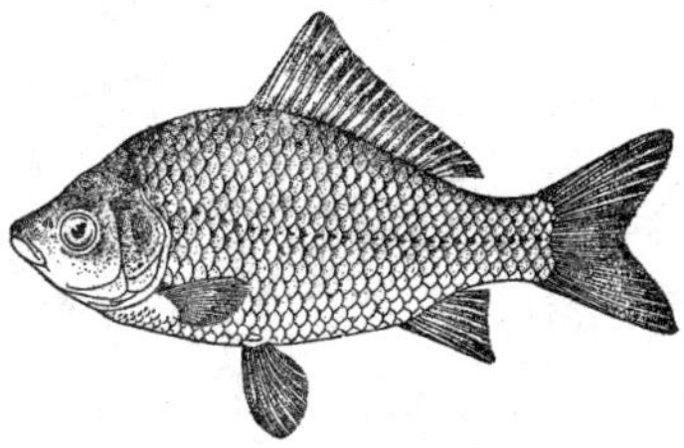

续表

鱼类名称			生物学形态特征	自然分布及原产地	实物图
鲤形目	鲤亚目	银鲫 *Carassius auratus gibelio* （Bloch）	体色银白，侧线鳞比鲫多2～3个（29～33），体形高（体高为体长 46.3％）（范围 40.8％～52.6％），第一鳃弓外侧鳃耙较多（43～53）	分布于黑龙江水系、呼伦湖和新疆额尔斯湖	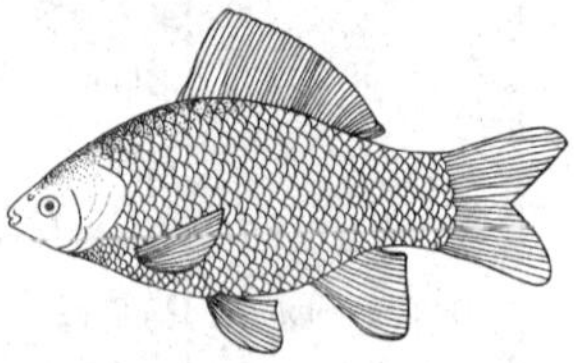
		白鲫 *Carassius Carassius Cuvieri*（T. Et S.）	体形比鲫大，高而侧扁，前背部隆起较明显，头稍小，尾柄细长，体银白，鳃耙长而密（100～120 枚）	白鲫引自日本	
		团头鲂 *Megalobrama amblyocep* （Hala，Yih）	又名武昌鱼、团头鳊，体侧扁而高，呈菱形，体高为体长的 43.5％～52.6％，腹棱自腹鳍至肛门，咽齿 3 行，2，4，5 / 4，4，2	原产于湖北省的梁子湖、武昌东湖和鄱阳湖	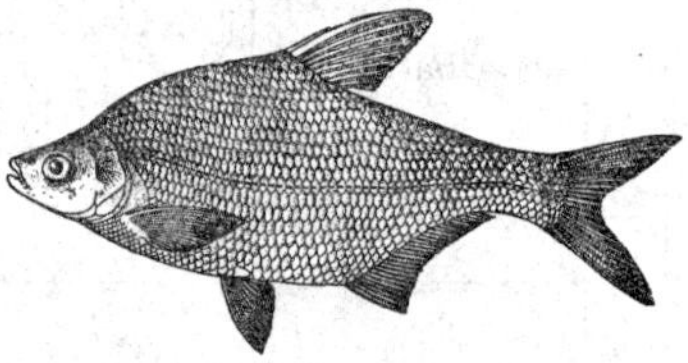
		鳊 *Parabramis Pekinensis* （Bas.）	又名草鳊、长春鳊、鳊花（东北），体形似团头鲂，较低（体高为体长的34.5％～40.0％），腹棱自胸鳍至肛门，咽齿 3 行，2，4，5～4 / 5～4，4，2，齿细长而侧扁，顶端稍呈钩状	我国各水系均有	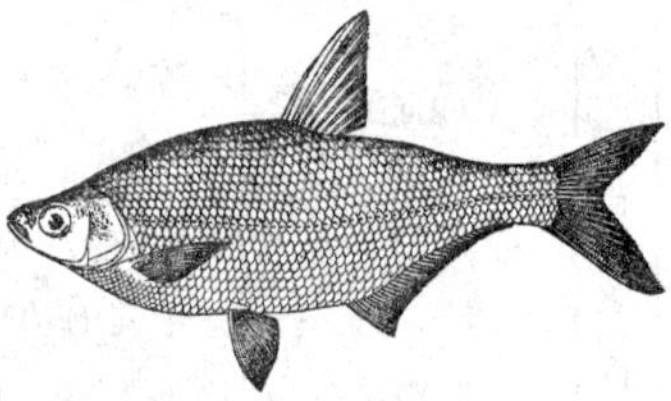
		细鳞斜颌鲴 *Plagiognathops microlepis* （Bleekew）	口下位，下颌前端具锐利的角质缘，体侧扁稍长，鳞细小，腹棱自腹鳍至肛门，咽齿 3 行，2，4～3，6 / 7～6，4，2	长江、黑龙江、珠江	
		泥鳅 *Misgurnus anguillicaudatus* （Cantor）	又名鳅，体呈圆筒状，尾部侧扁，口下位，呈马蹄形，口须 5 对，上颌 3 对较大，下颌 2 对，一大一小，鳞小埋皮下，体呈灰黑色并有小黑斑点，尾鳍圆形，咽齿 1 行，13 / 13	泥鳅分布最广，除西部高原外，全国各地的淡水域皆产此鱼	
鲇形目	鲇科	鲇 *Silurus asotus* （Lin.）	又名土鲇，口裂较大，但末端仅与眼前缘相对，口须 2 对，下颌须达到胸鳍末端，胸鳍刺前缘有明显的锯齿	除青藏高原外，全国各地的淡水域皆产此鱼	

续表

鱼类名称			生物学形态特征	自然分布及原产地	实物图
鲇形目	鲇科	大口鲇 *Silurus soldatovi meridionalis* （Chen）	又名南方大口鲇、河鲇、叉口鲇、鲇巴朗，外形与鲇相似，口裂大，末端达到或超过眼中部的下方，上颌须达到胸鳍基部，胸鳍刺前缘具2～3排颗粒状突起	长江、灵江、闽江及珠江	
鲇形目	鲇科	革胡子鲇 （Clarias lageira）	又称埃及塘虱，头长而扁平，体表灰黑色，间有黑色斑点，鳃耙数达52～90枚	原产于非洲尼罗河流域	
鲇形目	鲇科	长吻鮠 *Leiocassis longirostris* （Gunther）	又名江团、肥沱、回鱼，体粉红色，背部稍带灰色，腹部白色，头较尖，吻特别发达，显著突出，短须4对，眼小，胸鳍刺前缘光滑，后缘有小锯齿，脂鳍肥大	长江、辽河等水域	
鲇形目	鲇科	斑点叉尾鮰 *Ictalurus Punctatus* （Rafinesque）	又名沟鲇，口须4对，其中上颌2对，下颌1对，上颌骨的两端1对，体背部青灰色或橄榄色，腹部白色，两侧具斑点，大鱼（>0.5kg）无斑点	北美洲及美国密西西比河等淡水水域。	
刺鱼目	海龙科	日本海马 *Hippocampus japonicus* （Kaup）	小型海马（体长40～90mm），药用价值较小；背鳍16～17，体环11+37～38	广泛分布于我国各地海域	
刺鱼目	海龙科	斑海马 *Hippocampus trimaculatus* （Leach）	大型海马（体长180mm左右），药用价值高，背鳍20～21，体环11+40～41	东海和南海	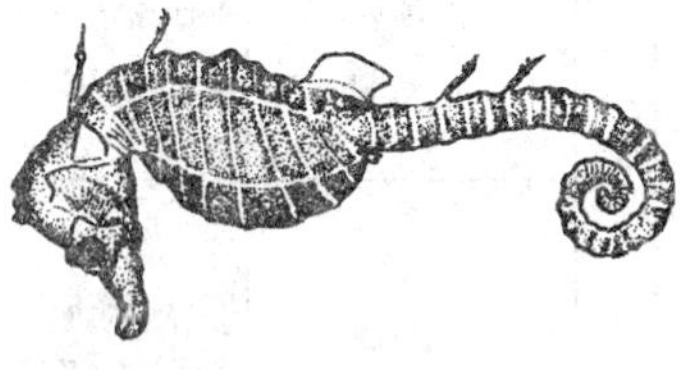
鲻形目		鲮 *Liza haematocheila* （Tem．Et Sch．）	又名梭鱼、赤眼鲻，体延长，前部亚圆筒形，后部侧扁，腹部圆形，头短而宽，眼稍带红色，脂眼睑仅存于眼的边缘，胸鳍基无腋鳞	—	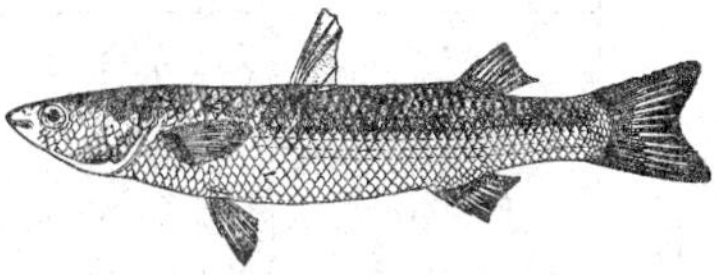

<table>
<tr><th colspan="3">鱼类名称</th><th>生物学形态特征</th><th>自然分布及原产地</th><th>实物图</th></tr>
<tr><td>鲻形目</td><td colspan="2">鲻
Mugil cephalus
（Lin.）</td><td>又名普通鲻，体形似梭，眼黄白色，脂眼睑发达，遮覆眼上，胸鳍基部有腋鳞</td><td>—</td><td></td></tr>
<tr><td>合鳃目</td><td colspan="2">黄鳝
Monoptrus albus
（Zuieuw）</td><td>又名鳝鱼，体呈蛇形，尾尖细，头圆，唇发达，上下颌有细齿，左右鳃孔于腹面相联，体色棕黄带斑点，无鳞，无偶鳍，奇鳍退化为不明显的皮褶</td><td>除西部高原外，全国各地水域均有分布</td><td></td></tr>
<tr><td rowspan="5">鲈形目</td><td rowspan="5">鮨科</td><td>花鲈
Lateobrax japonicus
（Cur. Et Val.）</td><td>又名板鲈、鲈鱼，体延长，侧扁，被栉鳞，口大，上下颌齿发达呈绒毛状，有锯齿，其下端有几枚尖端向前的棘，鳃盖骨后角有1枚棘，背部灰色，腹部银白，两侧与背鳍上具黑色斑点，尾鳍叉形</td><td>我国沿海均产</td><td></td></tr>
<tr><td>鳜
Siniperca chuatsi
（Bas.）</td><td>又名鳌花、季花鱼、胖鳜、桂鱼，体被细小圆鳞，尾鳍圆形，体侧扁，较高，背部隆起，口大，口腔各骨皆有小齿，鳃盖骨后部有2个棘，体色棕黄，腹部灰白，自吻端通过眼部至背鳍前部有一黑色条纹，体侧有许多不规则的斑块和斑点，奇鳍有棕色斑点连成带状</td><td>广布于南北各江河湖泊</td><td></td></tr>
<tr><td>赤点石斑鱼
E. *akaara*
（Fem. et She.）</td><td>长椭圆形，侧扁，头长大于体高，全身布有赤色斑点，味鲜美</td><td rowspan="3">舟山群岛及广东、广西、台湾、福建及浙江沿海</td><td></td></tr>
<tr><td>青石斑鱼
E. *awoara*
（Fem. et Sch.）</td><td>又名泥斑，体形似赤点石斑鱼，体褐色，体侧有5条横带，各鳍灰白褐色。味稍次于赤点石斑鱼</td><td></td></tr>
<tr><td>巨石斑鱼
E. *Tuvina*
（Tam. et. Sch.）</td><td>又名褐点石斑鱼、猪羔斑、新加坡青斑，体形似赤点石斑鱼，体棕黑色，有棕色小斑点和6条横纹及2～3条纵纹</td><td></td></tr>
</table>

续表

鱼类名称			生物学形态特征	自然分布及原产地	实物图
鲈形目	石首鱼科	大黄鱼 *Pseudoseciaena* crocea（Rich.）	又名红口、黄鱼、黄花，体长而侧扁，头上有发达的黏液腔，体侧在侧线下方各鳞具一金黄色皮腺体，背鳍鳍条部和臀鳍具多行小鳞，尾柄长为尾柄高的3倍以上（小黄鱼为2倍以上）	我国南海、东海以及黄海南部	
	鲷科	真鲷 *Chrysophrys major*（Fem. et Sch.）	又名红加吉（山东）、立鱼（广东），体侧扁，椭圆形，头大，口小，端位，两颌等长，上下颌分别具4枚和6枚犬齿，并具臼齿2列，体淡红色，布有稀疏的蓝绿色斑点，尾鳍具暗黑色边	我国沿海习见	
		黑鲷 *Sparus macrocephalus*（Bas.）	又名黑加吉（山东）、黑立（广东），体形似真鲷，青灰色或灰褐色，具有黑色横带数条，上下颌犬齿各6枚，臼齿分别为4～5行和3行，臀鳍第二棘最强大	—	
		平鲷 *Rhabdosargus sarba*（For.）	似真鲷，上下颌各3个犬齿，上颌臼齿4行，第3行最后1个臼齿肥大，下颌细齿3行，体暗银灰色，两侧有数行纵向黄褐色小点	—	
	丽鱼科	尼罗罗非鱼 *Tilapia nilotica*	体侧扁，被圆鳞，体侧有9条黑色条纹，尾鳍为扇形，有8条以上垂直黑色条纹	—	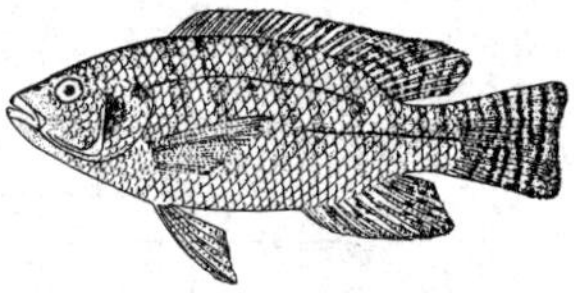
	太阳鱼科	加州鲈 *Microptrus salmoides*	又称大口黑鲈，似花鲈，体侧扁，呈纺锤形，较花鲈短而高	1983年初从台湾省引进	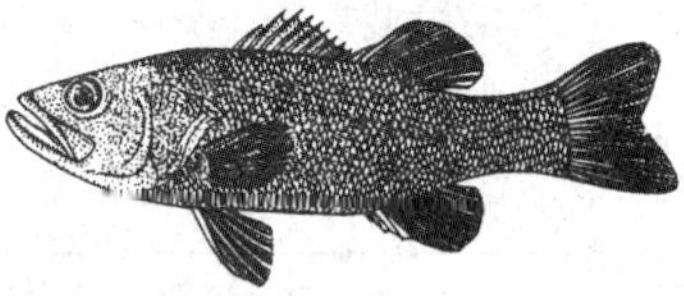
	鳢科	乌鳢 *OphiocepHalus argus*.（Can.）	又名黑鱼，体细长，前部圆筒状，后部侧扁，体被圆鳞，腹鳍腹位，鳍无棘，具鳃上器官，全身呈灰黑色，体侧有许多不规则的黑色斑条，头侧有2条纵行黑色条纹	除西部高原外，全国各地的淡水域皆产此鱼	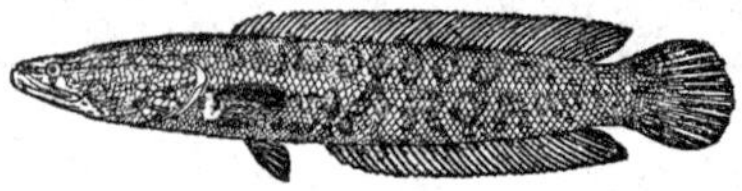

续表

鱼类名称			生物学形态特征	自然分布及原产地	实物图
鲽形目	鲆科	牙鲆 *Peralichthys olivaceus* （Tem. et Sch.）	又名偏口、牙片（山东、河北、辽宁）、比目鱼（江苏、浙江），体长呈椭圆形，侧扁，两眼及有色部均在左侧，口大，左右对称，鳞小，有眼侧被栉鳞，无眼侧为圆鳞，上下颌各有1行大而尖锐的牙	沿海均产	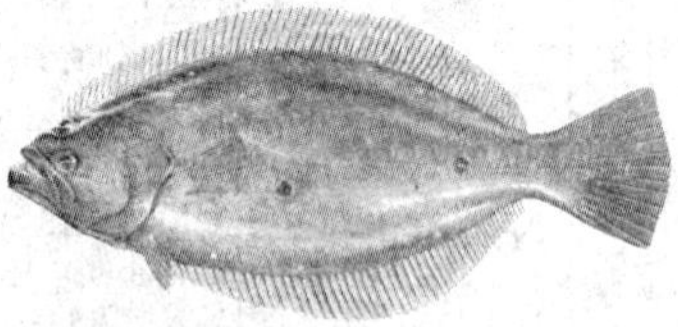
		大菱鲆 *Scophthalmus maximus*	体侧扁呈菱形，双眼及有色部位于左侧，有眼侧呈青褐色，布有黑色小斑点，无眼侧光滑呈白色，肉厚，比牙鲆可食部分大	从英国引进	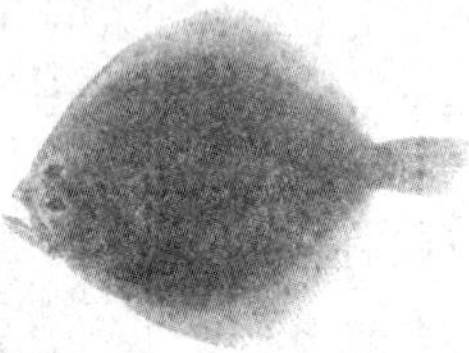
	鲽科	黄盖鲽 *Limanda yokohamae* （Gun.）	又名小嘴（山东、辽宁）、沙盖，体长呈卵圆形，侧扁，眼及有色面均在右侧，口小，斜形，左右不对称，牙小、粗壮，排列紧密，无眼侧牙发达，有眼侧被栉鳞，无眼侧为圆鳞	黄海、渤海和东海	
		高眼鲽 *Cleisthenes herzensteini* （Sch.）	又名长脖、高眼 （山东、河北、辽宁），体形较黄盖鲽长，口大，左右对称，上眼位于头部背缘正中线上，自无眼侧也可见到上眼的一部分	东海北部和黄海、渤海	
		石鲽 *Kareius bicoloratus* （Bas.）	口中等大小，上眼背缘接近头的背缘，牙小，体无鳞，有色侧有纵向粗糙骨板数行（一般3行）	分布于黄海、渤海	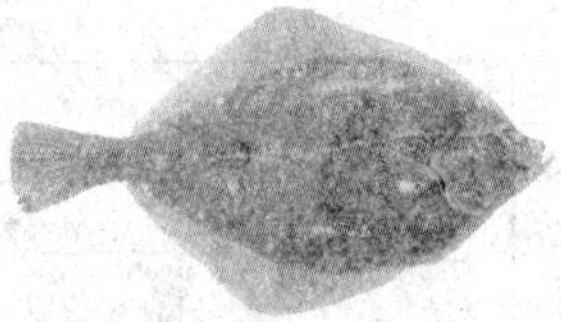
鲀形目		红鳍东方鲀 *Fugu rubripes* （Tem. et Sch.）	体背面及腹面具小刺，胸鳍上方有一黑色大斑，其后尚具黑色斑点	分布于黄海、渤海和东海	
		暗纹东方鲀 *Fugu obscures* （Abe）	又名暗色东方鲀，具胸斑，暗褐色，背侧具有暗色横纹（白缘）5~6条，其上带有小白斑	我国沿海	

（二）主要养殖鱼类对环境条件的要求

主要养殖鱼类对温度、溶解氧、盐度的要求见表 2-3-2、表 2-3-3 和表 2-3-4。

表 2-3-2　主要养殖鱼类对水温适应统计表（℃）

种类		致死温度		生存温度	摄食与生长		繁殖适温
		低限	高限		适温	最适温	
冷水性鱼类	虹鳟	0	30	0.5～25	13～18(6～18)	14～17	8～12(4～13)
	大麻哈鱼				4～17		5～10
温水性鱼类	史氏鲟			1～33	4～30	22～26	18～26
				1～30	13～26	20～25	
	西伯利亚鲟		35		15～25	20～22	13～27
	中华鲟						15.8～24.5
	青鱼	0.5	39.9			32	226
	草鱼	0.5	39.4		5～30	33(27～30)	22～26
	鲢	0.5	39.7			33	22～26
	鳙	0.5	39.8			32	22～26
	鲤	0.5	39.3		3～30	31(23～29)	16～24
	鲫	0.5	38.6			29	14～24
	鳊	0.5	39.3		15～32	25～32	22～26(18～30)
	鳗鲡	0	40	0.5～39	13～30	25～27	
	鲻	0		3～35	12～32	20～28	18～24
	鲮	-0.7		0～35	18～28		15～20
	斑点叉尾鮰	0	40	0.5～38	5～36.5	20～34	22～29
	大口鲇	0	39	0.5～38	20～30	25～28	18～26
	鳜	0	39.5	1～38	15～32	20～30	22～30
	大口黑鲈	0.5	39	1～36.5		20～30	20～28
	真鲷	5.0	30.0		20～28	18～24	15～17(15～18)
	黑鲷	3.5	33.0	4～32	17～30	18～26	15～24
	花鲈	2.0(-1)	30.0(38.0)		22～27	26～27	18～26
	牙鲆	0	33	2～28	12～25	15～22	14～19(16)10～20
	大菱鲆	1～2	28～30		7	14～19	10～14
	东方鲀		30		13		14～18
热带鱼类	鲮	7.0	40.0	0.5～39.0	15～32	30～32	22～28
	遮目鱼	8.5	42.7	10～41	24～35		20～31
	尼罗罗非鱼	12.0	42.0	13～40		24～32	24～32
	大黄鱼	9					16～24
	斑海马	4.8		8～34	12～33	25～29(28)	20～30(25～28)
	石斑鱼	10～11	38～40.5	11～32	15～32	25～30	20～30(18～22)
	短盖巨脂鲤	10	40	12～39	21～32	28～30	26～30

主要养殖鱼类对水肥度的适应或要求与适温类型、适溶氧类型、食性密切相关。在一般情况下，肉食性鱼类（鳜、真鲷、牙鲆等）和冷水性鱼类（虹鳟等）喜栖息于清水环境，而浮游生物食性（滤食性）和温水性鱼类（如尼罗罗非鱼、鲢、鳙、鲤、鲫、鲮、鲻等鱼类）喜栖息于肥水。

表 2-3-3　主要养殖鱼类对水中溶氧适应统计表（mg/L）

种　类	正常生长发育	呼吸受抑制	氧阈(窒息点)
虹　鳟	>7.0	3.5	2(3)
大麻哈鱼	>7.0	3.5～4.5	0.1
史氏鲟	>6.0	4.0	1.32～2.18
闪光鲟			1.60
中华鲟			2.80
青　鱼	5	1.6	0.58(0.31)
草　鱼	5	1.6	0.40～0.57(0.99)
鲢	5.5	1.75	0.26～0.79
鳙	4～5	1.55	0.23～0.40(0.78)
鲤	4	1.5	0.2～0.3(0.32)
短盖巨脂鲤	4	1.8	0.3
镜　鲤			0.15
鲫	2	1	0.1(0.59)
团头鲂	5.5	1.7	0.26～0.60
鮻	4～5	1.55	0.3～0.5
鳜	<3.5	1.5～2.3	0.45～0.76(1)
大口鲇	<3.5	2.0	0.33～0.36
斑点叉尾鮰	>2.5～3	2.0	0.34
真　鲷	>5	3.0	1.55～2.5
鲻、	>2	1.75～0.87	0.72～0.52
遮目鱼			0.11～0.25
石斑鱼	>4		
花　鲈	>4	2.5～3.0	0.8～1.6
海　马	>4	3～3.5	2
尼罗罗非鱼	>4	1.5	0.07～0.28

表 2-3-4　主要养殖鱼类对盐度适应统计表（‰）

种　类	致死盐度		生存盐度	生长适宜盐度	繁殖盐度
	低限	高限			
花　鲈	<0.5		0.5～25	19～28	22～25
牙　鲆				16～21	
青　鱼		12.15	0～8.5	2.8	
团头鲂		11.90	0～8.5	3.96	
草　鱼		8.0			<1.4
鲢		8.0	1.5		<1.4
魔点叉尾鮰		8.0	0.2～8	<1.5	
鲻	<0.5	83	0.5～40	<30	27.0～29.3(32)
鮻	<0.5	40	0.5～3.8	2	14～23
遮目鱼	<0.5	125	15～32	16～22(27～28)	28～34.5(10～10)
石斑鱼			12～35	15～32	20～35(30)
尼罗罗非鱼	<0.5	38		15	<20
斑海马			8～34	20～32	
真　鲷				28～36	28～35
东方鲀				32～33	
大黄鱼				33～35	27～31
大菱鲆	12	40			
鲫		17			
鲤		15			
虹　鳟		35			

从对 pH 的适应能力看，淡水鱼类通常强于海水鱼类。因为海水的 pH 值日变化幅度较淡水小，海淡水鱼类的适宜 pH 值为 7.0～8.7。淡水鱼类长期生活在 pH 值小于 6.0 和大于 10.0 的水中，生长将受到抑制。但当夏季池塘等淡水域中浮游植物繁盛，光合作用增强，水的 pH 值暂时上升到 9.5～10.0 时，对它们的生长发育影响不大。海水鱼类则很难长期生活于 pH 值 9.5～10 的水域中。

（三）摄食

鱼类的摄食包括摄食方式、摄食器官形态结构特点、对食物选择性、摄食量和食物组成等内容。几种主要养殖鱼类的摄食方式（捕食方式、取食方式）可归类综合为下列几种类型：

1．滤食方式

滤食性鱼类是利用鳃耙等滤食器官过滤水中的细微食物（浮游生物等），如鲢、鳙、尼罗罗非鱼、白鲫、遮目鱼、鲻、鲮等。其中鲢、鳙的滤食能力强，是典型的滤食鱼类；后 5 种鱼的滤食能力较弱，兼吞食。

2．吞食方式

吞食性鱼类是利用口直接摄取水中或底层的各种较大型的食物（包括动物、植物和有机腐屑等）。大多数养殖鱼类属于吞食种类，如鲟类、草鱼、团头鲂、青鱼、鲫、鳊、鲂、短盖巨脂鲤、斑点叉尾鮰、革胡子鲇、黄鳝、鲽鲆、鲀类。鳗鲡和海马的摄食方式属吸吞型。

3．猎食方式

猎食性鱼类属于肉食性种类，包括伏击型和追击型。伏击型鱼类通常栖息于草丛中窥视食物，当发现食物便突然迅速猛冲过去捕食之，如乌鳢、鲇等。追击型鱼类体型多为纺锤形，游动迅速，在水中直接追击鱼虾类食物，如虹鳟、大麻哈鱼、花鲈、石斑鱼、鳜、鲷类、大黄鱼等。

4．刮食方式

刮食鱼类通常为底层鱼类，利用上下颌扁状颌齿和颌上的角质膜（软骨质的薄锋）刮食岩石和底层的底栖藻类等食物，前者如香鱼，后者如鲴类和鲮等。其中鲮尚兼滤食方式。

表 2-3-5　不同摄食方式鱼类的鳃耙、肠长、食物组成

鱼　名	摄　食	全长(mm)	鳃　耙(mm)			肠长/体长	食物组成
			枚	长	间　距		
鲢	滤食	395	1 334	13.5	15～18	5.29～7.90	浮游植物、浮游动物、腐屑等
鳙	滤食	448	695	13.9	35～72	3.17～5.01	浮游动物、浮游植物、腐屑等
白　鲫	滤食兼吞食	244	114	9.3	69～87	5.7～6.1	浮游植物、浮游动物、丝状藻等
尼罗罗非鱼	滤食兼吞食	223	30	1.88	325～375	7.1	浮游生物、鱼、虾、水生昆虫及幼虫等
遮目鱼	滤食兼吞食		300	细长	排列密	3～12	底栖硅藻、绿藻、小型甲壳类等
鲻、鲮	滤食兼吞食		90～100			2.7～3.5	底栖藻类、有机腐屑等
鲮	吞食兼滤食		55～68		20～23	13.5	硅藻、绿藻、丝状藻、腐屑等
鲤	挖食兼吞食	422	22	5.2	1800～2500	1.6～2.5	摇蚊幼虫、水蚯蚓等底栖动物
鲫	吞食	248	51	5.8	250～～280	2.5～4.9	丝状藻、植物种子、水草、腐屑、摇蚊幼虫
草　鱼	吞食	425	17～19	4.2	1200～1500	2.0～3.0	各类水草等
青　鱼	吞食	355	18	1.3	1100～1300	1.4～1.5	螺蛳、蚬、蚌等底栖动物
鳜	猎食	320	7	短具小刺	排列稀	0.50～0.62	各种鱼类、虾类等游泳动物
花　鲈	猎食		18～25	短	稀	<1	鱼虾等游泳动物
石斑鱼	猎食		22～25	短	稀	<1	鱼虾等游泳动物
乌　鳢	猎食(伏击)		10～13	短	稀	<1	虾等游泳动物

5. 挖食方式

鲤的前筛骨特别发达，与鼻骨和上下颌骨相配合使口形成管状向前方伸出。它利用颌骨挖掘底泥中的水蚯蚓、摇蚊幼虫，并不断翻动底泥，使池水呈浑浊状态。体长 90cm 鲤可挖掘淤泥 12cm、沙泥 8cm、黏土 6cm，不同摄食方式鱼类的鳃耙、肠长、食物组成见表 2-3-5。

（四）生长

鱼类的生长速度是评定养殖价值的重要指标。它不仅直接决定养殖生产效率，而且是确定养殖周期的重要依据。每种鱼的生长速度取决于种的遗传性和外界环境条件。种遗传性决定鱼类的生长速度和个体大小。主要养殖鱼类除少数种类属肉味特别鲜美（香鱼、公鱼、银鱼、泥鳅）和可作为药用（海马）的小型经济鱼类外，绝大多数种类都属于中型（1kg 以上）和大型（10kg 以上）经济鱼类，在天然水域中发现的主要养殖鱼类的最大规格见表 2-3-6。中型和大型养殖鱼类的生长速度较快，在人工饲养条件下当年体重一般为 50～100g，两年可达商品规格（500～1 000g）。其中有些种类，如鲤、短盖巨脂鲤等当年可达商品规格（500g 以上）。大型鱼类史氏鲟的生长速度更快，在人工饲养条件下 1 周年平均体重达 615g（最大个体 1 040g）；2 周年平均体重 2500g（最大 4 000g）；3 周年最大体重达 5 900g。鱼类的生长规律是一生中不停地生长，但性成熟后生长速度变慢。因此，商品鱼（食用鱼）的养殖周期多为 2 年左右，即为性未成熟前的发育期。外界环境条件对养殖鱼类的生长速度影响很大，同时也决定养殖周期的长短。这些条件主要包括水域类型、地理纬度和海跋高度、水温、营养条件、水质（溶氧、pH 值、盐度等）以及鱼的密度。人工养殖方式（粗养、集约化养殖等）和养殖技术对养殖鱼类的生长速度和养殖周期也有较大影响。因此，温水性养殖鱼类在我国南方比北方的生长周期长，养殖周期短；人工采取多种措施，调控水温、营养条件、水质和密度等因素，以促进养殖鱼类生长发育，可大幅度缩短养殖周期。

表 2-3-6　主要养殖鱼类最大规格（kg）

鱼　名	体重	鱼　名	体重	鱼　名	体重
西伯利亚鲟	200	鳗鲡	10	鲮	3
俄罗斯鲟	200	鲻	12	石斑鱼	3
中华鲟	250	花　鲈	25	大黄鱼	3.8
史氏鲟	108	真　鲷	10	黑　鲷	1.5
大麻哈鱼	15	牙　鲆	15	高眼鲽	1.0
虹　鳟	10	东方鲀	10	黄　鳝	1.5
遮目鱼	15	鲮	4	黄盖鲽	1.0
青　鱼	70	银　鲫	5	香　鱼	0.5
鳙	50	鲫	1.5	公　鱼	0.02
草　鱼	35	鳊	4	大银鱼	0.02
鲢	25	三角鲂	5	斑海马	0.03
鲤	40	团头鲂	3	泥　鳅	0.1
鲇	40	细鳞斜	3		
斑点叉尾鮰	20	乌　鳢	5		
长吻鮠	10	鳜	5		

（五）繁殖

鱼类的繁殖生物学特征是制定人工繁殖生物学技术的科学依据，具体内容包括：产卵场环境条件、产卵季节与水温、产卵类型、性成熟年龄与规格、产卵周期、每年产卵次数、怀卵量、卵的结构与大小、胚胎发育适温与时间等。根据国内外资料，将主要养殖鱼类的繁殖生物学特征综合列入表 2-3-7。从表 2-3-7 可归纳出下列几点：

（1）主要养殖鱼类的产卵类型分为沉黏性、沉性、黏性、浮性和漂流性等 5 种。沉黏性卵的比重大于水且具黏性，如鲟类、香鱼、公鱼、斑点叉尾鮰、东方鲀的卵在水底相互黏成块状物。沉性卵的比重大于水但不具黏性，如虹鳟、大麻哈鱼和尼罗罗非鱼的卵沉在水底埋在沙砾中。黏性卵入水后具黏性，黏附在水草、木块和石块等物体上，如鲤、鲫、团头鲂、三角鲂、细鳞斜颌鲴、泥鳅、鲇、大口鲇、大口黑鲈等的卵。浮性卵的比重小于水，依靠油球浮于水表面，如鲻、鲮、鳜、花鲈、真鲷、黑鲷、石斑鱼、大黄鱼、乌鳢、牙鲆、鲽等的卵。黄鳝卵的比重虽大于水，但附于亲鱼口腔分泌“泡沫团”上面浮于水中。漂流性卵的比重大于水，但吸水后围卵腔较大，漂流在流水层中，在静水中则下沉水底，如鲢、鳙、草鱼、青鱼、鲮、鳊、短盖巨脂鲤等的卵。

（2）产卵类型相同的鱼类，对产卵场环境条件的要求相似。产沉黏性和沉性卵的鱼类，其产卵场通常在江河上游沙砾底质处。产黏性卵的鱼类一般在微流水和静水多水草处产卵。产漂流性卵的鱼类在汛期江河中游急流处产卵。产浮性卵的鱼类通常在静水和微水流处产卵。

（3）主要养殖鱼类的产卵季节多数是在春季和夏初，水温幅度为 14℃～30℃，中华鲟、虹鳟、大麻哈鱼、香鱼、花鲈等少数鱼类在秋冬季产卵。

（4）主要养殖鱼类的性成熟年龄多数为 2～4 龄（一般雄性早熟 1 年），但鲟类 10 龄左右才成熟，而香鱼、公鱼、银鱼及革胡子鲇 1 龄已成熟；鱼类性成熟规格差异较大，与其个体大小密切相关，大型鱼类（鲟类）性成熟规格大，小型鱼类（香鱼、公鱼等）性成熟规格小。

（5）主要养殖鱼类中多数的产卵周期为 1 年，每年集中产 1 次卵；少数种类（鲟类）2～4 年产 1 次卵，而尼罗罗非鱼、鲤、鲫、革胡子鲇、大口黑鲈等每年产卵数次。

（6）养殖鱼类的怀卵量与产卵类型和卵的大小密切相关。鲟类、虹鳟、大麻哈鱼、鲇等产沉性、黏性卵且卵径大，其相对怀卵量（粒 / g·体重）少或较少；鲻、鲮、花鲈、石斑鱼、鲷类、鲆等产浮性卵且卵径小，其怀卵量大；鲢、鳙、草鱼、青鱼等产漂流性卵且卵径较小，其怀卵量较大。

（7）主要养殖鱼类的产卵行为通常是：在发情期雄鱼追逐雌鱼，当追逐激烈并达高潮时，便产卵排精，卵在水中瞬间受精。追逐和产卵时常激起浪花。少数鱼类的产卵行为很特殊，如大麻哈鱼、罗非鱼，产卵时在水底挖穴，卵产到穴中，然后用沙砾覆盖和吞入口中孵化；鲇在产卵时雄鱼的尾部紧紧地缠绕雌鱼的胸腹部，并不断擅动，缠挤腹部的卵巢，当卵被挤到生殖孔时雄鱼将尾部松开，从雌鱼身上滑下，此时雌鱼便迅速产卵。

（8）胚胎发育适温与产卵习性相关，冷水性和冷温性鱼类的胚胎发育适温较低，温水性和热带鱼类的胚胎发育适温较高；前者的胚胎期长，后者的胚胎期短。

综上所述，鱼类的栖息习性与对外界环境条件的适应性、摄食与生长特点、繁殖生物学特征以及肉味鲜度，是选择养殖对象的重要指标，其中肉味鲜美程度、生存与生长温度、生长速度、苗种易得度是最重要的指标。应结合当地的气候特点和具体条件（包括物质和技术条件）综合考虑选定养殖对象。

表 2-3-7　主要养殖鱼类繁殖生物学指标统计表

序号	鱼名	产卵类型	产卵场条件	产卵		性成熟			产卵周期（年）	年产卵次数	怀卵量		卵		胚胎发育	
				季节（月）	水温（℃）	年龄	规格				万（尾）	粒（g）	结构	直径（mm）	水温（℃）	时间（h）
							cm	kg								
1	史氏鲟	沉黏性	沙砾河段	5~6	18~26	♀9~10 ♂7~8	♀105 ♂103	6 4	2~4		25~280	4.4		2.5~3.5	17~23	72~120
2	中华鲟	沉黏性	沙砾底河段（流速1.1~1.7m / s）	9~11	17~20	♀14~16 ♂8~12		♀130 ♂68	4	1	30~130	1.70~4.5	青灰色	3.6	17~18	123~140
3	俄国鲟	沉黏性	沙砾河床	4~9		8~23		4~28			7~80					90
4	西伯西亚鲟	沉黏性	沙砾底			♀17~18 ♂11~13			3~4		17~42					
5	匙吻白鲟		沙砾底质河	3~6	15~16	9~12		11~25				3.5		2.0~2.5		160
6	遮目鱼	浮性（卵黄周隙大）	近岸沙滩海区（20~40m）	4~7	24~31	6~9	♀100 ♂94		1	2（春、秋）	300~570	479		1.2	26~30	28
7	虹鳟	沉性	沙砾	11~1	4~13	3~4		0.5~10	1	1	0.3~2.0	3.0		4.6~5.4		
8	大麻哈鱼	沉性	沙砾河床	11	5~7	3~5	52~63	2~3	1	1	0.45			6.0	4~10	
9	大银鱼	沉性	水深 1.5~2m 沙砾底	12~1	3~8	1	10~25	0.015	1	1	0.45~2.2	720	具卵膜丝	1.0~1.1	4~10	864
10	香鱼	沉黏性	流水石砾河床	9~11	22~16	1			1	1	2~4	730		1.0	15	384~408
11	公鱼	沉黏性	沙砾底质	4~5	11~15	1	4	0.002	1	1	0.1~0.8	800	有油球和附着膜	0.8~1.0	11~15	260
12	鳗鲡	浮性	深海 200m 以上	12~6	21~22	6~8		♀0.35~0.6 ♂0.1~0.2			700~1200	116	有油球	1.0	23~25	38~40
13	鲢	漂流性	江河中上游，涨水流速大（1.3~2.5m/s）	4~6	18~30	3~4	65	5	1	1	2.1~19.6	43~178		1.3~1.9（4~6）	22~23 24~25	35
14	鳙	漂流性	同鲢	基本同鲢	基本同鲢	4~5	85	10	1	1	98~347	88		1.5~2.0（5~6.5）	同鲢	同鲢
15	草鱼	漂流性	同鲢	基本同鲢	基本同鲢	3~4	67	5	1	1	31~138	89		1.3~1.7（4~6）	同鲢	同鲢
16	青鱼	漂流性	同鲢	基本同鲢	基本同鲢	3~6	100	15	1	1	100~335	88		1.5~1.9（5~7）	同鲢	同鲢
17	鲤	黏性	静水水草丛生处	4~6	14~22	1~4	30	0.5~1	1	多	4~44	37~89		1.7	20	53
18	鲫	黏性	同鲤	4~6	14~22	1~3	17	0.2	1	多	2~14	54~167		1.5	同鲤	同鲤

续表

序号	鱼名	产卵类型	产卵场条件	产卵		性成熟			产卵周期（年）	年产卵次数	怀卵量		卵		胚胎发育	
				季节（月）	水温（℃）	年龄	规格				万（尾）	粒（g）	结构	直径（mm）	水温（℃）	时间（h）
							cm	kg								
19	团头鲂	黏性	同鲤	4~6	20~28	2	25	0.4	1		6~26	91~214		1.0	20~28	48
20	鲮	漂流性	同鲢	4	20~30	3	26.7	0.35	1		3~31	92		1.5（3.3）	同鲢	同鲢
21	长春鳊	漂流性	江河水流	4~8	18~28	2	20.5	0.18	1	多	2~25	150		0.9~11	21~24	30
22	三角鲂	黏性卵	静水多水草	4~6	19~28	2~3	35	0.9	1	多	18~48	123~203		1.2~1.4		
23	细磷斜颌鲴	黏性卵	涨水期石砾河滩急流处	4~6	18~28（20~25）	2~3	23	0.3			4~29	80~90		1.3~1.5		
24	泥鳅	黏性卵	浅水草丛中	4~8	18~28	1~2	10~20			多	0.7~2.4	277		1.0~1.2		
25	短盖巨脂鲤	漂流性	洪水期流水产卵	5~7	25~28	3	43	2.7			20~150	80		1.0~1.1（3.6）		
26	鲇	黏性卵	静水水草丛生处	4~6	14~25	1~2		0.25~0.5	1		1~20	20~30		1.8~2.0		
27	大口鲇	黏性卵	流水、卵石浅滩	3~6	15~24	3~4	♀66.5 ♂52.5	♀2.6 ♂1.3	1	1	3.4	30~50		2.0		
28	斑点叉尾鮰	沉黏性	穴洞树洞巢穴	5~7	22~29	3~4		1.2			0.4~5	20~25		3.4		
29	长吻鮠	黏性	江川急流沙砾处	4~6	20~24	3~4	46.5	1.5			1.7~11	20~24		1.5~2.3		
30	革胡子鲇	黏性	水草丛生浅水处	4~9	20~28	1		0.5~1	1	多				1.7		
31	鲻	浮性卵	沙滩底盐度较高海区	10~第二年1月	22~24	3~5	23~41	1.5	1		200~500	1 000~1 100	具油球	0.88~0.98		
32	鮻	浮性卵	沿海河口港湾处	4~6	18~22	3~4	19~33	0.12	1		30~311	800~1 000	具油球	0.9~1.1		
33	黄鳝	沉性卵	筑巢穴	4~8	16~30	2~3	20				300~800			2~4		
34	尼罗罗非鱼	沉性卵	泥沙底挖穴	4~10	20~32	1	20	0.25	30~60d	多	0.1~0.5	10~20	椭圆	2~2.5（长径）		
35	鳜	浮性卵	静水或浅流水石砾底	5~7	23	2~3	21	0.25	1	多	2.7~21	96~179	具油球	1.2~1.4	21~24	72
36	花鲈	浮性卵	浅海河口处	8~9	18~26	1~2			1				具油球	1.3~1.4	15	96
37	大口黑鲈	黏性卵	以水草筑巢沙砾底	4~7	18~26	1~2		1.0	1	多	2~20	40~100		1.2~1.5	17~22	31~52
38	真鲷	浮性卵	浅海 3~4m	4~6	15~18	2~3		0.5	[illegible]		20~900	1 500~2 000	具油球	0.95~1.1	14~22	80~85
39	黑鲷	浮性卵	浅海近岸	5~6	15~21	2~3		0.3	[illegible]		15~300	1 800~2 100	具油球	0.8~1.0	19~20	36~45

续表

序号	鱼名	产卵类型	产卵场条件	产卵		性成熟			产卵周期（年）	年产卵次数	怀卵量		卵		胚胎发育	
				季节（月）	水温（℃）	年龄	规格				万（尾）	粒（g）	结构	直径（mm）	水温（℃）	时间（h）
40	石斑鱼	浮性卵	礁石海区	5~7	20~27	2~3	23~45	0.3~3.5	1	1	7.5~93	1 000~1 500	具油球	0.6~0.8		
41	大黄鱼	浮性卵	近海河口区软泥泥沙底浊流水域	3~5（9~11）	22~25	2~3	23~28	0.25~0.35	1	1	4~61	700~800	具油球	1.2~1.4	18~24	27~42
42	乌鳢	浮性卵	水表层以水草筑巢	5~6	18~30	2	20~30	0.13~0.5	1	多	2~6	20	具油球	2.0~2.2	18~24	48~72
43	牙鲆	浮性卵	浅海水深20m处	4~6	18	2~3	30~40	0.35	1		36~400	700~800	具油球	0.9~1.0	20	48
44	大菱鲆	浮性卵	5~8	10~第二年2月	1~2			1					具油球	1.45	12~16	34~48
45	黄盖鲽	沉黏性											卵膜厚	0.7	15	72
46	高眼鲽	浮性卵		4~6									无油球	0.9	16~20	57
47	红鳍东方鲀	沉黏性	沙砾底质或有海藻海区	4~6	13~19	2	35	1.0	1		30~200	120~300	多油球	1.1~1.2	16~20	170~240

二、主要养殖鱼类的人工繁殖

（一）性腺发育规律

1. 卵巢与卵细胞的形态结构

我国主要养殖鱼类的卵巢一般成对位于体腔背壁、鳔的腹面，其形态结构可分为游离卵巢和封闭卵巢两种类型。史氏鲟等鲟类的卵巢为游离卵巢（freeovary）或裸卵巢（gynmearin）。其特点是，卵巢裸露，外面无卵巢膜或卵囊，生殖管不与卵巢连接，成熟卵细胞落入腹腔中，然后从生殖管的输卵孔（喇叭口）进入输卵管，再从泌尿生殖孔排出体外。

2. 卵细胞发生与发育

（1）卵细胞的发生　鱼类卵细胞的发生和其他脊椎动物相似。卵原细胞来源于卵巢壁上的生殖上皮，卵原细胞构成卵索，卵索中央的大型细胞形成卵母细胞，其边缘的小型细胞形成滤泡细胞。

（2）卵细胞发育分期　从卵原细胞经卵母细胞发育为成熟的卵，要经过下述三个时期：

① 卵原细胞繁殖期：卵原细胞体积很小，圆形，细胞核较大，细胞质少，卵黄膜虽已开始形成，但没有卵黄物质，所以卵原细胞是很透明的。原始的卵原细胞通过频繁的有丝分裂进行繁殖。卵原细胞繁殖的能力决定了鱼类怀卵数量的大小。鱼类在整个生命过程中均有季节性的从生殖上皮（胚下皮）形成卵原细胞。

② 卵母细胞生长期：卵原细胞停止分裂后，开始进入生长期。生长期又分为小生长期和大生长期。在小生长期，初级卵母细胞原生质增长，细胞体积增大，但细胞核体积几乎不增大，因此，该期又叫原生质生长期。该阶段后期卵母细胞外面出现一层滤泡膜；从大生长期开始，在卵母细胞的原生质中出现液泡，有的鱼类液泡是从细胞周围开始往中心发展，有的则先出现在核的周围。液泡的出现是营养物质（卵黄）开始形成的预兆。随着液泡的出现，细胞质中开始出现卵黄粒。这时，卵黄膜逐渐增厚，滤泡膜由一层逐渐增长为二层。同时，在卵黄膜与滤泡膜之间出现一层放射膜。卵母细胞体积长到最大时，大生长期结束。对于在流水中产卵的鱼类（鲢、鳙、草鱼、青鱼、鲮等），即不能在静水池塘产卵的鱼类，到大生长期末其卵细胞便停止发育，必须实行人工催产，才能进入成熟期。

③ 卵母细胞成熟期：进入成熟期后，充满卵黄的初级卵母细胞体积不再增大，细胞核开始出现一系列变化，并进行两次成熟分裂，即减数分裂和均等分裂。开始时，卵黄粒彼此融合，核及其周围的原生质（卵质）向卵膜孔（受精孔）方向（动物极）移动而出现极化（核位移到卵膜孔的一端）现象；这时，核仁向核中央移动并溶解于核浆中，随后核膜溶解，进行第一次成熟分裂，产生一个体积与初级卵母细胞差不多大的次级卵母细胞和一个只含有极微量原生质的小细胞第一极体（细胞核产生均等分裂，细胞质产生不均等分裂）。紧接着次级卵母细胞进行第二次成熟分裂，产生一个体积同次级卵母细胞差不多大的卵子（只含有半数染色体）和一个小细胞第二极体。所以，由一个初级卵母细胞经过两次成熟分裂产生一个体积大的成熟卵细胞和三个体积很小的极体。极体总是位于卵的动物极上方近处（细胞核附近），附在卵的表面，直到囊胚期或原肠胚期脱落而消失。极体可视为完全退化的卵细胞，本身不起任何作用。

和其他脊椎动物一样，鱼类次级卵母细胞在进行第二次成熟分裂中期产出体外（看不见细胞核），受精后放出第二极体，结束成熟期。

鱼卵在鱼体中的时间长短，对于卵的质量起决定性的作用，时间过短鱼则卵尚未充分发育，即未准备好受精条件；而时间过长则会过度成熟。

（3）卵母细胞发育时相　根据 Меиен 的分期方法和我国学者（刘筠等，1993）的主张，以鲢、鳙、草鱼、青鱼、鲤为代表的鲤科鱼类卵母细胞发育可分为五个时相，见图 2-3-1 和表 2-3-8。

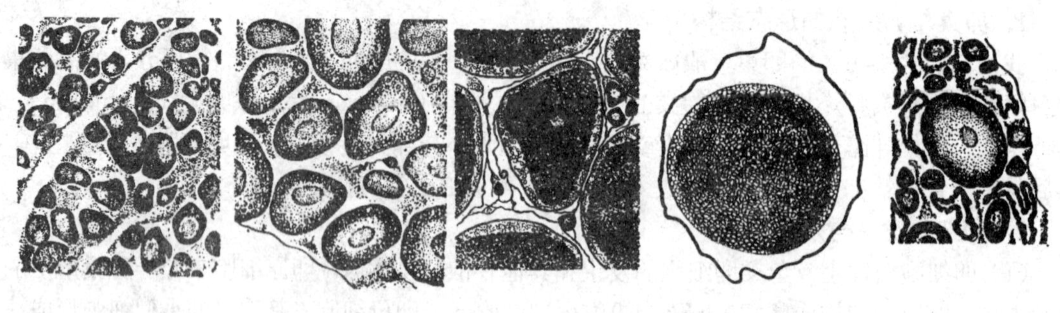

（A）Ⅱ期卵巢　（B）Ⅲ期卵巢　（C）Ⅳ期卵巢　（D）Ⅴ期卵巢　（E）Ⅵ期卵巢

图 2-3-1　鲢卵巢切片

表 2-3-8　家鱼卵细胞生长发育过程的形态学特征和时相的划分

时相 \ 特征	卵原细胞	初级卵母细胞			成熟卵母细胞
	增殖期	生长期			成熟期
	细胞分裂	小生长期	大生长期		减数分裂
	Ⅰ时相	Ⅱ时相	Ⅲ时相	Ⅳ时相	Ⅴ时相
卵径(μm)	5～15	12～300	170～420	400～1 050	950～1 050
核径(μm)	3—8	6～150	130～160	152～200	第二次成熟分裂
正中切面核仁平均数	1～2	5～30	30～60	60～200	消失
滤泡细胞层数	分化过程	1	2	2	脱离
卵黄粒	无	无	出现	充满	存在

① Ⅰ时相：系卵原细胞向初级卵母细胞过渡的阶段。细胞较小，细胞质少，核占到细胞的一半，核内的染色质为细线状，结成稀疏的网。

② Ⅱ时相：系初级卵母细胞的小生长期，细胞呈圆形，体积增大，但核仍占较大比例，核内缘排列很多核仁。卵质中近核处有一卵黄核（核旁体），为呈现嗜碱性且致密的团聚物，直接或间接影响卵黄的形成。质膜外有一层滤泡膜。

③ Ⅲ时相：初级卵母细胞进入大生长期。卵质中出现液泡并开始形成和积累卵黄。由于卵黄的增加，细胞体积增大，核虽也增大，但相对体积减小，细胞外出现放射膜和 1～2 层滤泡。细胞质中近边缘部分出现一层小型液泡。随着细胞增大，液泡增大且数目增多，液泡逐渐被挤到细胞的边缘（金鱼的液泡可伸到核的周围）。卵母细胞中最先出现卵黄的部位，因鱼的种类而异，鲢的卵黄是先从胞质外缘形成，然后由外向内扩展，有的鱼类的卵黄则是从内向外扩展形成。

④ Ⅳ时相：仍处于初级卵母细胞大生长期。细胞体积达到最终大小，营养物质的积累到此结束，细胞中充满卵黄，只有核的周围和靠近胞膜的边缘有一些卵质，液泡被挤到细胞膜内缘。细胞膜的结构同第Ⅲ期。核的体积也增大，形状为不规则圆形，最初位于卵母细胞的中央，

后来极化，核仁从核内缘移向中央并消失。核本身也溶解。本期卵母细胞直径的大小和核的位置，可划分为早（卵径 500μm）、中（卵径约 800μm）、末（卵径约 1 000μm，核偏位）三个时期。初级卵母细胞发育到Ⅳ期末，核极化，对外界激素能起正常成熟反应，即所谓达到生长成熟。在此之前，人工催情是没有效果的。

⑤ Ⅴ时相：由初级卵母细胞经过成熟分裂向次级卵母细胞过渡，细胞质中卵黄颗粒开始融合，核膜消失（溶解），进入第一次成熟分裂，排出第一极体，继而进入第二次成熟分裂期。这时卵粒和放射膜一起与滤泡膜脱离，掉到卵巢腔中，即排卵。该期卵能够正常接受精子进行正常受精，称生理成熟。在静水域生长的鲢、鳙、草鱼、青鱼等流水性产卵鱼类的卵母细胞，只有经人工催情后才能发育到该期。鲤、鲫等草上产卵的卵母细胞则可自行发育到该期。

（二）主要养殖鱼类的胚胎发育分期

养殖鱼类的胚胎发育期是指受精卵在卵膜中进行发育的时间，其具体时间取决于鱼种的遗传性和外界环境条件（温度等）。浮性卵和漂流性卵的胚胎期较短（20～40h），黏性卵的胚胎期较长（50～100h），沉性卵的胚胎期最长（数十天），见表 2-3-7。各种类型卵的胚胎期都受制于水温，随温度增高而缩短。

鱼类胚胎发育分期在国际上尚未有统一标准和名称。现以鲤科鱼类草鱼为例，根据器官发生和形态建成的特点，结合养殖生产实际需要，将其胚胎发育至下塘仔鱼（鱼苗）分为 6 个阶段，参见图 2-3-2。

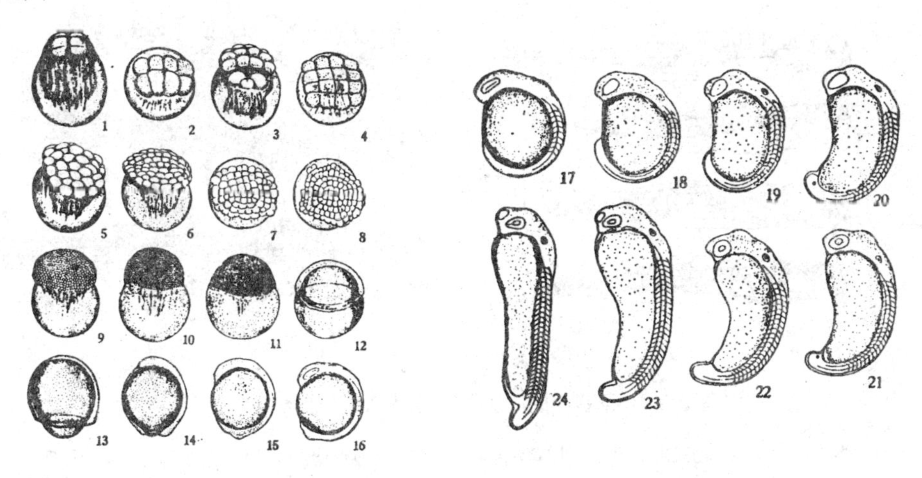

图 2-3-2　草鱼卵的胚胎发育过程（刘建康，1992）

1．4 个细胞期　2．8 个细胞期　3．16 个细胞期(侧面观)　4．16 个细胞期(顶面观)　5．32 个细胞期　6．64 个细胞期(侧面观)　7．64 个细胞期(顶面观)　8．12 个细胞期　9．囊胚早期　10．囊胚中期　11．囊胚晚期　12．原肠早期　13．原肠晚期　14．神经胚期　15．肌节出现期　16．眼基出现期　17．嗅板期　18．尾芽期　19．听囊期　20　尾鳍出现期　21．眼晶体初形成期　22．眼晶体形成期　23．肌肉效应期　24．心脏原基期

第一阶段为卵裂和囊胚期。卵受精后细胞质继续不断向动物极集中，在卵黄上方形成一盘状突起，称胚盘（Blastodisk）。不久开始纵向分裂，第一次分裂，在胚盘处形成 2 个相等的分裂球（Blastomeres）。随后，每隔 8～10min 分裂一次，第二次分裂的分裂沟与第一次分裂沟垂直，形成 4 个分裂球。第三次分裂，出现与第一次分裂沟彼此平行的两个分裂沟，形成 8 个分裂球。第四次分裂，产生与第二次分裂沟彼此平行的 2 个分裂沟，形成 16 个分裂球。第五次

分裂，产生与第三次分裂沟彼此平行的 4 个分裂沟，结果形成在一个平面上的 32 个分裂球，分成 4 排，每排 8 个。此时，卵膜吸水膨胀至最终大小（膜径 5.5mm，卵径 1.5mm）。未受精卵可发育到 8 至 16 个分裂球，所以，自 16～32 个细胞的卵裂期计算受精率是科学的。从第六次分裂起，细胞由单层成为多层，堆叠在卵黄上端，外形似桑椹，称桑椹期（Momlastage）。细胞继续分裂，分裂球越小，细胞界限（用肉眼）越看不清楚，整个胚体的细胞团高居于卵黄上，称高囊胚期（high blastula）；随后，细胞层下伸，囊胚高度稍有下降，称囊胚中期（middle blastula）。随着囊胚细胞继续下延，覆盖卵黄的面积增大，胚体的细胞团高度更低，称低囊胚期（1ow blastula）。囊胚层的中央有一空腔，称囊胚腔（鱼类属狭腔囊胚）。囊胚细胞为同质胚胎细胞，将其细胞核植到去核的同种鱼或异种鱼的卵子里去都可能发育成一个完整的个体。在囊胚晚期或原肠早期，囊胚壁边缘细胞迅速增生，覆盖于卵黄之上，形成合胞体，即卵黄多核体（periblast nucleus），分泌可溶解卵黄颗粒的酶，为胚胎提供营养物质。

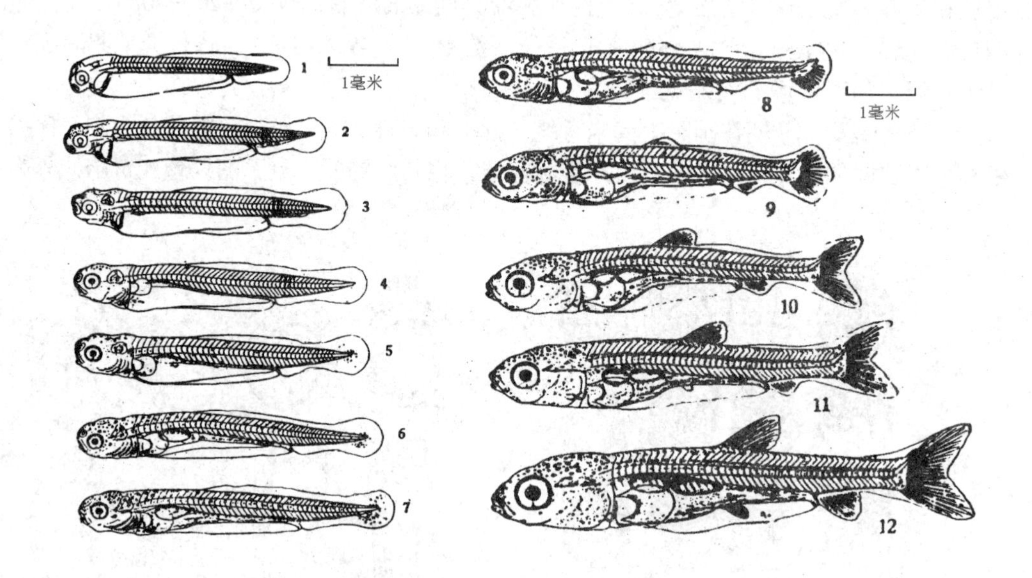

图 2-3-3　草鱼卵的胚胎发育过程（刘建康，1992）

1. 胸鳍原基期　2. 鳃弧出现期　3. 眼黄色素期　4、5. 鳔雏形期　6. 鳔一室期　7. 卵囊吸尽期　8. 背鳍褶分化期　9. 鳔前室出现期　10. 腹鳍芽出现期　11. 背鳍形成期　12. 鳍臀形成期

第二阶段为原肠期。囊胚壁的细胞向植物极移动，逐步包围卵黄囊，至胚体二分之一处胚壁细胞前沿形成一隆起环带，称胚环（germ ring）。在胚环区相当于胚体背面后端的部位，由于细胞内卷而产生一新月形缺口，称原背唇（dorsal lip）。这是进入原肠胚期（gastrula stage）的标志之一。其后不久，在背唇的正上方出现一增厚的胚层—脊索—中胚层—神经外胚层的细胞团，称胚盾（embryonic shield），随后胚盾伸长，其长轴构成胚胎的主轴。细胞层继续下包卵黄至五分之四时，背唇两侧的侧唇与腹唇相继形成一圆孔，称胚孔或原口（blastopore），未被包被的卵黄，称卵黄栓（yolk plag）。原肠期产生了外胚层（ectoderm）、中胚层（mesoderm）和内胚层（entodenn）三个胚层。

原肠胚期代谢旺盛、耗氧多，对水温、溶氧和 pH 值等外界环境因素的变化敏感。水温过低（20℃以下）或过高（30℃以上）、溶氧不足（4mg / L 以下）、pH 值过低（6.6 以下）或过高（9.5 以上）都会造成大批死亡。

第三阶段为神经胚期。当卵黄栓完全被包围（原口封闭）时，即完全进入了神经胚期（neural stage）。在胚体的末端有一个由脊索、中胚层和内胚层组成的混合细胞团，为胚胎尾芽原基，称为末球（terminalknob）。胚体逐渐伸长，胚盾明显分化为脊索及其两侧的中胚层和这两者下方的内胚层。脊索上方的外胚层分化为神经板，继而形成神经管。到神经胚晚期，整个胚胎呈一“C”字形位于卵黄之上，此阶段产生神经管、脊索和体节等中轴器官。

第四阶段为器官形成期。器官形成（organogenetic）是在神经胚期三胚层分离的基础上进行的。鱼类的器官发生以神经管的正常发育和分化为前提，神经管的发育和分化不正常，则发生胚胎畸形。神经管首先分化为前脑、中脑和后脑，随后，在前脑部位产生一对视泡，出现 2～3 对体节（Somite），以后视泡变成视杯，晶体嵌于其中，构成眼睛。体节是由中胚层分化而来，体节以外的中胚层分化为侧板中胚层和血细胞与血管系统原基。体节出现后，继而在胚体尾部出现突出的细胞团，称尾芽（tail bud）。由于尾芽的增生，胚体不断增长，体节分化出生肌细胞，使胚体开始缓慢抽动，其速度也由慢到快。在此之前耳囊已出现，继而出现心脏、心脏搏动。此时，肾管生殖腺原基、消化管与消化腺等器官亦逐渐出现。

第五阶段为孵化期。心脏搏动开始形成血液循环，胚胎头部两眼周围的表皮细胞分化形成单细胞腺（孵化腺），分泌孵化酶（黏蛋白多糖酶）溶解软化卵膜，胚胎频繁转动，先后用尾尖穿破卵膜而孵出（脱膜孵化），这一过程持续 4h 左右（24℃～26℃）。刚孵出的胚体全长 5.5mm，体节达最终数目 46 对，单细胞腺的分泌机能逐渐减弱乃至腺细胞完全萎缩。破碎卵膜在 3h 左右被孵化酶溶解而消失。

第六阶段为仔鱼期。刚出膜的仔鱼，内部的消化、循环、呼吸器官和外部色素及鳍等器官尚不完善，还必须经过下述发育过程：心脏呈节奏性跳动，血球在背腹血管中清晰流动→仔鱼头部和躯干部出现黑色素，鳃丝出现并建立鳃循环，随后形成尾循环，仔鱼由侧卧转为腹部平贴于水底，具有向前游动的能力，胸鳍后方出现鳔管，继而形成可以控制沉浮的鳔，胸鳍活动自如，仔鱼可在水中自由运动→消化管最前端的咽部向外开口，口自头的腹面移到身体前端，可以吞食外界的食物，肠后端也与外界相通→卵黄囊逐渐被吸收，由圆形变为犁形直至被完全消耗。至此，仔鱼的器官已基本形成，可以下塘培育。

三、鱼种培育

鱼种培育是将全长 1.0cm（真鲷等海水鱼）至 3.0cm，体重约 0.1g（鲢、鲤等淡水鱼）稚鱼养成全长 10～20cm，体重 10g、25g、50g、100g 等不同规格的幼鱼，作为饲养食用鱼的鱼种。鱼种规格依鱼的种类和生产需要而异。

稚幼鱼的形态学特点和食性等生物学特性逐渐接近于成鱼；对外界环境条件的适应能力较仔鱼强。因此，鱼种培育的技术难度较鱼苗培育要小一些，而且共性多于特异性。

鱼种培育的方式也概分为土池塘培育、水槽与混凝土池塘培育和网箱培育三种类型。

（一）土池塘培育鱼种

各种食性的稚幼鱼都可以采用池塘培育方式。

1．池塘条件与规格

饲养鱼种的池塘条件与鱼苗池相同，但面积略大且深一些，适宜面积为 1 500～3 000m^2，水深 1.5～2.5m。

2. 池塘清整

鱼种池的清整内容、要求指标和方法与鱼苗池相同。

3. 适口饵料生物的培养

根据各种稚幼鱼的食性，采取不同措施调控水质和培养适口饵料生物。以鲢、鳙、尼罗罗非鱼、白鲫等滤食性鱼类为主的池塘，在稚鱼入塘前应施肥培养浮游生物，以适应摄食天然饵料生物的需要。以草鱼、鲤、鲻、鲮、鳜、鲇、大口鲇、真鲷、黑鲷、花鲈、东方鲀为主的池塘，在稚鱼入塘前需要施肥培养浮游动物（枝角类等）以提供适口活饵料，但水质不宜太肥；也可不施肥培养浮游动物；稚鱼入池后立即投喂活饵料和适口人工配合饲料。

4. 稚幼鱼放养

（1）放养方式　通常采取 2～3 种鱼混合饲养，以合理或充分利用水体空间与各种饵料生物。

（2）放养密度　放养密度一般为 5～20 尾 / m^2，依鱼的种类和出塘规格而异。

（3）混养比例　混养中占比例较大的（>50%）称主养鱼（主体鱼），占比例较小的称配养鱼（搭配鱼）。确定混养对象时应坚持两条原则，一是栖息和食性相似鱼类最好不要混养在一起，二是如果混养在一起，就应注意两者的适宜比例。例如，鲢、鳙、白鲫等上中层滤食性鱼类或鲤、鲻、鲮等底栖杂食性鱼类或真鲷、黑鲷、东方鲀、花鲈等中下层和底层肉食性鱼类。混养时，应搭配好比例，主养鱼与配养鱼的适宜比例一般为（7～8）∶（2～3）。例如，鲤、鲢混养比例，以（鲤 8）∶（鲢 2）为宜；鲢、鳙、鲤的适宜混养比例为 7∶2∶1。

（4）混养规格　主养肉食性鱼类，配养滤食性和杂食性鱼类时，后者的规格应大于前者，以免被吞食。例如主养加州鲈或鳜时，为了调节水质肥度，应配养滤食性鱼类鲢、鳙，但其规格应大于加州鲈。

5. 饲养管理

饲养管理的主要内容包括：调控水质与水位，投饲和防治鱼病。

（1）调控水质和水位　在鱼种培育过程中应采取定期注水和施肥等措施调控水质肥度，以保持池水清爽，含氧量高，防止浮头和死亡。以鲢、鳙等滤食性鱼类为主的池塘，应定期施有机肥、化肥培养浮游生物，供池鱼滤食。以鲤、草鱼、鲇与鳜或黑鲷等为主的杂食性、草食性和肉食性鱼类的池塘，调控水质的主要措施是定期注水，注水的间隔与注水量依具体情况或需要而定。

（2）投饲　鱼种培育阶段的投饲内容包括驯食、“四定”投饵。

除鲢、鳙等典型滤食性鱼类外，杂食性、肉食性等鱼类在稚鱼入池后都应立即进行驯食。驯食目的是培养稚鱼定时、定点、成群集中摄食（抢食）的习惯，以提高饲料利用效率和保证鱼种规格整齐度，也便于进行疾病防治。

驯食的具体方法：稚鱼入池第二天或第三天，在池塘某处（离池边 1～2m）用稚鱼喜食的饵料小量慢速抛入水中，逐渐诱引稚鱼摄食，一般重复驯食 3～5d，稚鱼便养成集群抢食的习惯，驯食时可敲打铁器出声，伴诱稚鱼，提高池鱼集群与摄食速度。

所谓“四定”投饵，即定时、定位、定质和定量投喂。

定时：每天定时投喂饵料，一般在上午 9h 和下午 2～3h 各喂 1 次。

定位：在池塘的一定位置投饵，设食台或撒投皆可。

定质：根据饲养对象的饵料种类和饵料规格的要求，投喂新鲜不变质、适口性好、营养成分符合要求的饵料。

定量：根据饲养对象的种类、个体大小（发育阶段）、水温，制订日投饵量，然后按天气、水质和鱼的吃食情况灵活掌握。同种鱼的日投饵量随身体长大而下降，随水温增高而增加（在适温范围内），晴天、水质好、鱼吃食旺盛时可适当多投。鲜活饵料（含鱼肉糜）的日投饵料量，前期为10%～25%，后期为5%～10%；人工配合颗粒饵料的日投饵量，前期为5%～10%，后期为3%～5%。投喂肉食性鱼类的颗粒饲料，最好是软颗粒。

（3）鱼病防治 预防鱼病的主要措施是严格进行鱼体消毒、池水消毒，在整个饲养过程中及时检查和有针对性地进行病害治疗。

鱼体消毒：稚鱼在入池前用漂白粉（浸洗浓度10mg / L）、漂白粉和硫酸铜合剂（10mg / L 和 8mg / L）、高锰酸钾（20mg / L）、敌百虫（10mg / L）、孔雀石绿（5mg / L）、食盐（2%～4%）和淡水（海水鱼）进行消毒。消毒时每种仅选一种药物，消毒时间因鱼的大小与体重、水温而异，应密切监视鱼的活动情况。

食场消毒：定期清理食场并用漂白粉和生石灰进行消毒。

池水消毒：20～30d全池泼洒一次生石灰水，使池水生石灰浓度呈10～30g / m^3。

（二）水槽和混凝土池培育鱼种

采用水槽和混凝土池培育肉食性海淡水鱼类鱼种的效率高，但成本也较高。

1. 形状、规格与结构

用于培养鱼种的水槽和混凝土池，其形状、结构与鱼苗培养容器相似，但容积增大，一般为20～50 m^3，但也有达到200m^3的。

2. 放养密度

鱼种培育过程中的放养密度随鱼体增长而下降，稚鱼开始入池密度为0.5～1万尾 / m^3左右，后期减少为0.02～0.05万尾 / m^3。不同鱼类的放养密度也有一定差异，例如，虹鳟为0.25～1.0万尾 / m^3，尼罗罗非鱼为0.2～0.57万尾 / m^3，真鲷0.03～1.7万尾 / m^3，东方鲀为0.03～0.2万尾 / m^3。

3. 饲养管理

鱼种培育期的饲养管理内容与鱼苗饲养阶段相似，包括调控水质、排污、投饲等，其中水交换量应超过前期，饲料投喂量增大，但投饵比例却有所降低。冰鲜鱼肉糜的日投量一般为15%～30%，软颗粒饲料为10%，干颗粒饲料为2～3%。

在饲养过程中，要根据鱼种的生长情况做好筛选，按不同规格分池培养，这是减少肉食性鱼种相互残食和提高成活率的重要措施。

（三）网箱培育鱼种

在内陆大型水域和浅海港湾中利用网箱培育鱼种效果好、产量高，不投饵培育鲢、鳙鱼种的产量一般为4kg / m^3（300尾）左右，投饵培育鲤、鳜、加州鲈、真鲷、黑鲷、花鲈等的产量高达10～50kg / m^3。网箱规格一般为5m×5m×（3～4）m，网目规格为20目～10mm，随鱼体增长不断更换网目规格。放养密度为1尾 / m^3～500尾 / m^3，依鱼种种类、投饵或不投饵以及培养规格而异，在整个培养过程中放养密度随鱼体增长而递减。培育肉食性鱼种应随时或分阶段进行规格筛选并分别归箱饲养，以免相互残食或咬伤。应经常刷洗网箱附着物或定期换箱。投喂饵料的种类及规格与室内水槽和混凝土池饲养方式相同。

（四）鱼苗鱼种运输

运送鱼苗、鱼种时，可依批量大小、路途远近等采用不同的运输工具，汽车、火车、轮船、自行车甚至肩挑皆可。具体运输方式主要有开放式和封闭式两种。不同方式下，鱼苗、鱼种的运输容器、密度及管理有所区别。

1．开放式运输

鱼苗、鱼种的装运容器包括鱼篓、木桶、帆布篓、塑料水槽等；鱼苗和鱼种（10cm）的装运密度（尾／L）分别为800～1 000和500～1 000左右，具体数目依水温和运输时间而异，运输途中随时观察鱼的活动情况，发现浮头应适当击打、换水。

2．封闭式运输

通常采用塑料袋（70cm×40cm），装清水 1／3～2／5，然后装鱼、充氧、密封。放鱼密度（尾／袋）为：鱼苗10～20万尾，3cm鱼种0.1～0.2万尾。

（五）北方封冰地区鱼种越冬

1．越冬池条件

面积3 000～10 000m²，冰下水深1.5m以上，池底淤泥<15cm，彻底清塘后用无机肥培养浮游植物，以行光合作用，产生氧气。

2．鱼种规格与放养密度

鱼种体重 25g 以上，体质健壮，无伤无病，放养密度（kg／m²）：微流水池为 1.0～1.5，水质好并可补水的静水池为 0.5～1.0。

第二节　甲壳类养殖

一、主要养殖种类及其分布

1．中国对虾 *Penaeus chinensis*（Osbeck）

中国对虾主要分布在我国渤海、黄海沿岸以及朝鲜半岛西岸等海域，是仅有的几种耐低温虾种之一。中国对虾耐温、耐盐范围广，肉质鲜美，是我国北方地区的主要养殖种类。中国对虾在人工条件下容易成熟产卵，苗种来源有保证，我国养殖业发展盛期时产量高达近 20 万吨。中国对虾外形见图2-3-4。

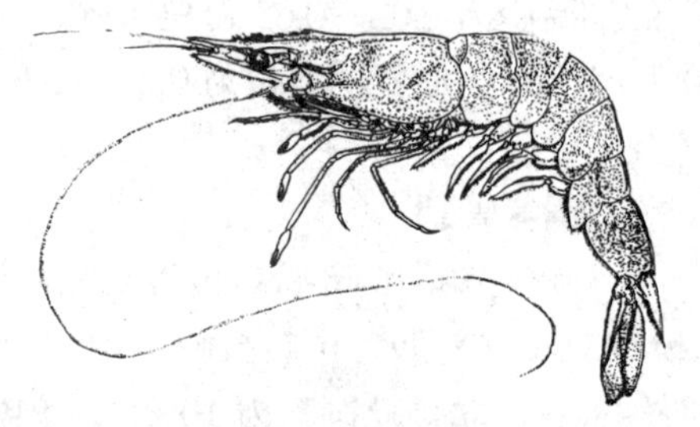

图2-3-4　中国对虾 ***Penaeus chinensis*（Osbeck）**

2．日本对虾 *P．japonicus*（Bate）

日本对虾分布于印度—西太平洋区域及地中海区域，以及我国江苏省以南各省沿海。日本对虾可耐低温，耐干力强，可以销售活虾，价值较高，是我国南方地区的传统养殖种类。近年来，我国北方地区逐渐引进日本对虾进行养殖，获得理想结果，养殖面积逐年扩大。我国还进行了人工放流试验，取得了良好效果。日本对虾对饲料蛋白质含量要求较高，低蛋白饲料往往难以获得理想养殖结果。

3．斑节对虾 *P．Monodon*（Fabricius）

斑节对虾分布于印度—西太平洋地区，包括非洲东部、东南部，印度，巴基斯坦，东南亚和我国海南、两广地区及台湾南部，日本南部，印度尼西亚，菲律宾及澳大利亚北部等沿岸水域，是世界养殖产量最高的虾

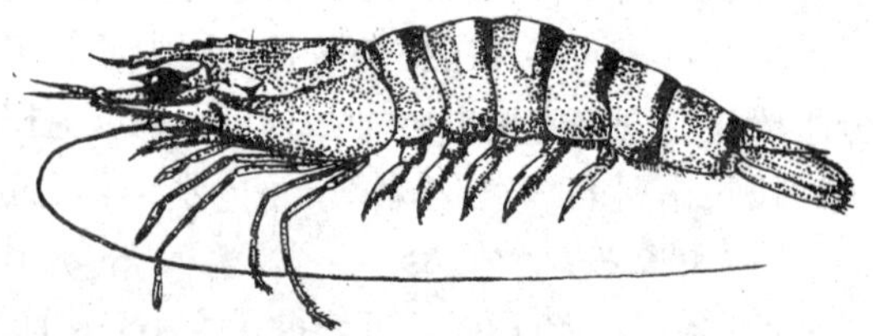

图2-3-5　斑节对虾 ***P．Monodon Fabricius***

类。斑节对虾个体大，耐低盐，生长快，饲料要求低，是对虾类中个体最大的种类之一，是南亚及东南亚地区主要养殖种类。我国南方地区主要以养殖斑节对虾为主，近年来养殖产量稳步上升。斑节对虾在人工条件下不易成熟，难以形成稳定集中产卵，亲虾培育技术尚有待进一步研究。斑节对虾外形见图 2-3-5。

4．长毛对虾 *P．penicillatus*（Alcock）

长毛对虾分布于印度—西太平洋海域，在我国它主要分布在两广地区及福建地区，主要在南方地区进行养殖，是我国传统的养殖对象。近年来，北方地区已引进试养，但因生长适温期短而商品规格小于南方。

5．墨吉对虾 *P．merguiensis*（de Man）

墨吉对虾分布于印度—西太平洋海域，在我国它主要分布在两广地区，是南方地区的重要养殖对象，也是我国传统的养殖虾类。

6．南美白对虾 *P．vannamei*（Boone）

南美白对虾又称万氏对虾、凡纳对虾，分布于西半球东太平洋。我国没有自然分布。近年来，我国已引进此种对虾进行试养。南美白对虾耐粗食，摄食低蛋白饲料，生长速度也较快。由于南美白对虾繁殖习性与前述几种对虾不同，人工条件下不易成熟产卵，人工生产苗种有一定难度，故我国养殖规模不大，但南方地区养殖规模与产量逐年上升。

7．刀额新对虾 *Metapenaeus*（Ensis）

刀额新对虾又称沙虾、基围虾，主要分布于印度—西太平洋地区的斯里兰卡至马来西亚、泰国、印度尼西亚、菲律宾、日本南部以及澳大利亚北部水域，在我国它主要分布于海南、广西、广东、福建及台湾地区。刀额新对虾耐低盐，可在近于淡水的池塘中养殖。由于刀额新对虾耐干力强，活虾销售是此种的主要销售方式。虽然刀额新对虾个体较小，一般野生成体仅 13cm（雄性）至 16cm（雌性），但由于其上市规格小（7～8cm），生产周期短，可以进行多茬养殖，因此，在我国南方养殖较为普遍。我国北方地区近年来也进行了试养，效果良好，有望成为北方地区新的养殖种类。

8．罗氏沼虾 *Flwrobrachium rosenbergii*（de Man）

罗氏沼虾又称马来西亚大虾、淡水大虾等，是世界上最大的淡水真虾类。原产印度—西太平洋区域的热带与亚热带海域，属长臂虾科沼虾属。罗氏沼虾生活在淡水或咸淡水中，在海水中繁殖。罗氏沼虾个体大、生长快、食性广、易驯养、适应性强，是世界上养殖产量最大的淡水虾类。我国大陆地区 1976 年引种成功，目前已形成产业化。罗氏沼虾外形见图 2-3-6。

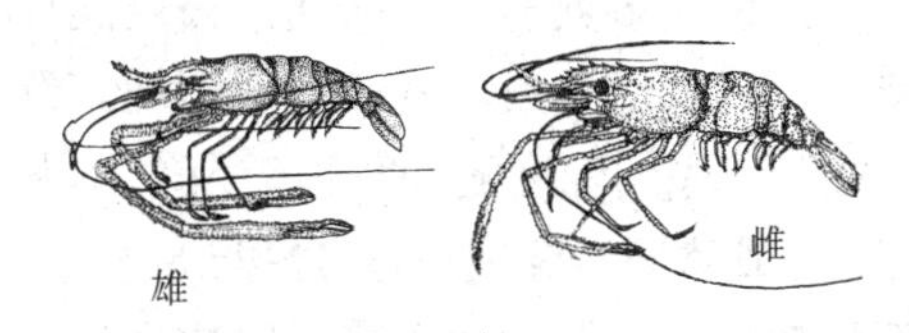

图 2-3-6　罗氏沼虾
***Flwrobrachium rosenbergii*（de Man）**

9．锯缘青蟹 *Scylla serrata．*（Forskal）

锯缘青蟹盛产于热带、亚热带及温带沿岸半咸水海域，在我国主要分布在长江口以南地区。锯缘青蟹个体大，适应性强，生长迅速，营养丰富，风味独特，可食部分比例高，是优良养殖种类。锯缘青蟹是我国南方地区沿岸的传统养殖种类，以往多为育肥养殖。近年来，池塘养殖有所发展，并已被

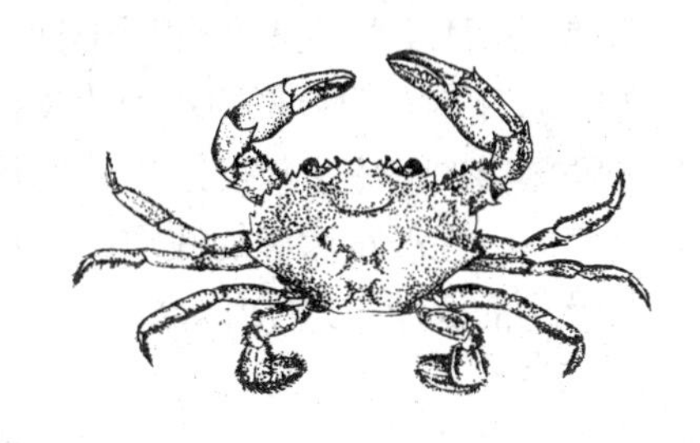

图 2-3-7　锯缘青蟹 *Scylla serrata．*（Forskal）

引种到北方地区进行苗种生产及试验养殖，效果良好，有望成为北方地区的重要养殖种类。以往，锯缘青蟹苗种供应以天然苗种为主，养殖规模受天然苗产量限制。目前，锯缘青蟹的人工苗种生产技术尚未完全成熟，生产尚不稳定，苗种供应不足，限制了养殖规模的进一步扩大。当前，有关人工苗种生产技术正在逐步完善之中。锯缘青蟹外形见图 2-3-7。

10．中华绒螯蟹 *Eriocheir sinensis*（Milne Edwards）

中华绒螯蟹是我国著名的珍贵种类，我国渤海、黄海及东南沿岸诸省均有分布，主要分布在长江水系，此外辽河水系也有分布。欧洲北部平原及北美也有少量分布。中华绒螯蟹在淡水中生长，海水中繁殖，我国已有多年养殖历史，人工放流也取得成功。中华绒螯蟹外形见图 2-3-8。

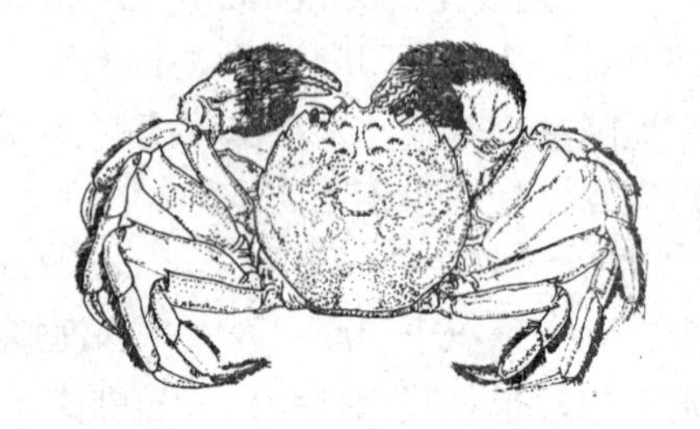

图 2-3-8　中华绒螯蟹 ***Eriocheir sinensis*（Milne Edwards）**

11．三疣梭子蟹 *Portunus trituberculatus*（Miers）

三疣梭子蟹为海水种类，我国黄海、渤海、东海水域均有分布。三疣梭子蟹是人们喜爱的海鲜，是我国黄渤海甲壳类重要的经济种类，人工繁殖及养成技术已相当成熟并实现产业化生产，人工放流试验也已成功。三疣梭子蟹外形见图 2-3-9。

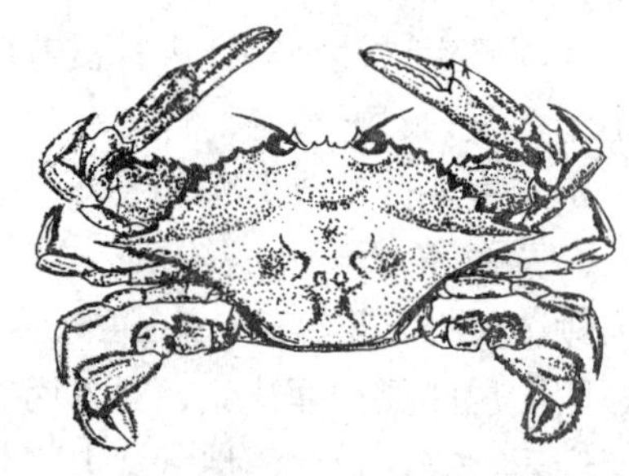

图 2-3-9　三疣梭子蟹 ***Portunus trituberculatus*（Miers）**

二、栖息习性及对环境条件的适应

（一）栖息习性

1．潜底与浮现

虾蟹类多数喜夜间活动，白昼间通常隐蔽、潜居。昼伏夜出是大多数底栖虾蟹类共同的特点，以躲避天敌，降低能量消耗。绝大多数对虾具有潜底的习性，即将身体完全埋入底质沙中。潜底的深度随虾蟹种类及个体大小而不同。日本对虾体长，大于 1 cm 的仔虾就有潜沙习性，成体潜沙深度可达 3～4cm。中国对虾通常不潜底，仅在水温较低时将身体潜入底质中，而将额角、眼及触角等置于底质之外。墨吉对虾很少潜底，印度对虾则无潜底习性。三疣梭子蟹通常白昼潜入沙质底质中，仅将触角露出，潜沙较深者则完全潜入底质，仅可观察到底质上因其呼吸形成的凹陷。虾蟹类在日落后由底质中浮现，进行觅食等活动。

虾蟹类的潜底习性受光线、温度、底质条件等影响。虾蟹类的昼伏夜出具有日周期性，这一节律一般不会被人工条件所干扰。有些种类则在夜间光照条件下潜底。日本对虾在水温降至 14℃以下时，即使夜间也很少出沙活动，水温在 28℃以上时白天也不喜潜沙。底质的粒度影响虾蟹类的潜底，粒度过细的底质对其呼吸有影响。因此，潜底的种类多喜适合潜入的较粗糙底质。在严重污染的底质中，虾蟹类一般不会潜入。当光照、温度等条件适宜时，虾蟹便从潜伏的底质游进水中活动、摄食等，这称为浮现。

2．运动

虾类的运动方式主要有游泳与弹跳，蟹类的运动方式主要为爬行。虾类可以利用腹部的附肢（游泳足）摆动进行游泳。对虾类、真虾类游泳能力强，对虾洄游距离可达数十或上百公里。龙虾类、螯虾类以及蟹类一般腹部附肢不发达，游泳能力不强，以爬行为主。爬行是以步足交替在底质上移动完成，使身体前进或后退。虾类爬行的方向向前，而蟹类由于步足的位置及活动方式而多向两侧横行。游泳蟹类的末对步足特化为桨片状，可以迅速游动。此种蟹类有些属远洋种类。腹部发达的虾类可以通过腹部肌肉的收缩使尾扇拍击海水，向后方形成急速跳跃，有时还可进行连续的跳跃。

虾蟹类的幼体活动方式与成体不同，浮游的幼体往往依靠附肢划水游动。无节幼体以附肢划动做间歇式游动，溞状幼体向前做连续的游动或腹面向上的仰泳；糠虾幼体头下尾上做垂直弹跳式游动；仔虾则以游泳足划水向前游动；蟹类的溞状幼体还可以体刺在底表面上滑动。

3. 附着与穴居

许多虾蟹类有附着习性，这与其底栖习性是一致的。许多虾蟹类幼体在结束浮游生活的幼体发育阶段后，常附着在物体表面上，如石块、水草等。有些蟹类喜欢掘穴而居，有些蟹穴可长达数米以上。大多数蟹类喜栖于水底遮蔽物下，如水草丛中、岩礁缝隙内、石块下等。

（二）对环境条件的适应

1. 温度

虾蟹类多分布于热带、亚热带地区，少数分布于温度较低的温带地区。对虾类一般分布在等温线20℃的范围内，很少有分布在15℃等温线以外者。对虾耐高温一般在38℃～39℃，热带种类耐低温较差，通常 12℃～14℃以下就会死亡。虾蟹类的生长适温一般为 25℃～30℃。中国对虾耐低温能力强，可耐5℃～6℃的低温。三疣梭子蟹和中华绒螯蟹可在冰下水体中存活，耐寒性强，详见表2-3-9。

表2-3-9 主要养殖虾蟹类对温度的适应（℃）

名　　称	适宜温度	最适温度	致死温度	
			低　限	高　限
中国对虾	8～35	18～30	4	39
日本对虾	10～32	18～28	5	38
斑节对虾	14～35	25～32	12	38
长毛对虾	14～32	25～30	12	39
墨吉对虾	13～35	25～30	10	40
南美白对虾	16～34	23～30	15	35
锯缘青蟹	14～35	15～32	7	39
罗氏沼虾	15～34	20～32	11	35

2. 盐度

虾蟹类生活水域的盐度范围极广，从淡水到大洋均有分布。对虾属全部为海洋种类，有些种类适应河口、近岸的半咸水域生活；真虾类有些种类为淡水分布，有些则为海水分布，有些在淡水水域生活，繁殖则要进入海洋；龙虾类为海洋种类；螯虾类则一部分为海洋种类如海螯虾类，另一部分则为淡水种类。蟹类以海洋种类为多，有些适应河口半咸水水域、潮间带生活，有些则生活在远洋。有些虾蟹类对盐度的变化有很强的适应性，中国对虾可以在盐度 1～46 下生存，斑节对虾甚至可以在盐度 0～70 中生存。较高的盐度对对虾的生长有一定抑制作用，中国对虾在盐度 40 以上的水中生长缓慢。

3. 底质

不同的虾蟹类喜栖底质不同。有的种类喜栖于泥质底质，如中国对虾、墨吉对虾；有的种类喜栖沙质底质，如日本对虾；有些种类喜栖于有水草、海藻等底栖植物的底质；有的则喜栖沙石岩礁底质。底质的粒度、生物群落、化学特性（如 pH 值）、有机物浓度等均影响虾蟹类的栖居与行为，不良底质会使虾蟹类生长减慢，并且容易发生疾病。

三、摄食

（一）食性与饵料组成

虾蟹类多为杂食性或腐食性，少数为肉食性或植食性。虾蟹类的饵料组成通常由胃含物分析方法来鉴定。近年来，稳定性碳同位素分析技术已被用来分析食谱。

虾蟹类的饵料来源很广，通常可以分为微生物、植物、动物以及屑等。微生物往往作为其他饵料的附着物被虾蟹类所摄食；植物类饵料包括微型藻类、大型藻类、高等水生植物以及陆生植物等；动物类饵料包括各类动物类群，有甲壳动物、软体动物、多毛类动物以及鱼类等。中国南海的短沟对虾、日本对虾胃含物的动物类群有双壳类、腹足类、游泳虾类、端足类、多毛类、珊瑚类、有孔虫、短尾类、头足类、掘足类、异足类、棘皮动物、涟虫类、桡足类、等足类、介形类、口足类以及少量的鱼类等。腐屑也是虾蟹类饵料的重要成分，主要由底质中的植物碎片、有机颗粒以及附着其上的微生物等聚集而成。

虾蟹类幼体营浮游生活，滤食水中浮游微型藻类、原生动物以及悬浮颗粒等。成体虾蟹类营底栖生活，摄食底栖生物，虾类主要摄食底栖甲壳类和贝类，蟹类还可捕食鱼类。

（二）摄食

虾蟹类幼体多营浮游生活，以附肢划动形成水流进行滤食。后期幼体逐渐转营底栖生活，摄食方式也由滤食逐渐转为捕食。幼虾、幼蟹则与成体一样完全营底栖生活，摄食方式也完全为捕食性。

虾蟹类的觅食以嗅觉及触觉为主，寻食时多伸展步足，以探察食物，一旦触到食物即会以螯足钳住食物送入口中。有些虾蟹类还会掘沙以寻找食物。蟹类捕食贝类及螺类时通常会将贝类、螺类以螯足钳碎而食之。游泳能力强的蟹类还会追捕鱼类、乌贼以及游泳虾类。

虾蟹类有明显的摄食周期。对虾类一般在夜间觅食，日落前后摄食旺盛。大多数养殖虾蟹类具有与对虾相同的摄食周期，夜间摄食多于白昼。虾蟹类在蜕皮时通常在数天内停止摄食。虾蟹类有明显的相互残食的习性，处于饥饿状态的个体尤为明显。一般虾类幼体期相互残食现象较为明显，成体期被残食者多为病、伤、弱者。某些具有强壮大螯的种类和具有强烈占地习性的种类，如蟹类和沼虾类，养殖期间相互残食程度高于一般虾类。

虾蟹类对食物的选择性不强，一般没有明显的偏食性。有时可观察到虾蟹类具有某种程度的嗜食性，如长期投喂某种饵料后改换其他饵料种类时，经常会观察到摄食强度有明显下降。某些蟹类具有腐食性，喜食动物尸体。对虾类的多数种类则明显表现出喜食新鲜饵料。

四、生长

（一）蜕皮

同所有甲壳动物一样，虾蟹类在其一生中要进行多次蜕皮。蜕皮是完成变态发育及生长的必需过程。虾蟹类蜕皮是一个极为复杂的生理过程。蜕皮前旧壳部分溶解，新生甲壳在旧壳下生出，待旧壳蜕下后，动物在新生甲壳完全硬化之前迅速增大。幼体期新生甲壳形态往往与旧壳不同而形成变态发育，完成幼体发育后则形成蜕皮生长。蜕皮过程主要由体内激素调控。外界环境因子对蜕皮也有影响，如高盐条件下虾蟹类的蜕皮往往会受到抑制。

蜕皮多发生在夜间。临近蜕皮的虾蟹类活动频率加快，甲壳膨起，虾类通过腹部屈伸、弹动，头胸甲向上翻起，身体由旧壳中蜕出。蟹类蜕皮时甲壳由头胸甲后缘处离开，动物由此蜕出。新蜕出的虾蟹往往活动能力很弱，要待新生甲壳硬化完成后才恢复正常的摄食与活动。

（二）生长

甲壳动物的生长需要通过蜕皮来完成，因此，与鱼类等其他水生生物的连续生长模式不同。甲壳动物的生长是所谓阶梯式增长，即动物在蜕皮间期由于有坚硬甲壳的限制，生长量很小，而在蜕皮后由于新生甲壳柔软而有韧性，体长、体重大量增加，生长迅速，待新生甲壳完全硬化之后体长、体重增加停止，生长相对停滞。

虾蟹类的生长速度有赖于蜕皮的次数及频度。幼体蜕皮周期一般短于成体。游泳虾类数天或数周蜕皮一次，生长迅速。养殖种类在适宜的条件下生长适度可达 10～15mm / d。甲壳厚重的龙虾类与螯虾类蜕皮间隔较长，生长较缓慢。虾蟹类每次蜕皮的生长量与种类有关，还与动物个体大小有关。

虾蟹类的生长测量可以分为长度测量和重量测量。常用测量方法包括：

（1）虾类长度测量

总长：额角前端至尾节末端的长度；

头胸甲长：眼窝后缘连线中央至头胸甲中线后缘的长度；

体长（生物学体长）：眼柄基部或额角基部眼眶缘至尾节末端的长度。

（2）蟹类长度测量

甲长：头胸甲前缘至后缘中线的长度；

甲宽：头胸甲最宽处的长度，如该处为齿时则自齿的基部量起。

（3）蟹类重量测量

湿重：动物的总湿重。

虾蟹类体长与体重的关系大致呈立方关系，可用公式 $W=aL^b$ 来描述，式中 W 为体重（克），L 为体长（厘米或毫米），a、b 分别为系数，依样品群体长度、重量各异。我国常见养殖对虾类的体长、体重关系式中，系数 a、b 的参考值见表 2-3-10。

表 2-3-10　我国常见养殖对虾类的体长、体重关系式中 a、b 系数值（L：mm）

种　类	性别	a	b	作　者
中国对虾	♀	11.000×10^{-6}	3.001	邓景耀(1981)
中国对虾	♂	11.300×10^{-6}	2.999	邓景耀(1981)
中国对虾(养殖)	♀+♂	9.672×10^{-4}	3.038 1	王克行(1981)
斑节对虾	♀	22.909×10^{-4}	2.650	Moth(1981)
斑节对虾	♂	18.621×10^{-6}	2.710	Moth(1981)
日本对虾	♀	6.387×10^{-6}	3.116	刘瑞玉等(1986)

续表

种　类	性别	*a*	*b*	作　者
日本对虾	♂	9.949×10^{-6}	3.029	刘瑞玉等(1986)
长毛对虾	♀	2.106×10^{-6}	2.881	刘瑞玉等(1986)
长毛对虾	♂	6.564×10^{-6}	2.643	刘瑞玉等(1986)
墨吉对虾	♀	8.083×10^{-6}	3.094	刘瑞玉等(1986)
墨吉对虾	♂	1.082×10^{-5}	3.030	刘瑞玉等(1986)
刀额新对虾	♀	2.819×10^{-5}	2.835	刘瑞玉等(1986)
刀额新对虾	♂	4.661×10^{-5}	2.704	刘瑞玉等(1986)

人工养殖条件下，虾蟹类体长与体重的关系受养殖环境与饲养条件限制，变化范围较大，一般可用上述体长、体重关系式衡量肥满度，即肥满度=体重 / 体长^3×100（体重：g；体长：cm）。

（三）自切与再生

虾蟹类的附肢具有自行断落的功能，此类现象称为自切。自切使虾蟹类在受困时或外界环境刺激强烈时可以迅速逃逸或保护机体不受更大损伤，是一种保护性适应。自切是一种反射作用，刺激虾蟹类脑神经节可引起相关步足自切，附肢受化学物质刺激也可引发自切。自切时虾蟹类的步足由于肌肉收缩而弯曲，自其底节与座界节间关节处断落。断落处由于有特殊的薄膜封闭创面，以及血液的凝集而使创面自行封闭，因此自切几乎没有血液流失。自切的附肢经过一段时间大多可以重新生出，称为再生。再生的附肢一般与自切的附肢相同，并经蜕皮生长逐渐长大，有些再生的附肢经过 3～4 次蜕皮可以恢复原来的大小，有些则小于原有附肢。再生的程度及速度与个体及环境有关，成熟的个体不再蜕皮，也就不再有再生的能力。

五、生活史与洄游

虾蟹类动物的生活史大多比较复杂，一般要经历复杂的变态发育，在发育的各个阶段中往往有其独特的生活方式和对环境的适应与选择。

中国对虾的生活史包括卵、膜内胚胎、无节幼体、溞状幼体、糠虾幼体、仔虾、幼虾、成虾等阶段，卵及幼体为浮游生活，长成仔虾后转向底栖生活，幼虾与成虾则为底栖生活。中国对虾一生在海水中生活，但幼体阶段一般在盐度偏低的近岸河口地区度过，成熟后移向深海。

罗氏沼虾及中华绒螯蟹的成体在淡水中生活，成熟之后移向海洋，在近岸河口地区繁殖，幼体孵化后在海水中生活，随后逐渐长大，又移回淡水中生活。

虾蟹类在其生活史中各个阶段往往变更栖息环境，一般通过较长距离的移动与迁徙实现。此种有规律的移动与迁徙称为洄游。有些虾蟹类没有洄游习性，有些种类则可进行较长距离的洄游。每年秋季水温降低时，中国对虾喜向黄海南部进行越冬洄游，翌年春季水温回升后向渤海、黄海北部近岸水域进行生殖洄游，这是对虾类中距离最远的洄游之一。淡水中栖息、生长的中华绒螯蟹、罗氏沼虾等在成熟后要沿河流而下，进入河口或海洋中繁殖，待幼体长大后又溯河而上，进入湖泊、河流等淡水水域栖息、生长。

六、繁殖

（一）性征

虾蟹类为雌雄异体，通常雌雄不等大，外形上易于区分。对虾类雌性大于雄性，沼虾类则雄性大于雌性。通常雌雄个体在体色上亦有差异。成熟的中国对虾雌虾体色青绿，俗称青虾；雄虾体色褐黄，俗称黄虾。

虾蟹类第二性征明显。雄虾在腹部第一对附肢上生有特化的交接器，分为左右两片，可连锁形成筒形，用以在交配时传递精荚。雌虾的交接器又称纳精囊，位于头胸部腹面第四对与第五对步足之间腹甲上，用以交配时接纳精荚。纳精囊分为封闭式与开放式两类。封闭式纳精囊有甲壳等形成囊状结构，用以贮存精荚，一般为左右两囊。大多数对虾属种类的纳精囊为封闭式，如中国对虾、日本对虾、斑节对虾、墨吉对虾等，日本对虾的纳精囊较特殊，呈环形向前方开口的袋状。开放式纳精囊没有甲壳等形成的囊状结构，仅在纳精囊区域存在甲壳皱折、突起及刚毛等结构用以接纳精荚，交配后精荚黏附其上。具开放式纳精囊的种类较少，如白对虾等南半球产的种类。

雄蟹腹部退化，呈窄长三角形，第一、二对附肢特化为交接器。雌蟹成熟后腹部宽大，呈半圆或卵圆形，第二至第五对腹肢双枝型，用以抱持卵群。

（二）生殖力

虾蟹类的生殖力依种类不同而各异。对虾类的产卵量一般为 10～60 万粒，个别种类甚至超过 100 万粒。斑节对虾等个体较大者的产卵量可高达 80～100 万粒，而个体较小的印度对虾和墨吉对虾则产卵量较低，只有 10～20 万粒左右。

（三）交配与产卵

虾蟹类的交配一般发生在夜间。对虾类通常是先成对追逐，然后腹面相对前行，雄虾横转 90° 与雌虾十字形相抱，将精荚输送给雌虾。蟹类在交配前通常雄蟹会伏在雌蟹背上与雌蟹同行，然后交配。蟹类交配时雄体以交接器将精荚送入雌蟹头胸甲腹甲内的纳精囊中。有些种类的雌体在交配前要进行生殖蜕皮，雄体在雌体新生甲壳完全硬化之前与之交配。具开放式纳精囊的虾类及某些蟹类则无需进行生殖蜕皮即可交配，此类又称硬壳交配。

具开放式纳精囊的种类雌雄个体同时成熟，交配后一般在数小时或数天内产卵。具封闭式纳精囊的种类，往往交配时雌体尚未成熟，交配后需要数十天甚至数月才会产卵。某些蟹类在交配后数小时即可产卵，也有些种类在交配后数天或数月后产卵。

虾蟹类通常夜间产卵。不抱卵的种类产卵时附肢划动频率增加，卵在水中受精，分散于水中；抱卵种类则弯曲腹部，受精卵在附肢及腹部刚毛的作用下移向腹部，并黏附在母体腹部附肢的刚毛上形成卵群。

虾蟹类大多为多次产卵，多数种类可以一次交配、多次产卵受精。

（四）胚胎发育

虾蟹类的胚胎发育在卵膜内渡过。对虾类不抱卵，卵产于水中，在水中发育；其他虾蟹类则有抱卵习性，即卵产出后附于母体腹部附肢上，形成卵群，由母体携带孵育。幼体在卵膜内发育、生长直至孵化。

胚胎发育时间依种类及环境温度不同而各异。热带种类时间短，冷水种类时间长。虾类胚胎发育时间一般十余小时至数十小时，蟹类孵育时间则往往长达数十天。

（五）幼体发育

虾蟹类的幼体发育过程复杂，孵化出的幼体在发育过程中不断蜕皮变态，使其形态、构造逐渐完善，最终发育成为与成体体型相近的幼虾或幼蟹。

虾蟹类具有复杂多样的幼体发育形态，各个类群的幼体发育阶段也不尽相同。各主要幼体发育阶段包括无节幼体期、溞状幼体、糠虾幼体期、后期幼体期等，其中各阶段又可划分为不同的亚期。对虾的幼体包括无节幼体期、溞状幼体期、糠虾幼体期、仔虾期。蟹类的幼体包括溞状幼体期和大眼幼体期等。

七、苗种生产

（一）场地与海水处理

虾蟹类育苗场应建立在水质清新、没有污染的海区，最好有淡水水源。海区浮游植物群落以角毛藻、金藻、骨条藻等为优势群种为佳。虾蟹类育苗场主要包括育苗池、藻类培养池以及供水、供电、供气、供热等系统。

苗种生产用海水需经贮存、沉淀、过滤、消毒、调节等环节处理后方能使用。海水一般需贮存数天，以使海水中泥沙成分等固形物充分沉淀。未经贮存的海水需要至少沉淀 48h，使用前还需进行沙滤或网滤及消毒处理。海水应进行有关理化因子的调整后方可使用。苗种生产用水标准分别为：盐度 25～32、pH 值 7.8～8.6、重金属(Hg、Zn、Cu 等)<0.08~$30mg/m^3$。

（二）亲体培育

亲体培育的目的是为苗种生产培育健壮、成熟的亲虾或亲蟹。亲体来源主要有：捕自自然水域已成熟或抱卵的个体，也有部分未成熟海虾和养殖池塘未成熟个体。优良亲虾主要指标是：身体肥大，体色正常，健壮无病伤，卵巢呈绿色或浅绿色且丰满，纳精囊中乳白色精荚明显且饱满。已成熟个体经短时间暂养即可产卵，未成熟个体则需经人工培育才能成熟产卵。有时，秋季对用做亲体的虾蟹捕捞后进行越冬培育，待翌年春季产卵。具封闭式纳精囊的种类可仅挑选已交配的雌虾进行培育。具开放式纳精囊的种类则需要分别培育雄虾和雌虾。未成熟的亲体在培育后期需进行促熟培育，常用的技术有升温培养、眼柄切除等。人工越冬培育的中国对虾在后期可通过逐步升温的方法促进亲虾性腺成熟，提前升温可使对虾较自然海区提前 1～2 个月成熟。眼柄切除术被广泛用于虾蟹类的促熟，其原理是虾蟹类眼柄中的内分泌器官分泌抑制激素，控制促性腺发育激素的分泌及其水平，眼柄切除可以干扰该抑制激素的产生与分泌，使促性腺发育激素水平上升，促进性腺发育。中华绒螯蟹需要在海水中交配、产卵，因此，亲体可在淡水越冬，待翌年春季进行海水促产。

（三）产卵、孵化与孵幼

当亲体性腺充分发育、完全成熟后即可产卵。对虾类可在亲虾培育池中产卵，放水收集卵子，经冲洗、消毒后放入幼体培育池进行孵化。孵化过程中应注意搅动池水，以免虾卵堆积在池底影响孵化。

抱卵的种类在母体附肢上完成胚胎发育，称为“孵幼”。抱卵的亲体饲养更需精心管理，应适当增加饵料投喂量，以免亲体因饥饿而采食卵子。在幼体即将孵化时，应将亲体放入事先已加入单细胞藻和轮虫的池子进行孵化。三疣梭子蟹亲体放养密度一般为 3～5 只 / m^2；中华绒螯蟹的密度为 3～8 只 / m^2，土池塘的放养密度为 4～8 只 / m^2（每笼 20～25 只）。待幼体孵化后应将亲体移去，并将幼体移入幼体培育池中培育。

（四）幼体培育

幼体培育系将无节幼体（4d），经溞状幼体（4d）、糠虾幼体（4d），培育成为 8～10mm 仔虾（7～10d）。培育期约 19～20d。

1. 培养密度

幼体密度应依采用的生产工艺及管理水平而定，不应盲目追求高密度培育。过高的幼体培育密度往往导致疾病发生，影响最终产量。在以鲜活饵料为主、海水质量好、允许大量换水、幼体健壮的情况下，可以适当提高培养密度。反之，对于基本使用代用饲料、采用封闭式育苗方式的，则应适当减小幼体培育密度。对虾类一般培育密度控制在：无节幼体 40～60 万尾 / m^3，仔虾 10～15 万尾 / m^3。中华绒螯蟹的培育密度为 40～80 万尾 / m^3，三疣梭子蟹为 5～10 万尾 / m^3。

2. 饵料与投喂

饲料是虾蟹类幼体发育、生长的营养基础，充足、营养全面的饲料供应是苗种生产中的重要环节。虾蟹类幼体发育各阶段经历多次蜕皮变态，生活习性、摄食习性、代谢能力、营养需求等均有变化，需要有各类不同来源、不同营养水平、适宜幼体不同阶段习性与要求的饵料来满足幼体发育的摄食与营养要求。

刚孵化出的对虾幼体并不立即进食，要待发育成溞状幼体后方开始摄食；罗氏沼虾和蟹类幼体则是孵化后立即进食。早期幼体多以单细胞藻类为主要饵料，随着幼体发育长大，逐渐以摄食轮虫、卤虫无节幼体、卤虫等为主。生产中多使用豆浆、蛋黄、酵母、蛋糕、虾粉等代用饵料。近年来微粒饲料、虾片等人工配合饲料已大量应用于苗种生产，螺旋藻粉等也得以广泛使用。投喂次数为：早期每日 4～6 次，中、后期每日 12 次或 24 次。投饵量依种类及发育期而异，中国对虾溞状幼体的投饵量为单细胞 20 万 / mL，或蛋黄 3～8g / m^3，或虾片 1～4g / m^3，混合投喂时则按比例减少。

3. 日常检测

育苗期的日常检测包括卵、胚胎和幼体的数量检查、幼体健康检查以及环境因子检测等。数量变动反映幼体健康与成活状况，如果出现数量锐减情况，应及时查明原因，采取相应措施。定量检查通常采用搅匀池水、取样计数、根据体积比例推算全池数量的方法。育苗后期，幼体在底层活动增多，应注意取样的代表性。卵、胚胎和幼体的健康检查内容主要包括：① 外部形态及畸形；② 发育时间；③ 幼体活动及趋光性；④ 体色；⑤ 摄食及拖便情况；⑥ 挂脏及体表附着物；⑦ 体内细菌、真菌及原生动物数量；⑧ 器官、组织形态与结构变化等。

育苗池内主要环境理化因子变动影响幼体成活与生长，必须进行严密检测，适时掌握其变化动态。较为重要的环境理化因子有温度、盐度、pH 值、化学耗氧量、氨氮等。此外环境微生物、浮游生物的种类、数量也应做定期监测。

4. 环境调控

虾蟹类育苗池是生物量高度集中的系统，环境因子的作用尤为重要。实时调控育苗池中各环境因子，使之保持在适宜水平，是育苗期间环境因子调控的原则。各理化因子的调控主要通过换水、充气、维持池中浮游藻类密度等来实现。

育苗水温应合理控制，不宜过高，应减少不必要的波动。虾蟹类胚胎和幼体对盐度适应范围有限，应调节至适宜盐度并保持稳定。盐度的适宜范围为 20～33。pH 值是重要的水化学因子，反映和影响水中多种化学体系平衡状态，对幼体生理代谢也有直接影响。虽然海水 pH 值相对稳定，但由于育苗池生物密度大，物质代谢、分解作用强烈，有时会出现较大的波动，不利于虾蟹类苗种的生长与存活。pH 值的调控方法主要是换水、充气、控制密度等，泼洒豆浆及使用有缓冲作用的化学试剂也可起到一定作用。pH 值的适宜范围为 8.0～8.6。氨氮和化学耗氧量是反映池中有机物及自身污染程度的重要指标，一般控制在 0.61mg／L 和 5mg／L 以下。

吸污可以减少池底污染物积累；换池培养是池底污染严重时简单有效的处理方法，但应注意虾类溞状幼体不耐操作，在此期内不得进行换池操作。

5．疾病防治

疾病是关系苗种生产成败的重要因素之一，在苗种生产过程中应格外重视疾病防治。虾蟹类苗种生产中发生的疾病主要有病毒病、细菌病、真菌病等。病毒病一般不易确诊，当幼体活力下降，摄食不良，尤其肝胰脏发生器质性病变，水质正常而又没有发现其他明显病原时，可以考虑有病毒感染。病毒病目前尚无有效治疗方法，应着眼于预防。加强洗卵消毒、彻底消毒育苗海水与器具，是预防病毒病的重要措施。细菌病主要包括菌血症及附着性细菌病，是虾蟹类育苗过程中的常见疾病，可使幼体大量死亡。保持水中单细胞藻类密度，维持良好水质，降低水体中细菌数量，适当使用抗菌素或杀菌剂，均有防治细菌病发生的作用。氯霉素、土霉素、呋喃唑酮和喹喏酮类药物均有良好抑菌作用，用量一般为 1～2g／m^3。真菌可侵害各期虾蟹类幼体，危害严重。防治真菌病应加强感染检查，注意切断传染源，定期施用药物杀灭真菌孢子。常用药物有地霉菌素、孔雀绿等。孔雀绿的用量为 10～20mg／m^3，每日使用 2～3 次，连续数天。使用时应注意，孔雀绿毒性较强，连续使用时幼体易受伤害。除上述各类病害外，尚有原生动物病害、环境因素造成的病害等，主要通过控制、调节环境、适当使用药物等措施来进行防治。

（五）出池收获与运输

虾苗或蟹苗在培育到一定规格后即可出池销售。较小规格的虾苗或蟹苗放养成活率较低，规格过大的苗种生产成本高，运输困难。目前我国虾苗的规格一般为 0.8cm 至 1cm；蟹苗出池规格则依不同种类各异，中华绒螯蟹出池规格为大眼幼体，三疣梭子蟹出池规格为 2 日龄或 3 日龄幼蟹。

虾类幼体可以放水收获，蟹类幼体可采用光诱收获的方法，即用黑布蒙盖池子，用灯光在池角诱捕。

幼体出池数量多按带水容量法或称重法确定。带水容量法是将幼体收集在容器中，搅动或充气使之分布均匀，再抽取一定容积的样本，计数幼体数量，以样本容积与容器的比例关系计算出容器内幼体数量。称重法是称取一定量的幼体样本重量和计数幼体数量，计算单位重量的幼体数量，然后依所需幼体数量称取幼体即可。此法适用于计数耐干力较强的种类，如日本对虾和蟹类幼体。称重法也可带水称重。

虾蟹类出池时应注意育苗场与养成场水质的差异，必要时应进行苗种驯化，以便减少因环境差异而造成死亡，提高放养成活率。海水中繁殖的淡水种类出池前应进行淡水驯化。

虾蟹类幼体的运输依种类及规格不同而异。虾苗运输一般使用容积约 20L 的塑料袋，盛水 10L，装入体长 0.8～1.2cm 的虾苗 1.5~2.0 万尾，充入氧气，绑扎袋口，然后置于纸箱中运输。为防止运输过程中温度过高，在纸箱中可置入冰块降温。另一种运输方式是使用直径约 80～100cm 的帆布桶，装入 1／3 海水，放入虾苗后充气运输。蟹苗运输可采用与虾苗运输大致相同的运输方式，也可以使用蟹苗箱进行干法运输。

（六）大规格苗种的培育

育苗场出池的苗种由于规格一般较小，直接放养容易出现成活率低的现象，为提高放养成活率，以便在以后的养成生产中能够做到精确投饵，苗种可进行集中暂养，待生长至更大时再作为苗种进行放养。虾类大规格苗种的培育一般使用土池，放养密度为300尾／m^3，人工投喂饲料，经二十余天培育，虾苗生长至2～2.5cm，为养成苗种。蟹类的大规格苗种饲养可以在网箱中进行，也可在小型池塘中进行。

八、养成

（一）养成方式

虾蟹类的养成是指将虾蟹类由苗种培养至商品规格的过程。

虾蟹类的养殖方式可分为粗养、半精养、精养、超精养等数种。粗养方式的养殖池塘较大，有时直接利用天然港汊等进行养殖，通常利用潮汐纳水，大多使用天然苗，放苗密度低，不投饵，通常产量也较低。半精养方式的池塘面积为3～6km^2，靠潮汐纳水或机械提水，放苗密度一般10～20尾／m^2，水质调控主要靠换水，通常换水率为10%／d，使用天然饵料及补充投饵。精养方式的面积较小，完全依靠机械提水，使用增氧机，换水率20%～30%／d，完全使用人工饲料投喂，产量一般为4～8t／km^2。超精养方式目前应用较少，完全人工控制养殖环境，水处理严格，多为流水培育，产量高，成本也高。

（二）养成场

虾蟹类养成，依养殖场所不同，可分为池塘养殖、网箱养殖、围网养殖及港养等。池塘养殖是虾类养殖的主要方式。池塘一般建在潮间带或潮上带，多具有进排水闸门，潮汐纳水或机械提水。网箱养殖现多用于暂养育肥，也用于养成，一般生长不及池塘养殖。网围养殖是在潮间带建立矮堤，堤上设置拦网，水流交换通畅，但饲料流失较大，对底质有特定要求。港养是利用天然港汊，进行虾蟹类养成，多为粗养方式，生产水平较低。此外，中华绒螯蟹还可在稻田中进行养殖。尚有在潮间带使用瓦罐等容器进行锯缘青蟹养殖的方式。

对虾养成场通常建在没有污染的河口、内湾等地的潮间带地区。最好有淡水水源，以便用来调节盐度。养成场要有独立的进排水系统。对于中华绒螯蟹和罗氏沼虾等淡水种类，则可以利用淡水池塘、坑塘等作为养成场。

池塘养殖是目前虾蟹类养殖的主要方式，适宜面积应小于1km^2，深度为2～2.5m；具有独立进排水系统；配备增氧机等设施(10kW／km^2)。

（三）池塘清整

1．池塘底质的处理

虾蟹类为底栖生物，因此，底质条件的状况直接影响虾蟹类的生存与生长。底质不良，虾蟹类轻则生长受限，重则健康状况不佳，甚至暴发疾病死亡。池塘经几年使用后，池底往往会积累大量残饵、生物尸体等有机沉积物，这些有机物会在缺氧条件下分解生成有毒产物或硫化氢等在底泥中积累，使底泥黑化。因此，池塘在进行养殖之前必须进行彻底处理。池塘的底质处理方法主要包括曝晒、清淤、浸泡冲刷、施用石灰等药物消毒等。

秋季收获之后，应将池水排干，曝晒池底，待池底表层颜色转黄后翻耕池底，如此重复多次，以使池底彻底氧化。清淤是将池底淤积物彻底清出池塘，可以使用推土机等机械，也可人工清淤。清淤时应注意清出的淤积物应远离池塘堆放，以免被冲回池塘。浸泡冲刷的方法可以更彻底地使泥层或泥块中的有机物氧化分解，并被带出池塘。浸泡冲刷池底一般可在秋季反复多次，也可与翻耕、曝晒结合进行。施用石灰可以改善池塘底质条件，还可杀灭有害生物，是池塘处理的有效方法，近年来得到了广泛应用。石灰可选用生石灰或农用石灰，用量可视池塘状况确定，一般每 km^2 施用 450～900kg。生石灰清塘方法与鱼池清塘方法相同。池塘底质处理还可与敌害清除结合起来进行，使用漂白粉等含氯化合物进行底泥消毒。

养殖中华绒螯蟹和罗氏沼虾时，池底通常应设置隐蔽物，以利于虾蟹隐藏。也可在池边栽种水草。

2．清除敌害生物

池塘中存在多种生物种类及群落，其中有些对于虾蟹类的生存与生长不利，应尽可能予以清除。常见的不宜生物有以下几类：

（1）敌害生物：直接以养殖虾蟹类为捕食对象的生物种类，如以对虾、蟹类为捕食对象的鱼类等。

（2）竞争生物：此类生物一般不直接捕食养殖虾蟹类，但与养殖种类争饵料、争空间，它们的存在往往使养殖饵料、饲料消耗增加，环境负担加大，同样不利于养殖虾蟹类的生长。如养殖种类以外的其他虾蟹类，小型鱼类等。

（3）致病生物：池塘中许多原生动物及微生物可使养殖虾蟹类罹患疾病，应控制其数量。

藻类等在池塘中作用重要，对维持及改善池塘环境有重要意义。但刚毛藻、浒苔、沟草等杂藻在池塘中繁殖力极强，占据水体，使池水变清，妨害浮游藻类生长，同时老化衰败后又引起水质败坏，必须清除。杂藻的清除可以人工进行，也可使用除草剂杀灭。此外还可以在池中先繁殖浮游植物，利用降低透明度的方法抑制杂藻生长。

敌害鱼类的清除一般是使用网滤进水，防止鱼类通过进水进入池塘。池塘中的害鱼可用茶籽饼等杀除。茶籽饼含有茶皂素，对鱼类有强烈毒性，但对虾蟹类毒性不强，相当安全，可以在养殖中使用。茶籽饼清池用量为 15～20g / m^3。其他清池药物还有五氯酚钠、生石灰、漂白粉、氨水等。

池塘中的其他甲壳动物与养殖虾蟹类竞争水体、饲料，传播疾病，应彻底清除。常用的方法是使用农用杀虫剂杀灭。由于杀灭其他甲壳动物的药剂对养殖虾蟹类同样具有杀灭作用，必须待药物毒性彻底消失以后才能进行虾蟹放养。

可以使用消毒剂、抗生素等对池塘中的有害微生物进行控制。但使用消毒剂、抗生素等往往会令池塘中的微生物群落结构被干扰、破坏，影响正常菌群数量与结构，从而导致微生物生态紊乱。因而，应减少消毒剂、抗生素等的用量，除非必需，否则一般不使用消毒剂处理池水。

3．培养饵料生物

养殖池塘中饵料生物的作用是十分重要的，它能促进虾蟹类早期生长，充分利用池塘的天然生产力，降低养殖成本，提高养殖效益。

在养殖早期，虾蟹类的主要食物来源于池塘中的天然饵料。这些天然饵料主要包括藻类、原生动物、甲壳动物、昆虫幼体、多毛类、软体动物等。

藻类是池塘天然生产力的基础，也是池塘中稳定水质条件的重要因素，附生于藻类中的其他生物更是虾蟹类的良好饵料。培养饵料生物的主要内容是繁殖藻类，包括浮游藻类及底栖藻类。主要方法是，在放养虾苗或蟹苗之前，提早向池塘中纳水、施肥，使透明度维持在 30～50cm。纳水时使用 40～60 目的滤水网以防害鱼进入，初期水深以 50cm 为宜，待浮游藻类及底栖藻类生长后再逐渐补充添加海水。一般池水深度不超过 1m。施肥可以施用有机肥料或无机肥料。由于尿素可以促使底栖藻类大量繁殖，易导致底栖杂藻过量生长，因此，一般先施用铵态肥料，促进水中浮游藻类生长，然后再酌情施入尿素以维持肥效。施肥量应根据池塘肥力及藻类生长状况灵活掌握，通常每 km^2 使用硝酸铵或尿素 600～1 400kg，磷肥 120～350kg，每 5～7d 一次。值得注意的是，有些海区并不缺少磷，过多施用磷肥没有必要。底栖藻类繁殖过盛可浮到水面，在池角堆积、腐烂，败坏水质，一旦出现应及时清除。稳定的浮游藻类尚可抑制底栖杂藻的过量生长。

池塘中的底栖动物是虾蟹类的主要饵料，培养方法主要是向池塘中引入培养。引入方法可以结合向池塘中纳水来向池塘引入饵料生物，即掌握饵料生物繁殖期，在纳水时及时将饵料生物的卵及幼体纳入池塘。也可向池塘中移植饵料生物。进行培养的常见饵料生物种类有蜾蠃蜚、拟沼螺、线虫以及摇蚊幼虫等昆虫幼体等等。

（四）放养

虾蟹类放养时，确定放养密度十分重要，放养过少则浪费池塘生产力，减少收入与效益；放养过多则影响收获规格，密度过大还有诱发疾病的危险。放养密度的确定通常必须考虑池塘的生产条件（如水深、换水能力等）、饵料的种类及数量、苗种质量、养成方式、养成规格、管理水平等。通常在虾类养殖时，粗养方式的放养密度为 5～10 尾 / m^2，半精养方式放养密度为 10～20 尾 / m^2，精养方式放养密度为 30～90 尾 / m^2 不等。养殖有占地盘习性的种类和争斗习性强烈的种类时要适当减少放养密度。

虾苗或蟹苗的质量关系到放养成活率高低，对最终成活率也有影响。苗种的质量评价标准主要有：苗种规格是否一致，是否存在畸形，活力如何，颜色是否正常，是否有病原感染，幼体肠道是否过粗等等。

放养时环境变动会影响苗种成活，在环境因子差异较大时应进行苗种驯化，以使苗种能够适应环境的变化。

（五）养成期管理

1. 生物环境监测

生物环境的监测主要包括池塘生物类群、数量变动观测等。定期监测池塘中敌害生物、竞争生物、病原生物以及影响池塘水质变动的浮游生物，掌握动态数据，对于了解池塘生态变化规律，有针对性地进行有效调控是十分重要的。养殖虾蟹类的有关生物学监测对于掌握养成动态，适时调节养成管理措施更是必需的。养殖虾蟹类的生物监测内容包括存池数量估计，生长测量，摄食检查，疾病状况检查等方面。存池数量估计对于精确投喂，避免过量投饵，减少污染，降低成本具有重要意义。通常采用抽样估计方法，潜底种类宜用网框定量，非潜底种类宜用拉网或旋网取样方法定量，以抽样数量与面积推算全池虾蟹存池数量。生长测量则是测量养殖虾蟹类的平均体长，了解动物生长速度。摄食检查主要是了解虾蟹类的摄食状况，用来评估投饵量是否合适。其方法是，以池塘中残饵数量及投喂后一定时间内虾蟹类胃含物多寡，来认定摄食状况及投喂量是否适宜。疾病状况检查主要是观察及检测养殖动物有何疾病症状，活动是否正常，摄食是否正常等，以评价虾蟹类健康状况。

浮游生物数量及种类变动也是池塘生物监测的重要内容之一。浮游植物对于维持稳定的水质环境有不可代替的作用，其种类、数量变动可以反映池塘环境变化趋势。

2. 养殖期水质与底质管理

良好的水质、底质环境可以提供虾蟹类适宜的生存、生活空间，是使虾蟹类得以良好生长的基础，也是减少病害发生、保证养殖成功的重要条件。池塘水质管理基本与养鱼池塘相同。

换水可以将池塘中老化的池水排出、更新，曾是最经济、方便而有效的水质改善手段，以往虾蟹类养殖中也有靠大量换水来提高生产力水平的先例。然而，换水通常会导致池塘生态条件不稳定，有时还会引发疾病，甚至直接导致养殖虾蟹死亡。出现这一现象的原因主要是近海水域水质条件恶化，海水质量下降，甚至有赤潮发生；疾病流行期海水中病原数量增加；换水带来的环境变动对体弱个体刺激过强等等。因此，换水不是改善池塘水质、底质的灵丹妙药，而应根据池塘与海域水质状况合理进行，另外换水过多、过频可以导致环境突变，不利于虾蟹类生存。

换水应在下述条件下进行：① 近海水质条件良好，且与池塘水质相差不大；② 海水中病原数量不高于正常指标，无赤潮生物，非病毒病流行期；③ 池塘水质恶化严重，浮游动物过量繁殖，透明度过低或过高；④ 池塘水质条件超标，如溶解氧低于 31mg / L、氨、氮含量超过 0.4mg / L、pH 值低于 7 或高于 9.6、低层水硫化氢超过 0.1mg / L 等；⑤ 池底污染严重，底泥黑化并有硫化氢逸出；⑥ 虾蟹类摄食量下降，池塘中生物出现浮头。

增氧是维持、改善池塘水质，提高池塘生产力的重要措施之一。充足的溶解氧除可供养殖虾蟹类生活所需氧气外，更重要的是可以促进池塘内有机物的氧化分解，减少有害物质的积累，大大改善虾蟹类的栖息环境条件，增强虾蟹类体质与抗病能力。现应用于虾蟹类养殖池塘的增氧机主要有叶轮式增氧机、水车式增氧机、喷水式增氧机、螺旋射流式增氧机等。叶轮式增氧机依靠叶轮水平高速旋转，搅水增氧，作用深度较大，增氧效率高。水车式增氧机利用桨叶水轮转动，搅水增氧，作用深度较浅，但可使池水水平流动。使用增氧机应了解池塘水质因子动力学过程，根据池塘水质、底质条件，结合天气变化情况具体掌握开机时间。一般在晴天中午、午夜及黎明前、阴雨天、气压低、无风及出现浮头时开机（见食用鱼养殖池塘增氧机使用原则）。

池塘底质条件对虾蟹类生存与成活至关重要，在不良底质中虾蟹类的摄食与栖息均会受到限制。在精养池塘中，由于生物密度大，饵料投入多，残饵、生物尸体、动物排泄物等多，池底沉积物多，在放养虾蟹前应彻底清塘。

池塘底质管理主要是加强管理，减少沉积物积累，如精确投饵，避免残饵产生；强化增氧，减少有毒物质积累等。也可向池中施用池底改良剂改善池底环境。常见的池底改良剂有沸石粉、麦饭石、膨润土、过氧化氢等。近来，也有在养殖池中设中心排污管将污物排出以减少或消除池底污物影响的做法。

3. 饲料投喂

饲料投喂是虾蟹类养殖的重要管理技术之一。合理投喂可以在促进虾蟹类摄食的同时减少饲料消耗，减轻水质负担，降低成本消耗，提高养殖效益。饲料分为鲜活饵料与配合饲料两类。前者包括低值贝类、小杂鱼虾、卤虫等，后者则营养配比完善，加工方便，投喂便捷，逐渐取代鲜活饵料为主要饲料来源。养殖罗氏沼虾及中华绒螯蟹时还可投喂部分水草等植物性饵料。各类饲料可以通过可食部分干重折算为标准饲料，如配合饲料、豆饼、花生饼等折算比例为 1∶1，卤虫、糠虾、杂鱼虾等为 4∶1，蓝蛤、寻氏肌蛤等为（6～8）∶1，蛤仔、四角蛤蜊等为 10∶1，贻贝、螺蛳、河蚬等为 12∶1。

根据投饵率，即饲料占体重百分比，投喂饲料也是常用确定饲料投喂量的方法之一。通常养殖初期投喂 6%～8%，后期投喂 2%。

前期，饲料投喂地点应设在池边浅水区，后期应逐渐向较深处转移，但不可投向 1.5m 深水处。饲料在投喂前应做适当处理，鲜杂鱼等应剁碎后冲洗投喂，大型贝类应做破碎处理，然后经冲洗投喂。小型贝类可直接投放池内。每日投喂4～6次，鲜活贝类采用一次性投喂。

投饵系数是指生产中投喂量与产量之比，它不仅可以反映饲料质量优劣，还反映投饲技术及管理水平的高低。目前我国对虾养殖的投饵系数一般为2～3，较佳者可达1.5左右。

4．病害防治

虾蟹类养殖过程中病害发生是常见的，尤其是近年来病毒病的发生及流行威胁着虾蟹类养殖业的生存。疾病的发生是病原、养殖虾蟹及养殖环境相互作用的结果。预防病害发生必须从控制病原数量及致病能力、切断传染途径、提高养殖动物健康水平与抗病力、改善养殖环境等方面着手。系统地、综合地进行养殖健康管理，提高健康养殖水平，是目前虾蟹类养殖的迫切任务之一。主要工作内容包括：

（1）加强疾病的早期诊断，及时采取措施控制疾病传播。试用细菌疫苗也是控制细菌病暴发、流行的有效手段。此外，根据病情适当使用药物，对于细菌病及某些原核生物混合感染也有一定效力。

（2）选用健康虾苗，提高苗种质量。加强饲料投喂管理，增强养殖动物营养，辅以应用免疫激活剂、维生素C等提高养殖动物免疫力及抗病能力。

（3）强化水质、底质管理，努力改善养殖环境，包括：彻底清淤、消毒池底；大量使用增氧机，改善池塘环境；维持好池塘中正常浮游植物群落结构，避免剧烈变动；结合应用有益微生物，施用底质改良剂改善底质状况；加强换水操作管理，采用封闭或半封闭养殖，避免病原进入，进水需经消毒及沉淀处理；进行综合养殖，利用生态方法调控水质。

5．综合养殖

利用虾蟹类养殖池塘进行综合养殖，在池塘中利用种间互利原则，搭配养殖不同种类的生物，建立适宜的群落结构，可以改善池塘生态条件，充分利用池塘生产力，减少养殖池塘对近海水域的污染。与对虾混养的其他种类主要有鱼类、贝类、蟹类、海参以及藻类等。罗氏沼虾可以与鱼混养。

（六）收获

虾蟹类的收获方法依种类不同而异。中国对虾等顺水游动的虾类多采用放水收获的方法，放水时虾随水流游出池外，在闸门处安装锥形挂网即可收获，一般池塘经几次反复进排水即可收获干净。日本对虾、罗氏沼虾等虾类不顺水流活动，使用放水收获的方法很难收获，一般使用陷网等定置网具进行收获。

收获时机主要根据虾蟹类生长情况、健康状况、水温变化、市场需求以及行情等来确定。进行多茬养殖时，要根据生产进程安排适当的收获时间。

习题与思考题

1．主要养殖鱼类介绍了哪些目鱼类？每目又包括哪几个亚目或科的鱼类？每目或亚目或科各举一例说明其形态学特征与自然分布。

2．请说明致死温度、生存温度、摄食与生长适温和繁殖适温的含义，对冷水性、温水性和热带性鱼类的致死温度、生存温度、摄食与生长适温和繁殖适温予以比较叙述。

3．请比较叙述冷水性鱼类、温水性鱼类和热带性鱼类正常生长发育时对水中溶氧的要求、呼吸受抑制值及氧阈（窒息点），各举一例予以说明。

4．海淡水鱼类的适宜 pH 值是多少？海水鱼类在 pH 值多少的水中难以生存？

5．主要养殖鱼类的摄食方式包括哪几种？

6．外界哪些环境条件对养殖鱼类的生长速度影响很大？

7．主要养殖鱼类的产卵类型包括哪几种？其主要含义是什么？

8．主要养殖鱼类的卵巢分几期？在光镜下可以看见组织切片中有几种时相的卵母细胞？

9．主要养殖鱼类胚胎发育分哪几个阶段？

10．什么是鱼种培育？鱼种培育的方式有哪几种？土池塘培育鱼种经过哪几个步骤？

11．鱼种的饲养管理主要包括哪几个方面？

12．什么是“四定”？各自含义是什么？

13．鱼苗、鱼种运输方式有哪几种？请详细说明。

14．我国主要养殖的对虾有哪几种？蟹类有哪几种？

15．虾蟹类的栖息习性是什么？

16．比较说明虾类与蟹类对温度、盐度和底质的适应性。

17．什么是蜕皮、自切和再生？

18．对虾的生活史是什么？什么叫洄游？

19．请叙述对虾和蟹类在幼体发育中的异同点。

20．虾蟹类苗种生产用水的标准是什么？苗种生产用海水要经过哪些处理环节？

21．苗种生产中多使用哪些饵料？

22．育苗生产过程中要对哪些环境因子进行调控？

23．哪些虾蟹类为海水养殖品种？哪些为淡水养殖品种？

24．虾蟹类养殖前如何清整池塘？

25．虾蟹养成过程中如何进行管理？

参考文献

[1] 叶月皎. 畜牧生产实用技术, 天津: 天津科学技术出版社, 1994

[2] 马丽荣. 走畜牧业产业化道路是实现农业现代化的有效途径. 动物科学与动物医学, 2000 (3)

[3] 谢明贵. 中国养猪业的新趋势. 动物科学与动物医学, 2002 (6)

[4] 陈伟. 绿色技术壁垒对动物性食品贸易的影响及应对措施. 动物科学与动物医学, 2001 (3)

[5] 叶月皎. 世纪的食品安全问题. 动物科学与动物医学, 2001 (3)

[6] 刘秀梵. 食品安全控制与养殖业的发展. 动物科学与动物医学, 2002 (3)

[7] 盛清凯等, 绿色出口产品的生产技术. 动物科学与动物医学, 2002 (3)

[8] 闫汉平. 畜牧兽医技术服务推广体系现状、问题与对策. 动物科学与动物医学, 2000 (1)

[9] 刘玉英等. 畜牧学（第二版）. 北京: 中国农业出版社, 1991

[10] 张会荣. 面对入世亟需打造产业化型畜牧业. 动物科学与动物医学, 2002 (6)

[11] 谢忠明. 鲇鮠鮰养殖技术. 北京: 中国农业出版社, 1999

[12] 张梅兰. 海水鱼健康养殖新技术. 北京: 中国农业出版社, 2002
[13] 王如才, 俞开康, 王昭萍等. 海水养殖技术手册. 上海: 上海科学技术出版社, 2001
[14] 王殿坤. 特种水产养殖. 北京: 高等教育出版社, 1992
[15] 薛镇宇, 周碧云等. 鲈鱼养殖技术. 北京: 金盾出版社, 1999
[16] 缴建华. 异育银鲫养殖. 天津: 天津科学技术出版社, 1999
[17] 袁善卿, 张烈士. 罗非鱼养殖技术. 北京: 金盾出版社, 1995
[18] 谢忠明. 鳜鲈养殖技术. 北京: 中国农业出版社, 1999
[19] 姜德荣, 黄根兴, 程龙兴. 鲈鱼与淡水白鲳养殖. 上海: 上海科学技术出版社, 1993

图书在版编目(CIP)数据

现代农业技术概论．上册／李乃祥主编．—天津：南开大学出版社，2005.2（2019.2重印）

ISBN 978-7-310-02246-5

Ⅰ．现... Ⅱ．李... Ⅲ．农业技术－概论 Ⅳ．S

中国版本图书馆CIP数据核字(2004)第126825号

南开大学出版社出版发行
出版人：刘运峰
地址：天津市南开区卫津路94号 邮政编码：300071
营销部电话：(022)23508339 23500755
营销部传真：(022)23508542 邮购部电话：(022)23502200
*
天津泰宇印务有限公司印刷
全国各地新华书店经销
*
2005年2月第1版 2019年2月第6次印刷
787×1092毫米 16开本 13.5印张 344千字
定价：32.00元
如遇图书印装质量问题，请与本社营销部联系调换，电话：(022)23507125